NATUR

365 FRAGEN & ANTWORTEN ZU PFLANZEN, TIEREN UND KLIMA

P.M. Schneller schlau

NATUR

365 FRAGEN & ANTWORTEN ZU PFLANZEN, TIEREN UND KLIMA

Bereit für 365 Abenteuer und spannende Fakten durch die NATUR?

Was tun, wenn eine **GEFÄHRDETE ART** eine **ANDERE ART** bedroht?

S. 7

S. 28

Warum haben die **GRÖSSTEN BÄUME** die **KLEINSTEN BLÄTTER**?

SPRECHEN sich Pflanzen darüber ab, **WOHIN SIE WACHSEN**?

S. 81

S. 61

Warum werden **KATZEN GEGEN** Katzenallergie **GEIMPFT**?

1 | Welche ZUGVÖGEL kommen zum ÜBERWINTERN zu uns?

Bei Zugvögeln denken wir meist nur an all die gefiederten Freunde, die zum Überwintern in den Süden und bis nach Afrika fliegen. An Kiebitze, Schwalben, Stare, Störche und etliche mehr. Allerdings finden auch viele Arten unsere Winter in Deutschland angenehm. Sie entfliehen der eisigen Kälte ihrer Heimatregionen Baltikum, Skandinavien, Weißrussland, westrussische Eismeerküste, Sibirien, Grönland, Island und Spitzbergen. Sie fallen in Scharen ins Wattenmeer ein, wie beispielsweise Wacholder- und Rotdrossel, Seidenschwanz, Bergfink und Nonnengans. Und die bayerischen Seen werden im Winter zum Dorado für Vogelforscher. Allein am Starnberger See und am Ammersee überwintern jedes Jahr zusammen 30 000 bis 40 000 Vögel, darunter Tafel-, Reiher-, Kolben- und Schellenten. Sie holen sich Schnecken, Muscheln und Algen aus bis zu sechs Meter Tiefe. Außerdem überwintern bei uns Haubentaucher, Stern- und Eistaucher, Grau- und Tundrasaatgänse, Goldregenpfeifer und andere.

Der Starnberger See ist besonders geeignet, weil sein Wasser Wärme gut speichert, da er keine alpinen Zuflüsse hat. Wie Ammer-, Chiem- und Bodensee und das norddeutsche Wattenmeer ist er zudem Ramsar-Schutzgebiet: Das internationale Abkommen wurde 1971 in der iranischen Stadt Ramsar geschlossen und verpflichtet die Unterzeichnerstaaten, bedeutende Feuchtgebiete besonders zu schützen.

2 | Warum blühen GÄNSEBLÜMCHEN auch IM WINTER?

So klein und zart sie sind: Bellis perennis, so der botanische Name, ist zäh und hart im Nehmen. Selbst bei Frost streckt diese Blume ihre weißen Blüten manchmal schon im Januar der Sonne entgegen. Ihre Winterhärte verdanken die Korbblütler ihrem Dasein als Hemikryptophyten: Das sind Pflanzen, deren

Knospen geschützt durch Laub oder Schnee direkt auf der Erdoberfläche liegen. Außerdem sind unsere »Bellis« – es gibt noch weitere 14 Arten – Speicherpflanzen: Um auch in der Trockenheit des Winters zu überleben, speichern sie Energie in Erdsprossen im Boden. Aus diesem Rhizom verzweigen sich dann die Würzelchen. Wegen des zweifachen Winterschutzes kann den Frühblühern Frost bis zu minus 15 Grad Celsius nichts anhaben. Ihre eigentliche Hauptsaison dauert von März bis Oktober. Die milden Winter lassen sie aber zunehmend bis in den Dezember und dann schon wieder im Januar sprießen.

3 | Was tun, wenn eine **GEFÄHRDETE ART** eine **ANDERE ART** bedroht?

Da die Zahl der vom Aussterben bedrohten Spezies so rapide zunimmt, geraten Artenschützer immer häufiger in ein Dilemma: Was tun, wenn eine streng geschützte Art eine andere dezimiert? In Kalifornien werden seit einigen Jahren Seeotter von Weißen Haien angegriffen. Beide sind stark gefährdete Arten. Um das Jahr 1900 lebten nur noch etwa 50 Seeotter vor der kalifornischen Küste, die Pelzjagd hatte ihre Bestände praktisch ausgelöscht. Inzwischen gibt es hier wieder rund 3100 Seeotter. Beim Weißen Hai gehen Schätzungen von ungefähr 2000 Tieren vor Kalifornien aus, bei einer vermuteten Gesamtpopulation von nur noch 4000 bis 25 000 weltweit.

Doch nun machen die Raubfische immer öfter Jagd auf Seeotter, obwohl sie nicht in ihr Beutespektrum fallen und sie die Otter durch Bisse nur tödlich verwunden, aber nicht fressen. Während zwischen 2006 und 2008 nur sieben Seeotter Haien zum Opfer fielen, waren es zwischen 2015 und 2017 bereits 47 Tiere. Auch hatte sich die Zeitspanne, in der es zu Angriffen kam, von zwei auf acht Monate im Jahr ausgedehnt – ein Hinweis darauf, dass die Haie sich nun deutlich länger in kalifornischen Gewässern aufhalten als früher, womöglich aufgrund des Klimawandels. Bislang gibt es nur einen wirksamen Schutz für die Seeotter: den Erhalt ihres ebenfalls gefährdeten Lebensraums, der Kelpwälder, auch Algenwald genannt. Sie kommen in den Uferzonen von Meeren vor. Und dort hinein folgen die Haie den Seeottern nicht.

4 | Wieso kommen immer mehr **ELEFANTEN OHNE STOSSZÄHNE** auf die Welt?

Von 1977 bis 1992 herrschte im ostafrikanischen Mosambik Bürgerkrieg, die Waffen wurden mit dem Verkauf von Elfenbein finanziert. Rund 90 Prozent der Elefanten des Landes wurden damals wegen ihrer Stoßzähne getötet. Nach Ermittlungen sank der Bestand der Tiere von ehemals gut 4000 auf eine gerade mal dreistellige Zahl. Die Bestandsminimierung des größten Landtieres der Erde erweist sich aber nicht als das einzige Problem. Denn immer mehr Elefantenweibchen kommen ohne Stoßzähne zur Welt, inzwischen ist es bereits ein Drittel der Elefantenkühe.

Forscher vermuten die Ursache in einer Art Blitzevolution: Weil Tiere ohne Stoßzähne nicht gewildert werden, überleben sie, können sich vermehren und geben den Überlebensvorteil – fehlende Stoßzähne – an ihre Nachkommen weiter. Noch ist unklar, wie das genau funktioniert. Elefantenbullen scheinen von dem Phänomen nicht betroffen. Klar ist aber, dass es überall auftritt, wo viele afrikanische Elefanten aufgrund ihrer kostbaren Stoßzähne getötet werden. Auch wenn keine Kriege herrschen, wird der Jagddruck nicht aufhören, denn dem Elfenbein werden in Teilen Afrikas und Asiens Zauberkräfte nachgesagt: Pulverisierter Stoßzahn soll zahlreiche Krankheiten heilen und die Potenz steigern. Mit dem Verlust der Stoßzähne wird auch das Ökosystem in Mitleidenschaft gezogen: Elefanten graben mit ihren Zahngabeln nach Wasser und Mineralien oder schälen damit Rinde von Bäumen. Das kommt aber auch anderen Tieren zugute. So wohnt eine Eidechsenart in von Elefanten umgestoßenen Bäumen.

5 | Sind Haustiere **KLIMAKILLER?**

Haustiere sind überaus beliebt. Zählt man alle unter deutschen Dächern lebenden Tiere, darunter Fische, Reptilien und Vögel, kommt man auf 34,4 Millionen Tiere. Aber: Haustiere sind auch eine ganz schöne Belastung für das Klima.

Forscher bezogen für ihre Berechnung zahlreiche Faktoren ein. Wie werden die Tiere gehalten, gefüttert oder transportiert? Relevant ist beispielsweise, ob Hunde Rohfleisch oder Fertigfutter aus der

Dose bekommen. Ersteres besteht zu 75 Prozent aus hochwertigem Fleisch, bei dessen Produktion große Mengen von Treibhausgasen entstehen. Fertigfutter hingegen besteht zum Großteil aus weniger umweltschädlichen, weil vorhandenen Nebenprodukten und Schlachtabfällen. Die Ergebnisse wurden mit der Nutzung eines Autos ins Verhältnis gesetzt. Dabei schnitten Pferde am schlechtesten ab: Die Haltung eines Pferds entspricht pro Jahr der Umweltbelastung einer 21 500 Kilometer langen Autofahrt, zum Beispiel durch Ausstoß von CO_2. Das ist fast doppelt so viel wie die durchschnittliche Fahrleistung eines Pkw, die in Deutschland bei etwa 13 000 Kilometern liegt. Die Ökobilanz eines Hundes entspricht einer jährlichen Autofahrleistung von 3700 Kilometern. Und eine Katze schlägt mit umgerechnet 1400 jährlichen Fahrkilometern zu Buche. Kleintiere schaden der Umwelt dagegen nur wenig: Zwei Kaninchen, elf Ziervögel oder 100 Zierfische kommen etwa auf die Bilanz einer Katze.

6 | In welche **RICHTUNG** wächst **RAUREIF?**

An manchen Wintertagen kann man sich auch ohne Schnee über eine überzuckerte Landschaft freuen: Eine weiße Schicht überzieht dann Baum und Strauch. Doch wie entsteht sie? Die Luft enthält gasförmigen, unsichtbaren Wasserdampf. Je kälter es wird, desto weniger Dampf kann die Luft aufnehmen. Irgendwann ist Schluss, der Taupunkt ist erreicht: Der unsichtbare Dampf kondensiert dann zu winzigen Tröpfchen und Nebel zieht auf, solange die Temperaturen über dem Gefrierpunkt liegen. Fallen die Temperaturen, lagern sich die Wassertröpfchen als Eis an Gegenständen ab. Bei minus zwei bis minus zehn Grad Celsius bilden sich so Eisfahnen, die in sich Luftbläschen einschließen und krisselig-weiß aussehen. Das nennen wir Raureif. Anders als man vermuten würde, wächst Raureif entgegen der Windrichtung. Also nicht so, wie einem der Wind die Haare aus dem Gesicht bläst, sondern genau andersherum: Er wächst dem Wind entgegen, da die heranblasende Luft feuchter ist.

An deutlich kälteren Tagen hingegen, wenn die Temperaturen unter minus zehn Grad Celsius fallen, wachsen ähnliche Eisgebilde, die allerdings anders entstehen. Beim Reif lagert sich der unsichtbare Wasserdampf sofort als Eis an, überspringt also den Aggregatzustand »flüssig«. Die Eisstrukturen, die dabei entstehen, sind wie Kristalle. So sieht man an roten Hagebutten durchsichtige Nadeln wachsen, letzte Laubblätter umgeben sich mit Spitzen oder Halme umhüllen sich komplett mit Eis.

7 | Wie läuft die PARTNERSCHAFT bei Tieren?

Um einen Partner oder eine Partnerin zu finden, stellen Tiere manchmal die komischsten Dinge an. Fleißig aufräumen gehört zum Repertoire des Albatros-Männchens. Während der Brutzeit hält es sich deswegen meist zuerst am Nistplatz auf. Wenn dann die Albatros-Dame eintrifft, wird sie mit einem gemeinsamen Tanz begrüßt, bevor sie ein Ei legt. Das brütet das Pärchen dann zusammen aus. Ist der Nachwuchs groß genug, fliegen beide von dannen, getrennt, und treffen sich im nächsten Jahr wieder.

Die Klappmützen sind eine Robbenart in den arktischen Meeren. Ein dunkler Hautsack hat ihnen den Namen gegeben. Den Männchen hängt er zwischen Stirn und Nase meist schlaff herunter. Wenn es aber ums Flirten geht, blasen die Männchen den Sack auf, was auch als Drohgebärde gegen Mitbewerber gilt. In der Nase haben die Männchen zudem ein dehnbares Häutchen. Auch das können sie aufblasen – zu einem pinkfarbenen Ballon.

Eine tolle Show bietet der Kragenparadiesvogel. Mit lautem Schreien animiert er zum Zuschauen, plustert seinen blaugrünen Brustschild auf und prunkt mit einem Fächer aus prachtvollen schwarzen Federn. Dann tanzt er wild, hämmert mit seinen Schwanzfedern rhythmisch auf den Boden und umkreist seine Dame mit einem tiefen Blick in die Augen.

Vor besonders schwierigen Aufgaben stehen Kardinalbarsche: Die Weibchen hauen einfach ab, nachdem sie ihre Eier in den Mund des Männchens gelegt haben. Diese schwimmen dann mit etwa 20 Eiern zwei Wochen lang umher und müssen darauf achten, ihre Kinder nicht aus Versehen zu verschlucken. Das bedeutet: In dieser Zeit fressen die Papas kaum etwas.

Für Mücken ist das Summen, ihr Flügelschlag, ein wichtiges Signal für die Paarung. Der Klang unterscheidet sich bei Männchen und Weibchen, so können sie einander finden. Haben sie sich getroffen, zieht das Männchen mit den langen Vorderbeinen die Hinterbeine des Weibchens heran und schwingt sich unter dessen Bauch. So verbunden fliegen sie weiter, ein paar Sekunden. Dann ist der Geschlechtsakt beendet.

8 | Warum frieren **POLARFISCHE** nicht ein?

Würde man einen gewöhnlichen Fisch dem eisigen Wasser an Nord- oder Südpol aussetzen, würden seine Körperflüssigkeiten innerhalb weniger Sekunden einfrieren. Polarfische dagegen trotzen dem plötzlichen Kältetod, selbst wenn das salzige Meerwasser Temperaturen von minus zwei Grad Celsius annimmt. Im Laufe der Evolution entwickelten sie eine Art biologisches Frostschutzmittel. Biologen sprechen von Anti-Frost-Proteinen – mikrobiologische Strukturen, die im Blut und anderen Körperflüssigkeiten schwimmen. Entstehen bei sinkenden Temperaturen die ersten mikroskopischen Eiskristalle, docken die Proteine an deren Oberfläche an und verhindern, dass die Eiskristalle weiterwachsen. So wird ein vollständiges Ausfrieren verhindert, die Körperflüssigkeiten der Polarfische bleiben auch bei Minusgraden flüssig. Das Anti-Frost-Protein wird übrigens nicht nur von Polarfischen benutzt. Auch Insekten wie Schneefliegen oder Pflanzen wie Winterweizen, der unter anderem in Deutschland angebaut wird, haben sich mit seiner Hilfe an winterliche Temperaturen angepasst.

9 | Warum **BLÜHEN** manche Pflanzen **NUR IM WINTER**?

Ob Christrose oder Zaubernuss, Duftender Schneeball oder Winterling: Sie alle entwickeln ihre Blüten in den Wintermonaten. Sie profitieren vor allem vom fehlenden Blätterdach und von der Tatsache, dass das Tageslicht ungehindert bis auf den Boden fällt. Das ist auch vorteilhaft für die Bestäubung, denn die Pollen werden nicht von belaubten Ästen abgefangen. Zwischen den wenigen Insekten und der spärlichen Flora entwickelt sich eine Win-win-Situation. Die Tiere freuen sich, dass sie trotz unwirtlichen Wetters Nahrung finden. Umgekehrt profitieren die Pflanzen von der eher kärglichen Blüte um sie herum, weil sie wegen der nur sehr überschaubaren Konkurrenz größere Chancen zur Bestäubung haben.

Gegen frostige Temperaturen schützen sich Winterblüher ganz unterschiedlich. So bildet etwa der Winterjasmin monatelang immer neue Blüten. Sind die ersten erfroren, ist schnell Nachschub da. Die Zaubernuss rollt ihre Blüten ein und bewahrt sie so vor Kälte. Manche Pflanzen produzieren eine Art Frostschutzmittel: Sie stellen ihren Stoffwechsel um und erzeugen statt Glukose Glyzerin. So wird verhindert, dass das Wasser in den Zellen gefriert, sich dabei ausdehnt und die Zellwände zerstört. Diese Umstellung braucht allerdings Zeit – um die 24 Stunden. Kommt es also zu einem überraschenden Kälteeinbruch, dann erfrieren auch diese sonst winterfesten Spezies.

10 | Wie viel **PS** hat ein **PFERD**?

Die Leistungsstärke von Autos mit der von Pferden zusammenzubringen, ist ein sehr bildhafter Vergleich. Ausgedacht hat sich die »Pferdestärke« der Schotte James Watt. Er suchte nach einer griffigen Einheit, mit der er seine Dampfmaschine bewerben konnte. Dafür soll er Pferde beobachtet haben, die in Kohlebergwerken über eine sogenannte Umlenkrolle Kohle hinaufbeförderten. In einer zehnstündigen Schicht sollen das, auf die Minute umgerechnet, 330 (britische) Pfund Kohle gewesen sein, die sie 100 Fuß in die Höhe transportierten. Das entspricht etwa 150 Kilo, die in einer Minute 30 Meter in der Senkrechten befördert werden. Diese Leistung von 33 000 »Foot-Pounds« pro Minute definierte James Watt als eine Pferdestärke (1 PS). Damit konnte er den Bergwerksbesitzern verdeutlichen, wie viele Pferde sie durch eine Dampfmaschine ersetzen konnten.

Tatsächlich aber sind Pferde in der Lage, über einen begrenzten Zeitraum deutlich mehr zu leisten: 15 PS sind nicht ungewöhnlich und 24 PS durchaus möglich, je nach Rasse und Konstitution des Pferdes. Auf Dauer leistet ein Pferd aber tatsächlich nur 1 PS. Die Einheit wurde übrigens später durch die Einheit Watt ersetzt: 1 kW sind 1,36 PS und 1 PS sind 0,735 kW.

11 | Was halten Gorillas von Küchenhygiene?

Verschmutzte Lebensmittel bergen Gefahren, man kann sich Parasiten und Bakterien einfangen oder vielleicht sogar an scharfkantigen Partikeln verletzten. Das wissen offenbar auch Gorillas. Forscher der Universität Birmingham haben das Verhalten von fünf Gorillas im Leipziger Zoo getestet. Sie boten den Affen Äpfel an – saubere Äpfel, aber auch solche, die zuvor in Sand gewälzt worden waren. Auf Videos sieht man die Tiere, wie sie in verblüffend menschenähnlicher Manier die sandige Oberfläche leicht mit Handinnenfläche oder -rücken bearbeiten. Andere reiben den Apfel kurz am Unterarm sauber. Alles wirkt dabei selbstverständlich. Nur die damals dreijährige Louna hatte offenbar keine Probleme mit sandigen Äpfeln und stopfte sie sich unverzüglich ins Maul.

Offenbar haben Gorillas die Küchenhygiene im Blut, denn keiner aus der Fünfergruppe hatte zuvor die Gelegenheit gehabt, sich die Putztipps bei Artgenossen abzuschauen. Das Wissen, folgern die Forscher, ist also nicht sozial vermittelt. Stattdessen handelt es sich um einen individuellen Lernprozess, zu dem die Tiere ohne Anleitung fähig sind. Es geht also um Erfahrung, wie bei uns Menschen auch. Jeder kennt die Szenen von Eltern und kleinen Kindern. Fällt der Schnuller in den Dreck, heißt es schnell sein, damit er nicht sofort wieder im Mund landet. Aber wenn es passiert, lernen die Kleinen irgendwann, dass das nicht lecker ist.

12 | Hören FLEDERMÄUSE mit dem Alter SCHLECHTER?

Fledermäuse können sehr alt werden. Zum Teil weit über 20 Jahre, was für Säugetiere dieser Körpergröße einzigartig ist. Eine Forscherin konnte schon einmal bei einem sehr alten, in menschlicher Obhut gehaltenen Tier einen Hochtonhörverlust messen, wie er auch für ältere Menschen typisch ist. Das heißt, die Tiere oder Menschen können dann hohe Töne schlechter hören als andere. Da die Hörsinneszellen zeitlebens nicht ersetzt werden können, überraschte dies die Wissenschaftlerin nicht. In freier Wildbahn habe eine Fledermaus mit Hörverlust jedoch kaum eine Chance, da sie ihre Echoortung ja zur Orientierung und Futtersuche braucht. Daher wird auch eine alte Fledermaus, die man im Freiland fängt, in der Regel immer noch gut hören – sonst hätte sie nicht überlebt.

13 | Wie WEHREN sich Fische GEGEN KRANKHEITSERREGER?

Wer schon einmal versucht hat, einen lebenden Fisch mit den Händen zu packen, der weiß, dass die Wasserbewohner leicht aus der Hand flutschen. Das liegt an ihrer Stromlinienform, aber auch daran, dass sie glitschig sind. Ihre Haut ist von einer Schleimschicht bedeckt, die sie besser durchs Wasser gleiten lässt. Und sie bewahrt die Fische vor Krankheitskeimen.

Der abgesonderte Schleim besteht aus langen Ketten von Kohlenhydratmolekülen und kurzen eiweißähnlichen Stoffen. Daneben finden sich darin Abwehrzellen und Moleküle des Immunsystems, die gegen Krankheitserreger gerichtet sind. Doch das ist nicht alles: Die Schutzschicht enthält auch potente Antibiotika. Denn im Schleim tummeln sich »gute« Bakterien, die Abwehrstoffe gegen schädliche Bakterien, Pilze und Viren bereithalten. Forscher wiesen 47 unterschiedliche Bakterienstämme im Sekret diverser Fische nach, von denen fünf antibiotisch wirksame Substanzen gegen Bakterien herstellen können. Drei der Mikroben vermögen Abwehrstoffe gegen Pilze zu produzieren und

eine sogar einen Stoff, der gegen Darmkrebszellen wirkt. Die Wissenschaftler sehen in dem Fischschleim eine Chance, neuartige, wirkungsvolle Antibiotika auch für Menschen zu entdecken. Zudem können die neuen Erkenntnisse helfen, die Menge an Antibiotika in Fischfarmen zu reduzieren und die Tiere gezielter vor Infektionen zu schützen.

14 | Wie viel **WIEGEN** alle wild lebenden **SÄUGETIERE** der Erde?

Die Zahl wurde im Jahr 2023 neu geschätzt: Es sind rund 22 Milliarden Tonnen, deutlich weniger als noch vor einigen Jahren berechnet. Das eigentlich Verblüffende und Erschreckende an der Studie ist aber: Die mehr als acht Milliarden Menschen wiegen fast das 20-Fache, nämlich 390 Millionen Tonnen. Und seine Nutz- und Haustiere bringen es auf satte 630 Millionen Tonnen. Die Zahlen zeigen: Auf der Erde leben hauptsächlich Menschen und ihr Vieh. Alle anderen Säuger fallen dagegen kaum noch ins Gewicht. Das Bild ändert sich auch nicht, wenn man die Meere einbezieht: Meeressäuger wiegen zusammen geschätzte 39 Millionen Tonnen, wobei die gigantischen Wale den größten Beitrag leisten. Unter den an Land lebenden Säugetieren sind es vor allem Hirsche, Elefanten und Wildschweine, die zur Biomasse beitragen. Zahlenmäßig häufigere Tiere sind zu leicht, um mit ihrem Gewicht auf den oberen Plätzen der Liste zu landen. Das Ungleichgewicht der Biomasse von Mensch und wild lebenden Säugetieren führt die Bedrohung der Wildtiere eindrücklich vor Augen.

15 | Warum riechen **NASSE HUNDE** so streng?

Auf der Haut eines jeden Hundes leben Heerscharen von Mikroorganismen, darunter Hefepilze und verschiedene Arten von Bakterien. Die meisten davon schützen den Hund, zum Beispiel vor Krankheitserregern. Zusätzlich produzieren spezielle Poren Talg, der Haut und Haaren des Hundes als fetthaltiger

Wasserschutz dient. Es ist diese spezielle Mischung, die für den Eigengeruch eines jeden Hundes sorgt. Er ist im trockenen Zustand nicht penetrant. Doch sobald die Mikroorganismen und insbesondere ihre Ausscheidungen feucht werden, fangen sie an zu riechen. Kommt die Hundehaut in Kontakt mit Wasser, produziert sie zugleich mehr Talg, was den Geruch noch mehr fördert. Verdunstet die Feuchtigkeit dann im Lauf der Zeit, wird der Gestank noch intensiver. Feuchte Luft kann mehr Moleküle »halten« als trockene, und so transportiert sie auch Geruchsmoleküle deutlich besser. Riecht ein Hund auch im trockenen Zustand auffallend streng, kann das unter Umständen auf ein gesundheitliches Problem hinweisen, und es empfiehlt sich ein Gang zum Tierarzt.

16 | Wie **VERABREDEN** sich **KORALLEN** zum Sex?

Steinkorallen, die Erbauer des australischen Great-Barrier-Riffs und anderer bunter Unterwassergärten, pflanzen sich auf unterschiedliche Weise fort. Manche Arten vermehren sich ungeschlechtlich und bilden Ableger, sobald sie eine gewisse Größe erreicht haben. Die meisten aber entwickeln Eizellen. Diese werden entweder in der Koralle befruchtet oder außerhalb. Alljährlich spielt sich daher an tropischen Küsten ein einzigartiges Schauspiel ab: Hunderte Korallen entlassen gleichzeitig im Schutz der Dunkelheit Millionen von Eizellen und Spermien ins Meer. In der Hoffnung, dass eine winzige Korallenlarve einige Tage oder Wochen später eine neue Kolonie gründet. Damit Eizellen und Spermien die größtmögliche Chance haben, sich zu vereinen, laichen die Tiere exakt in derselben Minute ab. Dadurch verhindern sie auch eine Selbstbefruchtung, denn viele sind zweigeschlechtig und geben Eizellen und Spermien zugleich ab. Außerdem überfordern sie damit hungrige Räuber, weil diese schlicht nicht alle Eier auffressen können.

Doch: Woher wissen die Korallen, wann der Zeitpunkt zum Laichen gekommen ist? Wassertemperatur, Salzgehalt und die Sonneneinstrahlung bestimmen den

Monat, in dem Eizellen und Spermien heranreifen. Mondphase und Sonnenuntergang signalisieren die Nacht und die Stunde des Ereignisses. Die Farbe des Restlichts und von Korallen abgesonderte Duftstoffe geben schließlich den Startschuss. Die Fortpflanzung vieler Steinkorallen beruht auf einer im Laufe der Evolution genau justierten Signalkette. Das macht sie anfällig für Umweltveränderungen, etwa durch Lichtverschmutzung von Städten und hormonaktive Substanzen, die ins Meer gelangen. Auch durch die Ozeanerwärmung geraten Korallen aus dem Takt. Sie laichen nun früher oder später als ihre Artgenossen. So schaffen es weniger Larven, sich am Meeresgrund anzusiedeln und ein neues Riff zu bauen.

17 | Machen KRÄHEN Menschen GESCHENKE?

Die Berichte, dass Krähen Menschen beschenken, sind mittlerweile so zahlreich, dass auch renommierte Forscher dies für möglich halten. Sie sprechen von »Schenken«, wenn die Vögel zum Beispiel an Futterstellen bunte Glasscherben oder Knöpfe zurücklassen. Ein Geschenk zu machen, setzt einiges voraus, was Krähen nachweislich tun: Sie erkennen Menschen individuell und reagieren auf sie. In einem aufsehenerregenden Experiment ließ ein Ornithologe maskierte Menschen auftreten, die eine tote Krähe im Arm hielten und sie den Versuchskrähen präsentierten – so als hätten sie die Tiere getötet. Die Rabenvögel erkannten die maskierte Person bei jeder Begegnung wieder und reagierten auf sie mit starker Ablehnung. Auch gilt es inzwischen als gesichert, dass Krähen Objekte tauschen, sowohl untereinander als auch mit Menschen. Möglicherweise als Zeichen der Zuneigung. Eine österreichische Studie zeigte im Experiment, dass Krähen Objekte lieber mit Menschen tauschen, die sie kennen, als mit Fremden. Doch beim »Schenken« ist die Frage der Absicht noch offen: Wollen Krähen sich erkenntlich zeigen? Oder haben sie die Gegenstände nur vergessen? Dieser Aspekt bleibt noch ungeklärt.

18 | Was ist die SCHNELLSTE BEWEGUNG im TIERREICH?

Geparde können Geschwindigkeiten von mehr als 100 Kilometern pro Stunde erreichen, das sind mehr als 28 Meter pro Sekunde. Doch einen neuen Temporekord kann eine Ameise für sich verbuchen. Mit Hochgeschwindigkeitskameras filmten Wissenschaftler die Kiefer ihrer Versuchstiere beim Zuschnappen. Dabei maßen sie eine Geschwindigkeit von 90 Metern in der Sekunde – die schnellste bislang gemessene Bewegung im Tierreich. Umgerechnet sind das mehr als 320 Kilometer pro Stunde.

Die »Dracula-Ameisen« heißen wissenschaftlich korrekt Mystrium camillae, leben in tropischen Regenwäldern und werden bis zu einen Zentimeter groß. Ihre superschnelle Bewegung erzielen sie mit einem Trick: Sie pressen ihre länglich geformten, hebelähnlichen Kiefer aneinander, lassen sie einrasten und setzen sie so unter Spannung. Im entscheidenden Moment »entriegeln« sie ihre Kiefer, die nun aneinander vorbeisausen. Dank der Power der Bewegung können sie sich gegen Feinde verteidigen, aber auch Beutetiere fassen und betäuben, um sie an den Nachwuchs zu verfüttern. Ihren Namen verdanken die Tiere einem seltsamen Verhalten: Ausgewachsen ernähren sie sich vom Blut der eigenen Larven. Allerdings saugen sie davon nur so viel, dass sie dem Nachwuchs nicht schaden.

19 | Welche **NEUE SPEZIES** wurde im **SUPERMARKT** entdeckt?

Die Idee war seltsam, führte aber zu einem überraschenden Ergebnis: Zwei britische Forscher beschlossen, eine Tüte getrocknete Steinpilze einer DNA-Analyse zu unterziehen. Und sie entdeckten unter den 15 köstlichen »porcini« drei komplett neue, bislang unbekannte Arten. Experten weisen allerdings darauf hin, dass jährlich Hunderte neue Pilzarten entdeckt werden – eine einmalige Biodiversität. Nach heutigem Wissensstand dürfte es zwischen 2,2 und 3,8 Millionen Arten geben, davon sind erst etwa 120 000 Arten katalogisiert. Zum Vergleich: Es gibt geschätzt etwa sieben Millionen Tierarten. Da Pilze nur sehr begrenzt gezüchtet werden können, werden sie bis heute in der Natur gesammelt. Genaue Analysen sind da eher selten.

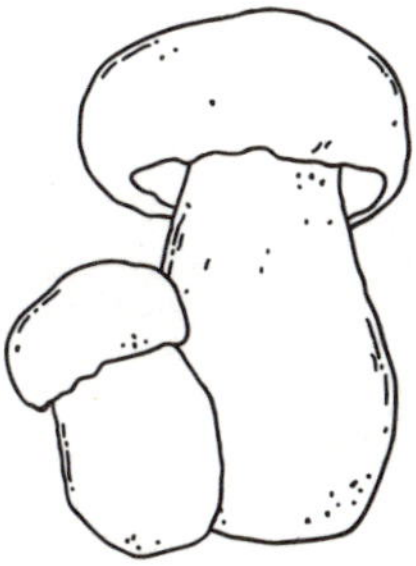

Rotten wir also vielleicht mit einem Pilzrisotto, ohne es zu wissen, eine komplette Subspezies aus? Die britischen Forscher jedenfalls überschrieben einen wissenschaftlichen Aufsatz mit dem schönen Titel: »Was gibt es heute zum Abendessen? Unbekannte Spezies!«

20 | Wie **LERNEN** Singvögel **IHRE LIEDER?**

Jeden Morgen im Frühjahr beginnt noch vor Sonnenaufgang das große Konzert der Vögel. Monatelang waren sie im Großen und Ganzen verstummt. Trotzdem singt jeder Vogel auf Anhieb so, wie es für seine Art typisch ist. Doch wie lernen sie eigentlich ihre Lieder?

Ein Vogelforscher am Max-Planck-Institut für Ornithologie beobachtete Kanariengirlitze in Volieren. Demnach erinnern sich die Sänger an das, was sie einst als Jungtiere einstudiert haben. Junge Singvögel hören auf ihre Väter und Großväter, von denen sie nach und nach silbenweise ihre Sprache erlernen – den Gesang. Nur dann entsteht ihr Lied, mit dem sie Rivalen und Weibchen beeindrucken. Und wie beim Menschen können sich Moden einschleichen, die den arttypischen Gesang auf Dauer verändern.

Wächst ein Singvogelmännchen ohne ältere Artgenossen auf, beginnt es zwar auch irgendwann zu singen, doch ganz anders, als es für die Art typisch wäre. Es improvisiert dann. Beispielsweise ist der Rhythmus der einzelnen Silben meist verändert. Selbst wenn mehrere Jungvögel gemeinsam aufwachsen, ohne ältere Tiere, hat das schon einen positiven Effekt, denn dann beeinflussen sie sich gegenseitig. Ihre Melodien sind später zwar immer noch nicht ganz typisch, aber den natürlichen Verhältnissen zumindest etwas ähnlicher.

21 | Haben INSEKTEN ein SCHMERZGEDÄCHTNIS?

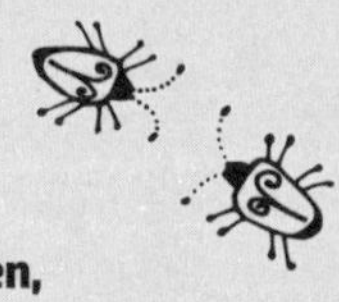

Insekten zählen nicht gerade zu den Tieren, mit denen wir uns gerne umgeben. Dennoch gehören etwa Fruchtfliegen zu den beliebtesten Organismen für die Forschung weltweit, da sie uns Menschen ähnlicher sind, als man auf den ersten Blick glaubt, und sich viele Erkenntnisse übertragen lassen. Forscher aus Sydney fanden heraus, dass die Insekten auch ein Schmerzgedächtnis entwickeln können. Zu Beginn wurde die Schmerzempfindlichkeit der Fliegen getestet: Während diese auf einer beheizbaren Platte saßen, drehten die Forscher die Temperatur langsam hoch: Bei 42 Grad Celsius setzte die Fluchtreaktion der Tiere ein. Daraufhin wurde den Fliegen ein Bein amputiert. Nachdem die Verletzung geheilt war, überprüften die Wissenschaftler, ob sich die Schmerzempfindlichkeit der Tiere verändert hatte. Das Ergebnis: Die Fluchtreaktion setzte nun bereits bei 38 Grad Celsius ein. Genau wie bei Menschen hatte die Verletzung bewirkt, dass sich in der Schmerzleitung und -verarbeitung dauerhaft etwas verändert. Es zeigte sich, dass reizhemmende Nervenzellen der Tiere blockiert waren, die den Nerven des menschlichen Rückenmarks entsprechen. Weil die natürliche Schmerzbremse bei den Tieren nicht mehr funktionierte, reagierten sie überempfindlich auf die Wärme. Die Erkenntnis kann dabei helfen, das komplexe menschliche Schmerzempfinden zu entschlüsseln.

22 | Warum **LIEGEN** Kühe fast nie **AUF DER SEITE?**

Pferde sieht man nicht selten entspannt auf der Seite liegen. Bei Kühen aber ist das nicht der Fall. Sie ruhen in Brustlage, die Vorderbeine eingeknickt, meist ein hinteres Bein seitlich herausgestreckt. Warum ist das so? Schließlich ist die Seitenlage für große Tiere bequemer.

Den Unterschied macht die Ernährung, genauer gesagt: die Verdauung, glauben Zoologen. Kühe gehören zu den Wiederkäuern. Ihnen hat die Natur ein geniales Verdauungssystem verliehen, mit dem sie viel mehr Energie aus ihrer Nahrung gewinnen können als andere Pflanzenfresser. Dazu besitzen sie gleich vier Mägen. Grasen die Rinder auf der Weide, rupfen sie das Gras ab und schlingen es schnell hinunter. Später sieht man sie dann auf der Weide in Brustlage ruhen und gemächlich vor sich hin kauen. Sie würgen das Grünzeug wieder hervor und kauen es nochmals durch.

Beim Verdauen hilft den Kühen eine bunte Schar von Mikroorganismen, die in ihrem Magen-Darm-Trakt siedelt. Die Mikroben sind in der Lage, Zellulose – jenes für Säugetiere normalerweise unverdauliche Pflanzenmaterial – in energiereichen Zucker zu zerlegen. Damit das komplizierte Verdauungssystem richtig funktionieren und die Nahrung jeweils von einem Magen in den nächsten gelangen kann, müssen die Tiere immer dieselbe Position zur Schwerkraft haben. Und deshalb ruhen Wiederkäuer überwiegend aufrecht – das gilt auch für Schafe, Antilopen, Hirsche oder Giraffen.

23 | Wie **BREMSEN** Bäume die **DREHUNG DER ERDE?**

Der Frühling lässt die Pflanzen sprießen. Und bald tragen die Wälder wieder unvorstellbare Mengen neuer Blätter. Welches Gewicht allein die Wipfel der 90 Milliarden Bäume in deutschen Wäldern tragen, lässt sich kaum erahnen. Die Baumkronen sind oft viele Meter von der Erdoberfläche entfernt und bremsen dadurch einer Theorie zufolge die Erdrotation im Sommer leicht ab. Wie eine Eiskunstläuferin, die eine

Pirouette vollführt: Hat sie ihre Arme nah am Körper, dreht sie sich besonders schnell. Doch sobald sie ihre Arme nach außen streckt, wird die Drehbewegung langsamer. Physiker sprechen beim Pirouetteneffekt vom Drehimpuls, der erhalten bleiben muss. Im Fall der Erdrotation beträgt die Änderung jedoch nur wenige Nanosekunden pro Tag, wie Wissenschaftler der Universität Bonn berechneten. Wenn im Herbst das Laub zu Boden fällt und näher an der Drehachse der Erde liegt, wird die Rotation unseres Planeten wieder im gleichen Maße schneller. So, als ob die Eiskunstläuferin wieder ihre Arme an den Körper anlegt.

24 | Warum sind DIE BISSE mancher Schlangen TÖDLICH und ANDERER NICHT?

Weltweit gibt es etwa 2700 bekannte Schlangenarten, darunter sind rund 600 Giftschlangen. Die allermeisten produzieren ein Gift, das gerade einmal ausreicht, um Vögel, Fische oder kleine Säugetiere wie Mäuse umzubringen. Nur etwa 50 Varianten können durch ihren Biss auch Menschen töten. Jährlich sterben zwischen 21000 und 138000 Menschen an Schlangenbissen. Dazu kommen rund 400000, die an bleibenden Schäden durch die Toxine leiden, sie werden blind, oder ihnen müssen Gliedmaßen amputiert werden.

Wissenschaftler aus Irland untersuchten die Toxine von 102 Giftschlangen und stellten fest, dass die Gifte perfekt auf die jeweiligen Beutetiere der Schlangen zugeschnitten sind. Es geht offenbar also nicht darum, möglichst giftig zu sein, sondern exakt so giftig, wie es die Größe des Beutetiers verlangt. Wie viel Gift eine Schlange produziert, hängt der Studie zufolge von ihrer Umgebung ab. Am meisten Gift produzieren demnach große Schlangen wie Kobras, Mambas und Klapperschlangen, die auf dem Boden leben und mit großen Tieren in Kontakt kommen. Kleinere Baumbewohner oder Wasserschlangen lagern dagegen weit weniger Toxin in ihrem Giftapparat – und produzieren in der Regel auch kleinere Mengen insgesamt harmloserer Stoffe, denn sie machen auch Jagd auf kleinere Tiere.

25 | Was ist ein SCHEININSEKT?

Die Wilde Möhre, Verwandte und Vorläuferin unserer Kulturmöhre, bildet in ihrem zweiten Jahr große, weiße Dolden aus. Doch inmitten der »normalen« Blüten ist stets auch eine mit dem Farbstoff Anthocyan dunkel gefärbte Einzelblüte zu finden. Sie wird »Scheininsekt« genannt, oft auch – politisch inkorrekt – wegen ihrer dunklen Farbe »Mohrenblüte«. Der Trick der Pflanze: Das Scheininsekt täuscht vor, dass schon ein Artgenosse Gefallen am Nektarangebot der Pflanze gefunden hat, und soll auf diese Weise echte Insekten anlocken.

26 | Warum gehen DIE AALE zum Laichen in DIE SARGASSOSEE?

Die fünf Millionen Quadratkilometer große Sargassosee reicht von Florida bis fast nach Afrika. Ihren Namen verdankt sie der Braunalge Sargassum, die sich zu riesigen Teppichen verbindet. Ein ovaler Strömungsring begrenzt die See und verhindert, dass Nährstoffe von umgebenden Küsten hineinfließen. Darum sind die Vorkommen an Plankton und Krill gering, und Fische, vor allem räuberische, sind rar.

Noch nie hat ein Mensch Aale bei der Paarung gesehen. Man vermutet aber, dass es in den Tiefen der Sargassosee geschieht, denn dort fischen Forscher die kleinsten Aallarven aus dem Wasser – durchsichtige, wenige Millimeter winzige Tiere. Eier allerdings wurden auch noch nie gefunden. Richtung Europa lässt sich die neue Generation vermutlich vom Golfstrom tragen. Nach drei Jahren erreicht sie die Flussmündungen von Ostsee, Nordsee und Mittelmeer, wo sie sich in durchsichtige »Glasaale« verwandelt. Einige bleiben dort, die meisten kämpfen sich stromaufwärts. In süßen Gewässern von Norwegen bis zur Türkei verbringen sie die nächsten 10 bis 15 Jahre. Sie fressen sich ein Polster als Reiseproviant an, bis sie zu 30 Prozent aus Fett

bestehen. Wenn die Geschlechtsreife bevorsteht, begeben sie sich, wie zuvor ihre Eltern, auf die ein bis anderthalb Jahre dauernde Wanderung über rund 7000 Kilometer durch den Atlantik in die Sargassosee. Unterwegs fressen sie nichts, stattdessen verwandeln sich der Verdauungsapparat sowie Teile des Skeletts und der Muskeln in Geschlechtsorgane. Am Ziel feiern die Tiere, vollgestopft mit Samen und Eizellen, Hochzeit und sinken sterbend in die Tiefe.

27 | Gibt es Tiere, die **STEINE FRESSEN?**

Der Loriot-Sketch ist unvergessen: Als Professor Grzimek verkleidet stellte der Humorist das »kleinste Nagetier unserer Heimat« vor, die Steinlaus. Amüsant für alle Zuschauer, die vor allem eines zu wissen glauben: Ein Tier, das sich von Steinen ernährt, gibt es nicht. Doch da irren sie. Im philippinischen Fluss Abatan entdeckten Biologen eine Muschel, die sich durch weiches Sedimentgestein nagt und nach der Verdauung die Überreste als feinen Sand ausscheidet. Getauft wurde das Tier Lithoredo abatanica. Nach allem, was man weiß, beschränkt sich sein Lebensraum auf einen ungefähr fünf Kilometer langen Abschnitt des Flusses. Die Forscher stellten fest, dass es viel Ähnlichkeit mit Schiffsbohrwürmern hat, die biologisch ebenfalls Muscheln sind, deren Schalen sich aber im Lauf der Evolution in Bohrwerkzeuge verwandelt haben. Noch gibt das Tier Rätsel auf. So steht zum Beispiel nicht fest, welche Nährstoffe es dem Gestein entnimmt und warum der Lebensraum der Muschel sich auf einen so kleinen Bereich beschränkt.

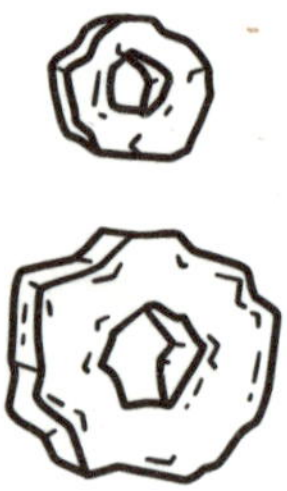

28 | Was HILFT gegen WÜHLMÄUSE?

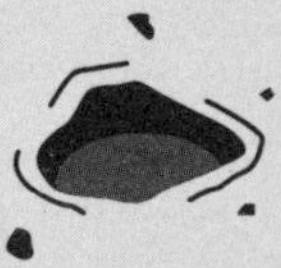

Wühlmäuse bereiten im Garten oft viel Ärger. Zu ihren Lieblingsspeisen gehören Blumenzwiebeln und die Wurzeln junger Bäume und Gehölze, manchmal ganze Blumenbeete. Da sie nicht unter Naturschutz stehen, können sie vertrieben, gefangen und auch getötet werden. Es muss aber sicher sein, dass es eine Wühlmaus ist und nicht ein Maulwurf. Denn der steht unter Naturschutz und darf nur vertrieben werden. Beide Tiere unterscheiden sich in ihren Hügelformen. Die Hügel der Wühlmäuse sind groß, flach und mit Pflanzenresten durchsetzt, die der Maulwürfe eher klein, spitz und kegelförmig.

Das Bekämpfen der Wühlmaus sollte schon im Vorfrühling beginnen, bevor sie ihren ersten Wurf setzt. Man kann Lebendfallen benutzen – oder seine Pflanzen schützen. Beim Anpflanzen werden die Blumenzwiebeln sowie die Wurzeln von Sträuchern und Bäumen zum Beispiel in Drahtkörbe gesteckt. Die Maschen des Drahtes sollten nicht größer als 15 Millimeter sein. Obstbäume und Hochbeete können von unten her mit Drahtgittern gesichert werden. Als ein Gegenmittel empfiehlt der Naturschutzbund Deutschland (Nabu), für natürliche Feinde zu sorgen, zum Beispiel Katzen, Mauswiesel, Marder und Füchse. Der Gartenzaun müsste daher von ihnen passiert werden können. Der Nabu weist zudem auf ein Hausmittel aus Omas Zeiten hin. Einmal pro Woche gegorene Buttermilch in die Wühlmauseingänge gegossen – das jage die Tiere fort. Ebenso Knoblauch und andere stark riechende Pflanzen.

29 | Wer darf **EIN HUHN** im Garten **HALTEN**?

Grundsätzlich jeder, sie gelten juristisch als Kleintiere wie Kaninchen oder Meerschweinchen. Sie dürfen selbst in reinen Wohngebieten gackern und Eier legen, ohne dass dem baurechtliche Bedenken entgegenstehen. Und doch gibt es eine Einschränkung: Hobby-Hühnerhalter müssen das Gebot der Rücksichtnahme beachten, wie es offiziell formuliert wird. Dazu haben sich in der Vergangenheit verschiedene Gerichte geäußert. So befand das Oberverwaltungsgericht Rheinland-Pfalz, dass mehr als ein Hahn und 20 Hühner für eine private Hühnerhaltung als unangemessen angesehen werden. Und Richter aus Kleve stellten fest, dass die ortsübliche Lärmbelastung nicht überschritten werden dürfe. Grundsätzlich seien Dorfbewohnern aber mehr Tiergeräusche zuzumuten als Städtern. In jedem Fall aber müssen die Hühner beim Veterinäramt gemeldet werden.

30 | Warum sind **BANANEN** Beeren, **ERDBEEREN** aber nicht?

Die Namen vieler Früchte gibt es schon länger als die botanische Definition der Beere. Das führt zu einiger Verwirrung: Viele vermeintliche Beeren sind in Wahrheit keine. Und so manches Obst und Gemüse gehört dazu, auch wenn es nicht klein, rundlich und süß ist. Botanisch gilt als Beere eine Frucht, die aus einem oder mehreren verwachsenen Fruchtblättern hervorgegangen ist und mehrere Samen mit ihrem Fruchtfleisch einhüllt. Es besteht aus drei Schichten: der Außenhaut (Exokarp), dem fleischigen Mittelteil (Mesokarp) und dem oft etwas dunkleren Innenteil (Endokarp), der die Samen umgibt. Nach dieser Definition zählen auch Bananen, Gurken, Melonen, Kürbisse, Zitrusfrüchte, Datteln, Kiwis, Paprika, Auberginen und Tomaten zu den Beeren.

Ist der innere Teil einer Frucht zu einem Samen verholzt, wie etwa bei Kirsche, Holunderbeere oder Pfirsich, spricht man von einer Steinfrucht. Sind alle drei Schichten verholzt, handelt es sich um eine Nuss.

Und wohin gehören unsere »Beerenklassiker« Himbeere, Brombeere und Erdbeere? Himbeeren und Brombeeren sind Sammelsteinfrüchte, weil sie sich quasi aus mehreren winzigen Steinfrüchten zusammensetzen. Und die Erdbeere ist eine Sammelnussfrucht, weil das rote Fruchtfleisch nur der aufgequollene Blütenboden der Pflanze ist, auf dem viele kleine Nüsschen in Form von gelben Körnchen sitzen.

31 | Warum brauchen **KOALAS** so **VIEL SCHLAF?**

Bevor Australien durch die Europäer besiedelt wurde, lebten dort Millionen Koalas. Durch die spätere intensive Bejagung sowie die massive Abholzung der Eukalyptuswälder wurden ihre Bestände und ihr Lebensraum so stark dezimiert, dass sie bereits seit 1937 unter Artenschutz stehen. Vor den verheerenden Buschbränden in den Jahren 2019/2020 lebten wohl bis zu 80 000 Tiere in Freiheit, Experten schätzen, dass etwa ein Drittel von ihnen in den Flammen ums Leben kam.

Koalas verbringen die meiste Zeit ihres Lebens auf Bäumen, wo sie fressen, schlafen, sich fortpflanzen und ihren Nachwuchs großziehen. Sie gehören wie Kängurus zu den Beuteltieren und sind vorwiegend nachtaktiv. Allerdings ist ihre Aktivität kurz: 18 bis 20 Stunden pro Tag schlafen sie. Grund dafür ist die Ernährung: Koalas fressen nahezu ausschließlich die Blätter bestimmter Arten von Eukalyptusbäumen, auf denen sie leben. Die Blätter sind sehr nährstoffarm und giftig. Vor dem Verzehr erschnüffeln die Tiere den Giftgehalt und wählen die am wenigsten giftigen. Aufgrund dieser Kost muss ihr Verdauungstrakt jedoch Schwerstarbeit leisten. Das kostet Energie. So verschlafen die Tiere die meiste Zeit ihres Lebens in sicherer Höhe.

32 | MAUL oder SCHNAUZE – was ist der Unterschied?

Maul ist der Oberbegriff für die Körperöffnung, mit der das Tier seine Nahrung aufnimmt. Als Schnauze dagegen wird primär eine besondere Gesichtsform bezeichnet, die sich zum Beispiel bei Bär und Hund herausgebildet hat. Bei ihnen sind Kiefer und Wangenknochen nach vorn gewachsen, unterhalb der Augen schiebt sich das ganze Gesicht nach vorn. Zur Schnauze gehören also genau genommen nicht nur Mundöffnung und Mundhöhle, sondern auch die Nase. Umgangssprachlich werden die Begriffe Schnauze und Maul aber nicht präzise unterschieden, wobei wir Schnauzen eher den Fleischfressern und Mäuler eher den Pflanzenfressern zuordnen. So sprechen wir beispielsweise beim überwiegend vegetarisch lebenden Flusspferd vom Maul, bei Seehunden, die sich von Fischen ernähren, von einer Schnauze. Aber auch das trifft meist nicht genau zu. So hat sich für Frösche der Begriff Maul durchgesetzt, obwohl sie sich von Insekten ernähren. Bei Letzteren – den Insekten – spricht man übrigens von Mundwerkzeugen. Und der Vogelschnabel ist eigentlich eine von Horn ummantelte Schnauze.

33 | Warum haben die GRÖSSTEN BÄUME die KLEINSTEN BLÄTTER?

Alles an Mammutbäumen ist gewaltig: Sie wachsen mehr als 100 Meter in den Himmel, der Stammumfang beträgt bis zu 30 Meter, sie sind bis zu 2400 Tonnen schwer und werden mehr als 1000 Jahre alt. Nur ihre Blätter sind: mickrig. Koniferen, zu ihnen gehören auch die Mammutbäume, haben meist winzige Blattnadeln, die oft nicht einmal einen Zentimeter lang sind. Wie hängt das zusammen?

Größere Blattnadeln würden nicht funktionieren, was mit dem besonderen Aufbau ihrer Nährstoffkanäle zu tun hat. Die Glukose, die sich in den Nadeln bei der Fotosynthese bildet, wird durch Kanäle weitergeleitet, die etwa 20-mal dünner sind als ein menschliches Haar. Entlang dieser Kanäle sitzen mit Wasser gefüllte Zellen. Die Glukose kann in diesen engen Durchgängen höchstens fünf Zentimeter zurücklegen – das ist genau die Obergrenze der Nadellänge. Erst in den Ästen und Stämmen erweitern sich die Kanäle. Und warum haben Koniferen Nadeln und keine Blätter? Nadelbäume sind weniger kälteempfindlich und werden auch den Schnee schneller los. Je kleiner die Nadeln sind, desto besser widerstehen sie Sturm, Kälte und Eis. Mammutbäume, die in kühlen Gegenden wachsen und dem Wetter durch ihre Höhe stark ausgesetzt sind, brauchen dementsprechend besonders kleine Nadeln.

34 | Wie helfen **MAULWÜRFE** in der **ARCHÄOLOGIE?**

Archäologie heute ist Hightech pur: Satellitenaufnahmen werden analysiert, Sensoren liefern Hinweise auf Schwankungen im Erdmagnetfeld, verborgene Strukturen werden per Bodenradar erfasst. Alles aufwendig und teuer. Manchmal lassen sich die Geld- und Genehmigungsprobleme jedoch auf elegante Weise umgehen: mit der Spur der Maulwurfshügel. Die Tiere schaufeln auch auf kulturhistorisch sensiblem Gelände ihre Gänge durchs Erdreich, bis zu 20 Meter pro Tag und Tier. Kommt dem Maulwurf ein Festkörper in die Quere, so befördert er ihn an die Oberfläche. Und weil dabei zarte Schaufelhände zum Einsatz kommen, geschieht das auf denkbar sanfte Weise. Erst seit wenigen Jahren erkennt man in der Bodendenkmalpfege das erstaunliche Potenzial der »Methode Maulwurf«. Als zum Beispiel vor einigen Jahren im Nordwesten Englands die Maulwurfshügel auf dem Gelände eines römischen Militärlagers aus dem 2. Jahrhundert untersucht wurden, stieß man auf antike Scherben, Perlen und sogar einen delfinförmigen Bronzegriff. Auch im baden-württembergischen Grösseltal lieferte der Maulwurf kostbare Indizien: Hier fanden die Archäologen Eisenerz in der Erde der Hügelchen – und stießen so auf Überreste von uralten keltischen Eisenverhüttungsanlagen.

35 | Was macht **EIN ROBOTER** unter **AFFEN?**

Mechatronische Tiere ließen die Macher der BBC-Dokumentation »Spy in the Wild« (»Spion in der Wildnis«) vom Team des Animatronikers John Nolan bauen. Das TV-Team schleuste Roboter in Affenhorden und Vogelkolonien,

Krokodilnester und Nildpferdherden, um das Verhalten gegenüber vermeintlichen Artgenossen zu filmen. Ihre Skelette bestanden aus Metall, die Haut aus Silikon, in den Augen saß eine Kamera. Die Schöpfer der Roboter studierten Bewegungsabläufe, modellierten Skelette und Steuerelemente am Rechner und pflanzten Fellbüschel einzeln ein. Sie parfümierten ein falsches Erdmännchen mit dem Kot von Koloniemitgliedern und verliehen einem künstlichen Orang-Utan durch 25 Motoren eine lebensechte Mimik. Das falsche Langurenbaby wurde von seinen wilden Verwandten aufgenommen wie ein echtes – auch wenn sie manchmal skeptisch schauten. Als ein Affe es versehentlich fallen ließ, versammelte sich die Gruppe um den leblosen Körper, beschnupperte und berührte ihn. Die Languren, so schien es, trauerten um einen der ihren.

36 | Wie ERFORSCHT man das GEDÄCHTNIS von BIENEN?

Erst musste sie frieren, bis Flügel und Beinchen träge wurden. Kaum war sie wehrlos, wurde sie mit Klebeband fixiert. Im Blickfeld ihrer Facettenaugen: eine monströse Apparatur. Und was machte die Biene? Streckte die Zunge raus, die im Rüssel steckt. Das Insekt absolvierte einen Gedächtnistest am Länderinstitut für Bienenkunde in Hohen Neuendorf in Brandenburg. Eine Duftorgel fächelte ihm zwei Gerüche zu, aber nur auf eines der Aromen folgte ein Tropfen Zuckerwasser als Belohnung. Streckte die Biene beim richtigen Duft erwartungsvoll Rüssel und Zunge aus, hatte sie bestanden.

Die Gedächtnisleistungen der Tiere sind individuell sehr verschieden. Manche merken sich Düfte 24 Stunden lang, andere vergessen sie sofort. Flugbienen, die in freier Wildbahn Nektar sammeln, lernen meist schneller als Arbeiterbienen, die im Stock die Brut aufpäppeln. Die Forscher interessiert bei den Versuchen, wie sich Neonikotinoide auf das Erinnerungsvermögen auswirken. Die Pflanzenschutzmittel stehen im Verdacht, das Bienensterben zu fördern, indem sie den Insekten die Orientierung rauben. Deshalb wurden Vertreter zweier Völker getestet, eines davon hatten die Forscher einmalig einer hohen Dosis an Neonikotinoiden ausgesetzt. Das Ergebnis: Die Insektizide senkten die Lernleistung, aber weniger stark als erwartet. Ein Kollaps drohte dem Versuchsvolk nicht. Unklar ist jedoch, wie stark die Bienen leiden, wenn sie über längere Zeit immer wieder mit kleinen Mengen des Gifts in Berührung kommen.

37 | Warum brechen alle Karibus ins Sommerquartier *gleichzeitig* auf?

Die in Nordamerika lebenden Karibus wandern weiter als jedes andere Landtier. Wenn sie von ihren Winterweidegebieten in ihre Sommerquartiere zum Kalben wechseln, legen sie weit über 1000 Kilometer zurück. Das Besondere: Sie brechen alle fast gleichzeitig auf, egal, von wo sie starten. Wissenschaftler werteten Bewegungsdaten von 1048 Tieren aus sieben Herden aus, die zwischen 1995 und 2017 mit Sendern ausgestattet wurden. Im Mittel waren die Tiere 33 Tage unterwegs, mit einem Start gegen Ende April und einer Ankunft Ende Mai. Manche Herden brauchten aber auch 42 Tage bis zum Ziel.

Bislang galten vor allem aktuelle Futterbedingungen und die Schneeschmelze als Gründe für den Beginn der Wanderung. Die Studie ergab jedoch, dass sich die Tiere auch an längerfristigen Klimaphänomenen orientieren. Ein späterer Aufbruch zum Beispiel steht im Zusammenhang mit »positiven Nordatlantik-Oszillationen« im Juli und August zuvor. Diese sorgen für trockenere, kühlere und windarme Bedingungen in der nördlichen Hemisphäre. Zur Geburt der Kälber treffen die Karibus zu verschiedenen Zeiten in ihrem Sommerquartier ein, das heißt, sie wandern unterschiedlich lang. War der vergangene Sommer kühl und windig, wird die Reisezeit kürzer. War er warm und eher windstill, dauert die Wanderung länger. Einen Grund dafür sehen die Forscher im Kampf der Karibus gegen lästige Insekten. Wenn es kühler ist, treten diese seltener auf. Dann können die Tiere sich mehr ums Fressen kümmern, anstatt sich mit den Insekten herumzuschlagen, und sind schneller unterwegs.

38 | Hat der BORKENKÄFER auch GUTE SEITEN?

Sein Ruf könnte miserabler nicht sein: »Forstschädling«, nennt man ihn oder »Monster aus dem Wald«. Der Borkenkäfer legt seine Eier unter der Borke etwa von Fichten ab, wo die Larven schlüpfen und sich durch das Rindengewebe bohren. Der Fraß zerstört Versorgungskanäle im Baum und kann ihn töten – etwa, wenn er durch Trockenheit geschwächt ist und sich nicht durch Harztropfen schützen kann, die das eindringende Tier ertränken. Dann lassen die Insekten zuweilen ganze Hänge voller Baumskelette zurück.

Als sich der Borkenkäfer Ende der 1990er-Jahre über den Bayerischen Wald hermachte, befürchteten viele, dort würde nie wieder ein vitales Biotop entstehen. Doch zwischen den bleichen Holzgerippen wachsen heute Ebereschen, Buchen, Tannen, Fichten, dicht und wild durcheinander. Moose und Flechten überziehen umgestürzte Stämme, unter Wurzeltellern huschen Frösche und Molche durch Pfützen. Es zeigte sich: Der Borkenkäfer hatte leichtes Spiel in monoton angelegten Fichtenforsten, deren Bäume mit Trockenheit generell schwer zurechtkommen. Und machte den Weg frei für einen neuen, urwüchsigen Wald. Und der ist Lebensraum für seltene Spezies: Vom Goldfüßigen Schnellkäfer bis zum Habichtskauz finden sich zwischen Totholz und Neuwuchs Arten, die andernorts längst verschwunden sind. In diesem Fall erwies sich der Borkenkäfer als eine Art Geburtshelfer für mehr Artenvielfalt.

39 | Wieso frisst das FETTKRAUT Fleisch?

Die fleischfressenden Pflanzen oder Karnivoren sind die Jäger unter den Gewächsen. Ihre Fähigkeit, sich zusätzliche Leckerbissen einzuverleiben, benutzen sie, um auf sehr nährstoffarmen Böden wachsen zu können. Dabei gehen sie raffiniert vor. Das Gemeine Fettkraut etwa, das bei uns auf moosigen Tuffhängen, Flach- oder Hangmooren gedeiht, besitzt dickfleischige Fangblätter mit zwei Typen von Drüsen. Der eine Typ scheidet einen klebrigen Schleim ab, der die Blätter fettig glänzen lässt. Das lockt kleine Insekten an, die am Klebefilm haften bleiben. Die Beute, zum Beispiel eine Mücke, kommt dann mit der

zweiten Sorte von Drüsen in Kontakt, die einen enzymhaltigen Verdauungssaft absondern. Er zersetzt das Tier, und das Fettkraut nimmt den Fleischsaft in sich auf. Beim Verdauungsvorgang rollen sich die Blätter zudem vom Rand her ein, damit der Fang mit noch mehr Drüsen in Kontakt kommt, 40 000 Drüsen pro Blatt sind keine Seltenheit.

Die abgesonderten Verdauungsenzyme sind denen von Tieren sehr ähnlich. Früher verwendete man für die Herstellung von Käse neben dem Enzym Lab aus Kälbermägen auch die Blätter des Fettkrauts. Und in Nordskandinavien nutzt man die Kraft der Pflanze mancherorts bis heute für die Herstellung von Sauermilchprodukten wie zum Beispiel der Schwedenmilch.

40 | Was hat die SPANISCHE FLIEGE mit SEX zu tun?

Der Name ist irreführend: Die Spanische Fliege ist ein Käfer. Genauer: ein Ölkäfer. Bei Berührung presst das grünlich schillernde Krabbeltier zur Verteidigung winzige Tropfen eines öligen Sekrets aus seinem Mund und den Beingelenken. Die Substanz enthält Cantharidin, ein Reizgift, das auf der Haut zur Bildung schmerzhafter Blasen führt – als hätte man sich verbrannt. Nur die Männchen produzieren das Sekret, doch bei der Paarung übertragen sie es auf die Weibchen, die wiederum bestreichen ihre Eier damit. So ist der Nachwuchs vor Fressfeinden sicher. Manche Tiere dagegen profitieren von dem Gift. So nehmen verschiedene Insekten Cantharidin auf und lagern es zum Schutz in ihrem Körper ein. Und die afrikanische Sporngans frisst gezielt Ölkäfer, wodurch sie zu einem der ganz wenigen giftigen Vögel wird.

Bei Menschen wirkt der Verzehr von Cantharidin anregend auf den Harntrakt. Betroffene spüren starken Harndrang, können aber kein Wasser lassen. Mitunter kommt es zur Blasenentzündung, zur Schädigung der Nieren, zum Kreislaufkollaps. Schon 0,03 Gramm Cantharidin sollen tödlich sein. Doch je nach Dosierung kann der Käfersaft auch eine (wenn auch oft schmerzhafte) Dauererektion bewirken. Nicht verwunderlich, dass die Spanische Fliege schon in der Antike – zu Pulver zerrieben – als Potenzmittel geschätzt wurde. Heute gibt es freilich weniger riskante Wirkstoffe. Trotzdem hat Cantharidin nicht ausgedient: In niedriger Dosierung steckt es in Warzenpflastern.

41 | Warum **KLATSCHEN** sich Ameisen ab auf dem Weg **ZUM FUTTER**?

Für ihren Staat sind Ameisen ständig auf der Futtersuche. Findet eine Späherameise eine Quelle, so läuft sie zurück zum Bau und hinterlässt dabei eine Duftspur. So kann sie selbst die Quelle schnell wiederfinden und andere aus ihrem Staat ebenfalls. So bildet sich entlang der Spur eine Ameisenstraße, über die die Futterquelle ausgeschöpft wird. Dabei kommt es immer wieder vor, dass Ameisen sich begegnen, innehalten und einander mit ihren Antennen betasten. Die Ameisen suchen gezielt den Kontakt, man könnte also tatsächlich von Abklatschen sprechen. Wobei der Kontakt auch dem Austausch dient: Die eine gibt der anderen Infos über die Nahrungsquelle weiter und animiert sie, ebenfalls Futter zu sammeln. Auf den Straßen innerhalb des Baus kommt es zu ähnlichen Begegnungen. Dort prüfen die Insekten, ob die andere Ameise auch wirklich zum eigenen Staat gehört. Falls nicht, gibt es Ärger.

42 | Wie **SCHNELL** können **AMEISEN** laufen?

Wir kennen das vom Strandurlaub: Wenn die Mittagssonne den Sand stark aufheizt, trippeln wir möglichst schnell zu unserer Stranddecke, damit wir uns die Füße nicht verbrennen. Genauso macht es die Silberameise in der Sahara – die schnellste aller Ameisen. Schon länger war die Cataglyphis bombycina als Sprinttalent bekannt. In der Nachmittagshitze verlässt sie ihr schattiges Nest und saust über den sengenden Boden, um Hitzeopfer zu erbeuten. Ein Team der Universität Ulm hat in der Wüste Tunesiens mit einer Hochgeschwindigkeitskamera nachgemessen: Die Silberameise erreicht bis zu 0,855 Meter pro Sekunde. Das entspricht 108 Längen ihres Körpers. Im Verhältnis ist das so, als könnte ein Mensch 200 Meter pro Sekunde laufen.

Damit ist sie sogar schneller als ihre größere Verwandte Cataglyphis fortis. Obwohl diese um 20 Prozent längere Beine hat, erreicht sie maximal die halbe Geschwindigkeit. Die Forscher konnten erkennen, dass die Silberameise ihre Beinchen dreimal so schnell schwingen kann; sie macht deutlich mehr Schritte pro Sekunde. Die Beine berühren den Boden jeweils nur für sieben Millisekunden. Das wiederum hängt mit der Hitze des Bodens zusammen: In Laborversuchen drosselten Ameisen ihr Tempo während der Nahrungssuche bei zehn Grad Celsius auf nur noch 0,057 Meter pro Sekunde, also quasi Schrittgeschwindigkeit. Allerdings gibt es noch flinkere Krabbler: Die kalifornische Milbenart Paratarsotomus macropalpis wurde sogar mit 377 Körperlängen pro Sekunde vermessen. Damit ist sie, soweit bekannt, das im Verhältnis zur Größe am schnellsten laufende Tier der Welt.

43 | Wachsen WEINBERGPFIRSICHE wirklich ZWISCHEN REBSTÖCKEN?

Sie haben sich einen festen Platz im Obstregal längst erobert: die saftigen, eher flachen Pfirsiche mit ihrem recht kleinen Stein. Weinbergpfirsiche werden sie oft genannt – dabei haben sie mit Weinbergen nichts zu tun. Auch Saturnpfirsiche heißen sie, Wildpfirsiche oder wegen ihrer Form auch Plattpfirsiche. Doch offenbar ist der poetisch klingende Name Weinbergpfirsich ein gutes Verkaufsargument für die Früchte, die in China seit mindestens 2500 Jahren angebaut werden. Dabei gibt es in der Tat Weinbergpfirsiche. Die sind allerdings kugelrund und haben rot geflammtes Fruchtfleisch. Sie wachsen in Weingärten an der Mosel, und das schon seit dem 16. Jahrhundert. Doch warum sind sie so wenig bekannt? Da ist einmal die geringe Erntemenge, denn der relativ kleine Baum ist auf das besondere Klima an den Weinberghängen angewiesen. Außerdem ist der echte Weinbergpfirsich weniger süß als seine Namensvetter. Und schließlich hat er eine besonders pelzige, recht stabile Haut, die man vor dem Verzehr besser abzieht. So hat es der Rote Weinbergpfirsich nur auf die Speisekarten der Region geschafft, wo er zu Kompott, Marmeladen oder auch Likör verarbeitet wird.

44 | Weshalb ist die ALGENBLÜTE so GEFÄHRLICH?

Der Name täuscht. Blaualgen sind eher grün und gehören zu den Bakterien: Cyanobakterien. Vor etwa 3,5 Milliarden Jahren waren sie wohl die ersten Organismen der Erde, die Sauerstoff produzierten. Zusammen mit den »richtigen« Algen ermöglichten sie das tierische Leben auf der Erde, weil sie mithilfe der Fotosynthese die Uratmosphäre mit Sauerstoff anreicherten.

In der heutigen Zeit wirken die Blaualgen eher wie Störenfriede. In sehr niedriger Konzentration tummeln sie sich immer im Wasser, sind dann harmlos. Wenn aber ein heißer Sommer das Wasser erwärmt und viele Nährstoffe aus Abwässern und gedüngten landwirtschaftlichen Flächen verfügbar sind, vermehren sie sich explosionsartig. Ihr massenhaftes Auftreten im Süß- und Meerwasser wird als Algenblüte bezeichnet. Und dann stellen einige Arten ein Risiko für den Menschen dar. Sie produzieren Giftstoffe, die zu Haut- und Schleimhautreizungen führen können, aber auch zu Erbrechen, Krämpfen und Atemnot und beim Verschlucken des Wassers zu schweren Durchfallerkrankungen. Daher sollte ein von den Behörden erlassenes Badeverbot wegen der Algenblüte unbedingt befolgt werden. Werden die Tage kühler, sterben die Blaualgen ab, sinken zu Boden und werden zersetzt. Dabei wird Sauerstoff verbraucht, der dann anderen Tieren fehlt. Diese Sauerstoffarmut gefährdet alle Lebewesen im Wasser, die vom Sauerstoff abhängig sind.

45 | Gibt es **RETTUNG** für die vom Aussterben bedrohten **MONARCHFALTER**?

Nordamerikas bekanntester Schmetterling ist fast handtellergroß und wunderschön: Schwarze Bänder durchziehen seine leuchtend orangefarbenen Flügel. Doch wirklich berühmt wurde er durch sein beeindruckendes Wanderverhalten. Jedes Jahr legen die Schmetterlinge rund 4000 Kilometer zurück. Die Sommermonate verbringen sie in Kanada und in den US-Staaten rund um die Großen Seen, den Winter je nach Population in Mexiko oder Kalifornien. Es ist noch nicht lange her, da galt der Zug von Abermillionen Monarchfaltern quer durch die USA als Naturwunder.

Umso alarmierender ist nun ihr Schwund: In Mexiko schrumpfte der Bestand um etwa 80 Prozent, an der Küste Kaliforniens sogar um 99 Prozent. Die Art steht kurz vor der Ausrottung. Hauptursache ist das Verschwinden der Seidenpflanzen. Sie sind die einzige Futterquelle der Raupen, werden jedoch durch Herbizide vernichtet. Doch ausgerechnet in Städten könnte es eine Überlebenschance für die Tiere geben, wie zwei Studien zeigten. Danach müssten etwa 1,8 Milliarden Seidenpflanzen zusätzlich gepflanzt werden, um den Rückgang der Monarchfalter zu stoppen. Zwischen 15 und 30 Prozent der benötigten Futtergewächse könnten in Parks, Stadtgärten oder auf Blühstreifen angepflanzt werden. Monarchfalter sind in der Lage, sich an das Stadtleben anzupassen, sie kommen mit sehr kleinteiligen Lebensräumen zurecht. Alles, was sie brauchen, ist ein breites Angebot an blühenden Pflanzen und ausreichend Nahrung für ihre Raupen.

46 | Was SCHMECKEN Tiere?

Für die meisten Lebewesen spielt der Geschmackssinn eine zentrale Rolle. Zusammen mit dem Geruchssinn hilft er zu unterscheiden, was genießbar ist und was nicht. Darüber hinaus kann er eine weitere wichtige Funktion erfüllen: Manche Fische orientieren sich am Geschmack des Wassers, um zu den bevorzugten Laichgründen zu finden.

Das Geschmackserlebnis entsteht durch das Zusammenspiel von Sensoren in den Geschmacksknospen, den Nerven, die den Reiz ans Gehirn weiterleiten, und bestimmten Gehirnarealen. Auf welche Art Tiere schmecken, hat sich im Lauf der Evolution dem jeweiligen Lebens- und Ernährungsstil angepasst. Ein Beispiel: Fledermäuse, die auch Früchte verzehren, haben Geschmackssensoren für »süß«; Vampirfledermäuse, die sich ausschließlich von Blut ernähren, schmecken nur »fleischig« (Fachausdruck: »umami«).

Auch bei Haus- und Großkatzen ist »umami« die zentrale Geschmacksrichtung, der Süßsensor ist durch eine Genmutation ausgeschaltet. Bitter-Rezeptoren haben Katzen ebenfalls nur wenige. Da sie kein Aas fressen, sind Sensoren überflüssig, die sie vor verdorbenem Fleisch warnen müssten. Für die Vegetarier in der Tierwelt hingegen spielen Bitter-Rezeptoren die wichtigste Rolle, denn in giftigen Pflanzen stecken besonders viele Bitterstoffe – und die gilt es herauszuschmecken. Pferde zum Beispiel haben sehr feine Zungen: Unter 450 verschiedenen Gräsern und Kräutern finden sie mit ihren rund 35 000 Geschmacksknospen genau jene 200, die gut für sie sind. Je mehr Geschmacksknospen ein Lebewesen hat, desto größer ist die Palette seiner Geschmacksempfindungen. Der Allesfresser Mensch liegt mit rund 9000 Geschmacksknospen im Mittelfeld.

47 | Mit **WELCHEM BAUM** wird **GEMORDET?**

Der Zerberusbaum kann 15 Meter Höhe erreichen und sieht mit seinen duftenden weißen Blüten hübsch und harmlos aus, aber er produziert hochgiftige Samen. Die Pflanze aus der Familie Hundsgiftgewächse kommt in den Küstenregionen von Südindien, auf Sri Lanka und Madagaskar vor, aber auch auf den pazifischen Fidschi-Inseln. Den Baum umweht eine gewisse Düsternis. Viele arme, hoffnungslos verschuldete Bauern dieser Regionen sehen in den Samen des Zerberusbaums eine Möglichkeit, aus dem Leben zu scheiden. Außerdem werden die Giftstoffe oft als Mordwerkzeug eingesetzt. So wurden allein im südindischen Bundesstaat Kerala innerhalb von zehn Jahren mehr als 500 unnatürliche Todesfälle registriert, die eindeutig auf das Gift des Zerberusbaums zurückzuführen waren. Die Dunkelziffer ist vermutlich sehr viel höher, denn in vielen Fällen wird ein Mord mithilfe dieses pflanzlichen Killers nicht erkannt. Die Vergiftungssymptome setzen nach dem Verzehr der Samen rasch ein. Sie beginnen mit Übelkeit, es kommen Probleme mit dem Herzen und der Atmung hinzu, Magen-Darm-Beschwerden und im extremen Fall folgen ein Koma und schließlich der Herzstillstand.

48 | **UNGEZIEFER** kennt jeder – aber gibt es auch **GEZIEFER?**

Wenn unliebsame Tierchen dort auftauchen, wo sie nicht hingehören, spricht man oft von Ungeziefer. Silberfische sind typische Vertreter, Asseln, Ameisen oder Kakerlaken. Die Vorsilbe »Un-« brandmarkt sie eindeutig als unerwünscht. Zugleich lässt sie aber auch vermuten, dass es im Gegenzug (erwünschtes) Geziefer gibt. Das stimmt – auch wenn heute keiner mehr den Begriff benutzt. Im Althochdeutschen war der Ausdruck Geziefer durchaus üblich. Er bezeichnete all jene Tiere, die sich als Opfergaben eigneten, vor allem Schafe und Ziegen, aber auch Kühe, Schweine, Pferde und Hühner. Ungeziefer waren all die vielen anderen Tiere. Die Zeit der Tieropfer ist hierzulande vorbei. Mit ihr verschwand auch das Wort Geziefer. Die Bezeichnung Ungeziefer blieb hingegen bestehen. Nur Bedeutung und Wertung haben sich geändert.

49 | STACHELN ODER DORNEN – was ist der Unterschied?

Keine Rose ohne Dornen: Das behauptet der Volksmund und liegt damit ganz falsch. Denn Rosen haben Stacheln. Von außen kann man beides leicht unterscheiden. Während Dornen wie kleine Zweige fest mit dem Gehölz verbunden sind, liegen Stacheln auf der Rinde. Im Gegensatz zu Dornen lassen sie sich leicht abstreifen. Außerdem haben sie einen hakenförmigen Wuchs, während Dornen spitz und geradlinig sind. Sie stehen meist rechtwinklig vom Ast ab. Eine Ausnahme bilden allerdings die Dornen von Kakteen, die ebenfalls fest mit der Pflanze verbunden sind und oft paarweise oder mehrfach gebündelt auftreten. Gemeinsam ist Stacheln und Dornen, dass sie die Pflanzen vor Fressfeinden schützen sollen. Und sie werden häufig verwechselt: Wollte man botanisch korrekt sein, müsste etwa die Stachelbeere Dornenbeere heißen. Und im Märchen »Dornröschen« müssten die Gebrüder Grimm von Stachelröschen berichten. Eine Pflanze mit Stacheln ist zum Beispiel auch die Himbeere, eine Schlehenhecke wiederum ist voller Dornen.

50 | Was ist das GEHEIMNIS des »STECHENDEN WASSERS«?

Viele Fernost- oder Karibikreisende machten bereits Bekanntschaft mit einem rätselhaften Phänomen: Schwimmer und Schnorchler kommen zuweilen völlig zerstochen aus dem Wasser – und das, obwohl nirgendwo potenzielle Plagegeister auszumachen sind. Es handelt sich dabei um indirekte Quallenstiche, wie Wissenschaftler vor einigen Jahren herausfanden. Und um eine Angriffsstrategie, die in der Natur ihresgleichen sucht: Die Wurzelquallen der Gattung Cassiopea, auch Mangrovenquallen genannt, stechen auf Distanz. Sie sitzen kopfüber im seichten Küstenbereich am Meeresboden fest. Ihre Unterseite mit den eher kurzen Mundarmen ist nach oben zum Licht gerichtet, sie bewegen sich leicht mit der Wasserströmung – mehr Aktivität ist nicht zu sehen. Allerdings sondern sie eine Menge Schleim ab, immer dann, wenn das Wasser bewegt wird – zum Beispiel durch schnorchelnde Touristen.

Der Schleim enthält zahllose, mikroskopisch kleine nesselbesetzte Zellen. Die verteilen sich im Wasser, das nun regelrecht vermint ist. Bei Berührung platzen die Zellen und setzen das eigentliche Gift frei. Die Forscher vermuten, dass dies eine einzigartige Jagdtechnik ist. Eigentlich versorgen sich die Cassiopea-Arten per Fotosynthese, in Zusammenarbeit mit symbiotischen Einzellern, die in ihren Tentakeln leben. Bei Lichtmangel könnte der Schleim vor Versorgungslücken schützen: Die Giftkonzentration reicht aus, um kleine Krebse zu erbeuten.

51 | Was ist GLASPERLENMAIS?

Waren hier Farbstoffmixer der Lebensmittelindustrie am Werk oder Gentechniker mit einem seltsamen Sinn für Humor? Nein. Dass die Körner der Glasperlen- oder Regenbogenmais genannten Sorte wie bunte Perlen auf einer Kette leuchten, ist das Resultat klassischen züchterischen Geschicks. Der mittlerweile verstorbene Farmer Carl Barnes aus Oklahoma hatte immer mal wieder Kolben mit andersfarbigen Körnern in seinen Maisfeldern entdeckt. Diese Farbvarianten wählte er aus und kreuzte die Pflanzen über viele Jahre untereinander, wodurch die Kolben immer bunter wurden. Über das Familienunternehmen Seeds Trust wurde das Saatgut schließlich so weit vermehrt, dass es mittlerweile für jedermann im Handel erhältlich ist.

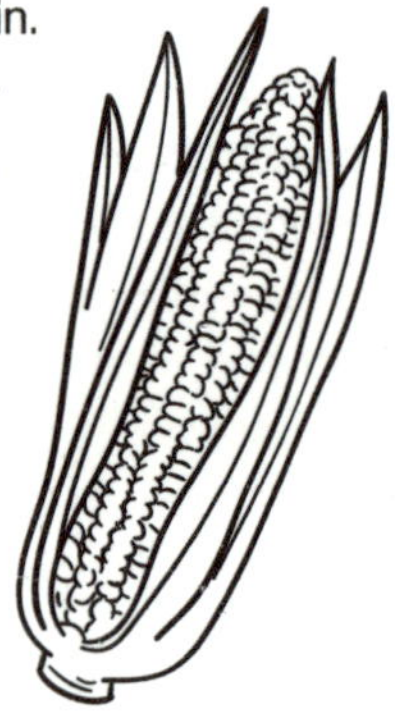

52 | Wird ein IGEL schon MIT STACHELN geboren?

Ein Igel hat schon bei der Geburt Stacheln, allerdings stechen sie noch nicht. Denn sie sind in eine fettreiche Hautschicht eingebettet, um eine reibungslose Geburt zu ermöglichen. Schon wenige Stunden nach der Geburt zieht sich die weiche Hautschicht zurück, und nach zwei bis drei Tagen hat der kleine Igel bereits mehr als ein paar Hundert piekende Stacheln. Sie werden im Lauf der Zeit ersetzt. Bis ins Erwachsenenalter wächst die Zahl auf 6000 bis 8000.

Die wehrhaften Stacheln sind nichts anderes als versteifte Haare. Sie bestehen aus Keratin und sind innen hohl, sonst würde der Kleinsäuger unter dem Gewicht seines Schutzpanzers zusammenbrechen. Igel bekommen ihren Nachwuchs je nach Witterung zwischen Mai und September. Verirrte Igel, die man im Spätherbst und im Winter im Garten findet, sind oft spät geborene Exemplare, die sich nicht genügend Fett angefressen haben, um den Winterschlaf zu überstehen. Wenn sie unter 500 Gramm wiegen, müssen sie vielleicht aufgepäppelt werden. Dann ist es aber gut, mit Naturschützern vor Ort Kontakt aufzunehmen.

53 | Welches LEBEWESEN hat DIE FORTBEWEGUNG erfunden?

Viele Menschen neigen dazu, stundenlang auf Bürostühlen zu hocken oder auf Sofas zu lümmeln, fast als wollten sie sesshaft werden wie eine Pflanze. Denn die müssen nicht von der Stelle rücken, um ihr Lebenselixier – Wasser und Sonne – zu bekommen. Doch Menschen und die allermeisten Tiere erhalten ihre Nahrung nicht ohne Bewegung. Lange haben die Biologen daher angenommen, dass es die Tiere waren, die die Fortbewegung einst erfunden haben.

Tiere mit ihren komplex gebauten, vielzelligen Körpern gibt es seit rund 750 Millionen Jahren, und ihre ältesten bekannten »Fußspuren« entstanden vor ungefähr 600 Millionen Jahren. Nun haben Forscher versteinerte Abdrücke von Bewegungen gefunden, die bislang unbekannte Wesen hinterließen und 2,1 Milliarden Jahre alt sind. Die Wissenschaftler entdeckten mit Röntgenstrahlen in Gesteinen schnurförmige Strukturen von etwa sechs Millimeter Breite und bis zu 17 Zentimeter Länge eines frühen Erdenbewohners. Dabei gab es nach bisherigen Erkenntnissen damals lediglich primitive Einzeller wie Bakterien. Vermutlich war es ein einfaches, aus mehreren amöbenartigen Zellen zusammengesetztes Wesen, das dort am Meeresboden herumkroch. Es war wohl der Hunger, der das frühe Lebewesen antrieb, die Suche nach nahrhaften, von Cyanobakterien produzierten Stoffen.

54 | Warum singt die Nachtigall NACHTS?

Optisch mag der Vogel eher schlicht daherkommen, doch umso betörender ist sein nächtlicher Gesang. So bezaubernd klingt er in den Ohren der Menschen, dass unsere Vorfahren an seine heilenden Kräfte glaubten. Auch die Assoziation mit Liebessehnsucht ist uralt. Und zutreffend! Ornithologen haben herausgefunden: Tagsüber singen vor allem Nachtigallenpaare sowie Männchen, die ihr Revier verteidigen. Doch der berühmte Nachtgesang wird nur von einem Junggesellen intoniert, der ein paarungswilliges Weibchen für sich gewinnen will – und das ist meist zwischen Mitternacht und vier Uhr aktiv. In der Zeit besucht es mehrere Reviere, lauscht dem Repertoire der Sänger und lässt sich nur vom talentiertesten Darsteller überzeugen, sich mit ihm zu paaren.

Und das Männchen kann in der Dunkelheit ungestört von anderen Vögeln die gesamte Aufmerksamkeit auf sich und seinen Gesang lenken. Und der hat es in sich: Bis zu 260 unterschiedliche Strophen beherrscht ein geübter Sänger – das gilt als Rekord im Vogelreich. Vor allem der weiche, wehmütige Klang und das meisterhafte Crescendo bei schluchzenden Flötentönen betören auch menschliche Nachtschwärmer. Wenn die Brutsaison im Juni beendet ist, verstummt das nächtliche Schluchzen.

55 | Müssen auch BÄUME schlafen?

Wer Lärchen, Fichten und Eichen mit hochpräzisen Messinstrumenten zu nächtlicher Stunde beobachtet, entdeckt Verblüffendes. Mithilfe moderner Lasertechnik konnten Wissenschaftler beobachten, ob sich Bäume im Verlauf der Nacht verändern. Alle Versuche fanden nahe der Tagundnachtgleiche statt, zum Teil in Österreich, zum Teil in Finnland, unter ruhigen Wetterbedingungen, ohne Wind und Tau. Die Resultate sind bemerkenswert: Jeder Baum sank im Verlauf der Nacht in sich zusammen, ein deutliches Indiz für eine Entspannung, die einem schlafähnlichen Zustand nahekommt. Die Blätter und Zweige senkten sich dabei kontinuierlich nach unten, bis zu zehn Zentimeter, und erreichten einige Stunden vor Sonnenaufgang ihre tiefste Position. Morgens kehrten sie in ihre ursprüngliche Position zurück. Ob sie dabei vom Sonnenlicht aufgeweckt wurden oder einen inneren Wecker hatten, ist noch unklar. Eines weiß man aber jetzt schon: Vor allem nachts lassen Stämme ein leises Rauschen vernehmen. Zu diesem Zeitpunkt ist das meiste Wasser in den Bäumen enthalten, sie haben sich regelrecht aufgepumpt. Während der Nacht aber bewegt es sich nicht, es steht in den Leitungen, nichts fließt. Woher kommen dann die Geräusche? Forscher vermuten, dass sich in der Dunkelheit Bläschen bilden und einen Baum auf diese Weise »schnarchen« lassen.

56 | Warum SCHADET es Tieren NICHT, wenn sie AAS FRESSEN?

Tiere, die sich von Aas ernähren, sorgen dafür, dass verwesendes Fleisch aus dem Verkehr gezogen wird, bevor es zur Gefahr für alle wird, weil sich Krankheitserreger darin vermehren. Im Reich der Wirbeltiere gelten nur die Geier als reine Aasfresser. Gelegentliches Restevertilgen kommt dagegen bei vielen Arten vor, Löwen gehören dazu, aber auch Haie, Mäusebussarde und Raben, sogar Haushunde.

Doch warum schadet den Aasfressern das verwesende Fleisch nicht? Warum vertragen Geier sogar das extrem gefährliche Botulinumtoxin? Dieses wird vom Bakterium Clostridium botulinum gebildet und ist eines der potentesten Gifte. Wissenschaftler der Universität Kopenhagen haben im Verdauungstrakt von zwei Geierarten nachgesehen. Schon im Schnabel von Raben- und Truthahngeiern wird ein Teil der Bakterien durch ein extrem saures Milieu unschädlich gemacht. Es gelangen also deutlich weniger Keime in ihren

Magen, als aufgenommen wurden. Darüber hinaus sind Geier gegen einige Gifte immun, vor allem gegen Botulinumtoxin. Wahrscheinlich tragen sie Antikörper in sich, die das Gift unschädlich machen. Die Clostridien scheinen den Geiern sogar bei der Fleischverdauung zu helfen, da sie verdauungsfördernde Enzyme produzieren. Für die Mikroben und die Vögel ergibt sich also eine Win-win-Situation, unter Biologen »Mutualismus« oder auch »Symbiose« genannt: Beide profitieren voneinander. Die Geier sind geschützt, und die Bakterien in ihrem Magen können sich auf Nahrungsnachschub verlassen.

57 | Wie ÜBERLEBT EIN WURM mehr als einen Kilometer UNTER DER ERDE?

Der Teufelswurm, Halicephalobus mephisto, gehört zu den am tiefsten im Erdreich vorkommenden mehrzelligen Organismen. Forscher entdeckten den nur wenige Millimeter langen Fadenwurm mehr als 1300 Meter tief in einer südafrikanischen Goldmine, in Gesteinsrissen, die bis zu 6000 Jahre altes Grundwasser führen. Sein Lebensraum ist stockfinster, fast 40 Grad warm, reich an Methan und arm an Sauerstoff. Er ernährt sich von Bakterien in den Gesteinsritzen, die Energie aus dem Methan oder mineralischen Verbindungen gewinnen.

Wissenschaftler haben das Erbgut des Teufelswurms nun analysiert. Dabei stießen sie auf zahlreiche Gene, die den Bauplan für sogenannte Hitzeschock-Proteine enthalten. Organismen bilden diese Proteine bei hohen Temperaturen, um zu verhindern, dass zum Beispiel Stoffwechselproteine zerstört werden. Eine hohe Anzahl weiterer »Survival-Gene« im Genom von Halicephalobus mephisto könnte eine Antwort auf den Sauerstoffmangel in der Tiefe sein. Inzwischen interessiert sich auch die US-Weltraumbehörde Nasa für den Wurm. Denn wenn sich ein so komplexer Organismus bei uns an ein Leben in der Unterwelt anpassen konnte, warum sollte es dann nicht auch tief im Inneren anderer Planeten Leben geben?

58 | Ziehen **DIE LÖWEN** von der **SAVANNE ANS MEER** um?

Ein großes Löwenrudel hat es sich in Namibia direkt am Atlantik bequem gemacht, an der Skelettküste. Seit einigen Jahren haben die Raubtiere sogar ihre Diät geändert und ernähren sich von Seebären, Kormoranen, Meerenten und Flamingos. Über die Ursachen dieses Umzugs können die Experten nur spekulieren. Tatsache ist aber, dass es den Löwen dort offenbar gut geht. Die Seebären, ihre bevorzugte Beute, sind an Land schwerfällig und deswegen leicht zu jagen, zudem äußerst protein- und fettreich. Immer mehr Löwen leben nun dort – und wagen sich bei Niedrigwasser sogar auf den freigelegten Meeresboden. Daher ist es möglich, dass sie auch Muscheln, Krebse und Seeschildkröten fressen.

59 | Warum **DROHT** manchen Rentieren bei **REGEN DER HUNGERTOD?**

Es war ein grausiges Bild, das sich der Forschungsleiterin vom Norwegischen Polarinstitut auf Spitzbergen bot, als sie – wie in jedem Jahr – die dortige Rentierpopulation erfassen wollte: Sie fand rund 200 verhungerte Rentiere. Eine ungewöhnlich hohe Zahl, deren Ursache wohl die veränderten klimatischen Bedingungen sind. Seit die Durchschnittstemperaturen gestiegen sind, regnet es auf Spitzbergen immer öfter. Weil es aber auch regelmäßig friert, bildet der Regen auf dem gefrorenen Untergrund eine Eisschicht. Ein Problem für die Rentiere, die sich vor allem von Flechten ernähren. Bei einem »stabilen« Winter liegt hingegen nur eine Schneeschicht über diesem Flechtenteppich. Die Wildtiere kratzen die begehrte Nahrung frei und kommen so zu ihrem

Futter. Die Eisschicht dagegen ist für sie undurchdringlich. Die Rentiere auf Spitzbergen standen zu Beginn des 20. Jahrhunderts kurz vor der Ausrottung. Die besondere, relativ kleine Unterart, die nur auf diesem Archipel vorkommt, wurde dann aber durch Schutzmaßnahmen gerettet. Heute leben hier wieder rund 22 000 Exemplare.

60 | Welches TIER ist NAHEZU UNVERWUNDBAR?

Nur 2,5 Zentimeter lang, aber praktisch keine Fressfeinde: Die nordamerikanische Ameisenwespe gilt als beinahe immun gegen Angriffe, denn sie wehrt sich gleich auf fünffache Weise. Zunächst optisch: Warnfarben in leuchtendem Rot oder Orange ziehen sich über ihren bepelzten Leib. Dann akustisch: Wer sich nähert, wird von einem lauten Quietschen erschreckt, das ein Organ am Hinterleib erzeugt. Als Nächstes kommt ein übelriechendes Sekret zum Einsatz. Die mächtigste Waffe ist jedoch der lange Stachel, halb so lang wie sein Körper, inklusive eines Gifts, das heftige Schmerzen verursacht. Das letzte Abwehrmittel ist ein ultraharter Panzer, der sich kaum knacken lässt.

Ein US-amerikanisches Biologenteam testete die Wirksamkeit dieser Verteidigungsstrategien anhand mehrerer möglicher Fressfeinde: Singvögel, Spitzmäuse, Kröten, Reptilien und ein Maulwurf. Nur die Kröte schaffte es, die Ameise zu verzehren – was ihr nicht gut bekam. Das Tier zeigte Anzeichen von Übelkeit, einmal setzte sogar seine Atmung aus. Danach mied die Kröte alle weiteren Ameisenwespen. Die Mäuse ließen sich vor allem von dem Quietschen abschrecken. Auch die meisten Vögel flohen, sobald sie das Insekt erblickten, eine der Eidechsen starb nach einem Stich. Vollständig gegen Angriffe gefeit waren die Insekten trotzdem nicht, zwei starben nach einer Mäuseattacke. Dennoch: In Kombination ist die Strategie der Ameisenwespe so erfolgreich, dass sie als nahezu unverwundbar gelten kann.

61 | Was ist DAS GEHEIMNIS des MARMORKREBSES?

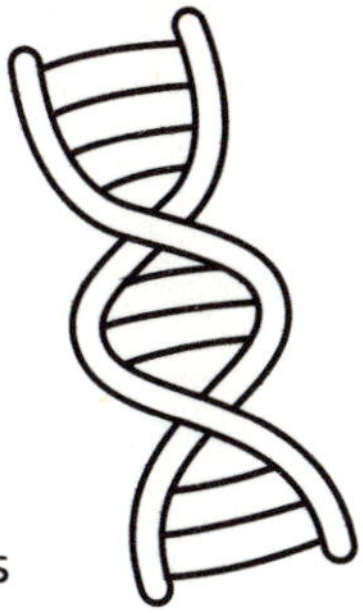

Es gibt Millionen dieser Flusskrebsart auf der Welt – und alle sind Weibchen. Denn Marmorkrebse können sich ungeschlechtlich vermehren, als einzige der etwa 45 000 bekannten Krebsarten. Ihre Eier entwickeln sich ohne Befruchtung. Alle Tiere besitzen das gleiche Erbgut, ihre DNA ist eine Kopie des ersten Exemplars ihrer Art. Premiere hatte der Marmorkrebs vermutlich erst Anfang der 1990er-Jahre. Die neue Krebsart entstand wohl in der Kühltruhe, als ein Aquarienfreund das Weibchen eines Everglades-Sumpfkrebses für einen Transport vorbereitete. Forscher vermuten, dass der Kälteschock das Erbgut von Eizellen während ihrer Reifeteilung veränderte.

Inzwischen entdeckten Wissenschaftler, dass Marmorkrebse zwar Klone sind, dennoch aber unterschiedlich aussehen. Jedes einzelne Tier entwickelt aus dem gleichen DNA-Gerüst der etwa 21 000 Gene einen individuellen Typ, der die Marmorierung des Panzers variiert. Individuelle Eigenschaften hängen also nicht allein von den Genen ab, sondern auch von der Frage, wie und wann sie abgelesen werden. Marmorkrebse können die Aktivität einzelner Gene wohl individuell regulieren. Diese Faktoren scheinen eine größere Rolle zu spielen als die Geninformation selbst. Die Erforschung der Mechanismen, die dahinterstecken, könnte auch über die Verarbeitung von Erbinformationen bei Menschen Aufschluss geben.

62 | Wo liegt der UNTERSCHIED zwischen BEHAARUNG und FELL?

Chemisch gesehen bestehen Behaarung, Fell oder Pelz immer aus Haar und damit aus langen, verhornten Fasern, die hauptsächlich aus Keratin gebildet werden. Nur die Dichte des Bewuchses unterscheidet sie voneinander. Befinden sich auf einem Quadratzentimeter Haut weniger als 50 Haare, spricht man von Behaarung, ab

50 bis 400 Haaren pro Quadratzentimeter von Fell. Alles darüber nennt man Pelz. Den dichtesten Pelz aller Säugetiere haben die Seeotter mit 100 000 bis 130 000 Haaren pro Quadratzentimeter. Fell und Pelz bestehen aus einer oberen Schicht, dem sogenannten Deckhaar, und der darunterliegenden Unterwolle, den Wollhaaren. Einen Unterschied gibt es allerdings zwischen dem Haar des Menschen und den Fellen der Tiere: Unser Kopfhaar muss geschnitten werden, es würde sonst jahrelang weiterwachsen. Tierhaare hingegen wachsen nur bis zu einer bestimmten Länge. Dann fallen sie aus und werden durch neue ersetzt.

63 | Welches Tier VERKNOTET sich?

Zu den urtümlichsten Lebewesen des Ozeans zählen die etwa 30 bis 60 Zentimeter langen Schleimaale. In gut 300 Millionen Jahren Evolution haben sie sich kaum verändert. Sie gehören zu den sogenannten Agnatha, einer Klasse von im Wasser lebenden, fischähnlichen Wirbeltieren. Sie besitzen keinen Kiefer mit scharfen Zähnen, dafür aber Hornzähne auf dem vorderen Ende des Zungenknorpels. Um Nahrung zu ergattern, verknoten sie sich mit sich selbst und ziehen den Kopf durch die entstandene Knotenschlinge. Sie dient als Widerlager, das Halt gibt, wenn die Schleimaale zubeißen und Nahrung abraspeln. Und auch, wenn die Tiere den Kopf zurückziehen und ihren Bissen vom Opfer lösen.

Werden die Schleimaale selbst attackiert, schleimen sie ihren Feind ein. Innerhalb einer Sekunde produzieren sie mit ihren rund 150 Drüsen einen Liter Masse. Der Schleim verstopft zum Beispiel die Kiemen der Haie, die Raubfische bekommen dann nicht genug Sauerstoff und drohen zu ersticken. Ist der Angriff erfolgreich abgewehrt, müssen die Aale das Glibberzeug wieder loswerden. Dazu schlingen sie ihr Schwanzende zu einem Knoten und schieben ihn immer weiter zum Kopfende. Der Knoten streift dabei die klebrige Schicht von der Haut ab. Am Kopf angekommen, löst der Knoten sich auf. Der Schleim ist weg, das Tier kann nun weiterschwimmen, bis es sich zum nächsten Knoten windet.

64 | Hunde & Katzen: Wie gut erkennen wir ihre Gefühle?

Dass eine Katze schlechte Laune hat, wenn sie die Ohren anlegt, faucht und einen Buckel macht, das ist wohl den meisten Menschen klar. Doch offenbar tun sich viele damit schwer, feinere Unterschiede aus Gesichtsausdruck und Körpersprache der Tiere abzulesen. Wissenschaftler zeigten Probanden 20 Katzenvideos und fragten: »Hat diese Katze gerade gute oder schlechte Laune?« Im Durchschnitt lagen die Studienteilnehmer bei weniger als 12 von 20 Videos richtig. Allerdings scheint es eine Art Begabung für Tiergefühle zu geben: Etwa 13 Prozent der Teilnehmer schnitten erheblich besser ab als der Rest. Ob man selbst eine Katze besaß oder nicht, war dafür unerheblich.

Ähnlich bei Hunden: Schon vor einigen Jahren haben Forscher herausgefunden, dass Laien, Tierärzte und Hundebesitzer sich »nicht signifikant in ihrer Fähigkeit unterscheiden, Hundeverhalten korrekt zu deuten«. Die Trefferquote in besagter Hundestudie hing allerdings erheblich von der jeweils gezeigten Emotion ab. Eine freundliche Stimmung des Hundes erkannten im Schnitt drei Viertel aller Menschen, Aggression jedoch kaum mehr als ein Drittel der Teilnehmer an der Studie.

65 | Fressen VENUSFLIEGENFALLEN auch die Insekten, von denen sie BESTÄUBT werden?

Venusfliegenfallen ernähren sich von Insekten, also Fleisch. Die zu regelrechten Fangeisen ausgebildeten Blätter von Dionaea muscipula schnappen binnen 100 Millisekunden zu, nachdem ein Opfer Borsten in ihrem Inneren berührt hat. Wie also überlebt die fleischfressende Pflanzenart, wenn sie Insekten frisst – und zugleich auf Insekten angewiesen ist, die ihre Pollen weitertragen?

Botaniker aus North Carolina sammelten Insekten, die sich an die Pflanze wagten. Rund 100 Arten steuerten die Blüten an, aber nur eine Bienen- und zwei Käferarten kamen häufig und trugen die größte Menge an Dionaea-Pollen. Diese Hauptbestäuber fanden die Wissenschaftler jedoch niemals in den Fallen selbst. Einen Grund dafür ist die Architektur der Pflanze: Die Blüten sitzen weit oberhalb der Falle, und 87 Prozent der von den Forschern gefangenen Tierchen auf den Blüten konnten fliegen, von den Beuteinsekten hingegen nur 20 Prozent. Denkbar ist auch, dass die Venusfliegenfalle für unterschiedliche Insekten spezifische Locksignale wie Gerüche oder Farben aussendet – und so die bestäubenden Bienen gefahrlos zur Blüte dirigiert.

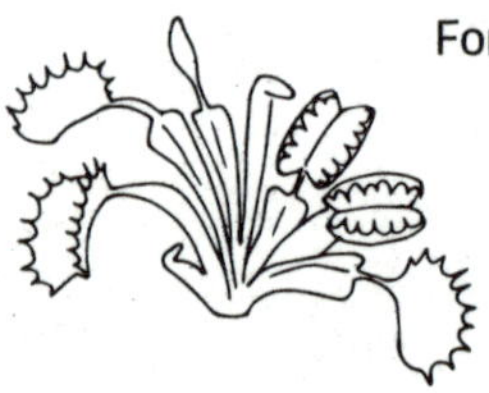

66 | Was ist ein ARGALI?

Als der älteste Sohn Donald Trumps im Jahr 2019 in der Mongolei ein Argali schoss, war die Aufregung groß: Der Bestand der Tiere gilt laut Weltnaturschutzunion IUCN als »potenziell gefährdet«. Argalis sind die größten und schwersten Wildschafe der Welt. Sie können eine Schulterhöhe von bis zu 135 Zentimetern und ein Gewicht von bis zu 216 Kilogramm erreichen. Auch die Hörner der Böcke sind beeindruckend: Sie sind schneckenförmig und können bis zu 164 Zentimeter lang werden. Argalis leben vor allem im Hochgebirge Nepals, in China und in der Mongolei. Ihr Haar ähnelt dem der Kaschmirziege: anschmiegsam und weich, es gleicht die Temperatur aus und reguliert die Feuchtigkeit. Die Herdentiere leben nach Geschlechtern getrennt. Zur Brunftzeit lösen sich die Herden der Böcke auf und die Tiere gehen zu den Weibchen.

Zunächst kämpfen die Böcke dann um die Rangordnung. Ist die Hierarchie festgelegt, kommt es zu einer Art Waffenstillstand. Die Böcke bleiben für maximal zwei Monate in der Weibchenherde, dann gehen sie wieder eigene Wege. Die lokale Bevölkerung jagt die Argalis hauptsächlich wegen ihres Fleisches. Doch auch bei Großwildjägern sind die Tiere beliebt, ihre Hörner sind eine begehrte Trophäe.

67 | WEINEN Menschen und Tiere die GLEICHEN TRÄNEN?

Tiere besitzen wie Menschen Tränendrüsen und produzieren Flüssigkeit, die sich als dünner Film über die Augenoberfläche legt. Der Film ermöglicht, dass die Augenlider über die Hornhaut gleiten, und spült, wenn nötig, Fremdkörper aus dem Auge. Dann tränen auch die Augen von Tieren. Der Tränenfilm besteht aus drei Phasen. Direkt auf der Hornhaut liegt innen die schleimige Schicht. Sie sorgt dafür, dass sich die zweite Phase des Tränenfilms mit der Hornhautoberfläche verbindet. Denn die besteht hauptsächlich aus Wasser und macht den größten Anteil des Tränenfilms aus. Darin sind unter anderem Nährstoffe für die Hornhaut und Abwehrstoffe gegen Infektionen enthalten. Sie befeuchtet das Auge und sorgt für die Entfernung von Fremdkörpern. Ganz außen schützt die fettige Phase den Tränenfilm vor Verdunstung und erhöht die Oberflächenspannung, wodurch der Tränenfilm länger auf der Hornhaut bleibt. Bei Menschen gibt es jedoch noch eine Besonderheit: Die Zusammensetzung der Tränen verändert sich mit dem Anlass des Weinens. Reflextränen enthalten weniger Eiweiße. Weint ein Mensch hingegen aufgrund von Emotionen, befinden sich mehr Proteine im Tränenfilm.

68 | Wie schafft es die SCHNEE-EULE, LAUTLOS ZU FLIEGEN?

Zu Hause ist die Schnee-Eule in der arktischen Tundra, doch in besonders kalten, schneereichen Wintern zieht sie auf der Suche nach kleinen Säugetieren wie Mäusen und Lemmingen zeitweise bis nach Zentralrussland oder ins nördliche Mitteleuropa. In schneebedeckten Gefilden ist die Eule mit dem weißen Gefieder kaum zu erspähen. Vor allem aber ist der Jäger am Himmel nicht zu hören. Denn sein Flügelschlag ist – anders als bei den meisten Vögeln – nicht zu vernehmen. Fluggeräusche rufen bei Vögeln in erster Linie die Vorderkanten der Flügel hervor; sie erzeugen Luftwirbel, die sich als Schall ausbreiten. Die Eule hingegen trägt einen Kamm steifer Federn an der Vorderkante ihres Gefieders, der hilft, die Verwirbelungen zu reduzieren. Außerdem wirken die Ober- und die Hinterseite der Schwingen wie eine Art Schalldämpfer. Hier absorbieren feinste, samtartige Federn die Fluggeräusche – wie ein weicher Teppich, der Schall schluckt. Und die Hinterkante der Flügel ist gefranst und flexibel, auf diese Weise werden mögliche Luftwirbel endgültig gedämpft. Das Ergebnis: Die Opfer bemerken den kreisenden Jäger über ihnen nicht. Dafür kann der seine Beute im Flug umso besser akustisch orten: Kein Rauschen der Schwingen übertönt das Rascheln am Boden.

69 | Gibt es auch bei Bäumen »LEBENDE FOSSILIEN«?

Im September 1994 entdeckte der Australier David Nobles in den Blue Mountains eine merkwürdig aussehende Baumart. Er zeigte Experten ein paar Blätter – und die konnten es nicht fassen: Es war eine Koniferenart, die als seit mindestens 40 Millionen Jahren ausgestorben galt und Wissenschaftlern bislang nur als Fossil bekannt war – eine Weltsensation. Der wiederentdeckte Baum bekam – zu Ehren des Entdeckers – den Namen Wollemia nobilis. Durch eine Erbgutanalyse ermittelten Forscher später, dass die Population vorübergehend wohl auf nur ein oder zwei Exemplare geschrumpft war. Bei den Buschbränden Anfang 2020 hätte es die lebenden Fossilien beinahe erwischt. Zwei der Koniferen fingen Feuer, aber letztlich überlebte die einzige weltweit bekannte natürliche Population. Durch DNA-Entnahmen ist der Bestand inzwischen gesichert. Wer die Bäume bewundern will, die bis zu 40 Meter hoch werden können, kann das unter anderem im Dortmunder Rombergpark tun. 2006 waren dort 35 Wollemien-Exemplare gepflanzt worden.

70 | Woher haben SCHNECKEN ihre HÄUSER?

Gehäuseschnecken schlüpfen schon mit einem Miniaturhaus auf dem Rücken aus dem Ei. Die Schale wird bereits im Embryonalstadium angelegt und wächst fortan als Weichkörperwohnung mitsamt ihrer Besitzerin. Über Drüsen auf dem Rücken scheidet die Bauherrin ihren Werkstoff aus: Aragonit, ein Kalkmaterial. Damit verdickt sie die mobile Immobilie in zwei Schichten von innen. Die äußere Schalenhaut besteht aus einem Proteingemisch, das als chemischer Schutzmantel fungiert. So trägt die Schnecke ihren Rückzugsort immer bei sich, er schützt vor Fressfeinden, Verletzungen und vor dem Austrocknen. Kleinere Wandreparaturen erledigt das Haus-Tier mit einer Extraportion Kalk. Wird das »mobile home« jedoch völlig zerstört, stirbt die Schnecke, nachbauen kann sie es nicht. Auch ein Umzug ist ausgeschlossen: Mit seinem Zuhause ist der Schleimer verwachsen. Die meisten Gehäuseschnecken zählen übrigens zu den Rechtsdrehern, das heißt: Das Eigenheim weist eine sich nach rechts windende Spirale auf.

71 | Warum BEREUT der Erfinder des LABRADOODLES heute seine Schöpfung?

Der australische Hundezüchter Wally Conron erschuf 1989 den Labradoodle, einen Mischling aus den Rassen Labrador und Pudel. In den 1980er-Jahren war Conron auch Ausbilder von Labradoren, die als besonders ausgeglichen gelten, zur Blindenführhunden. Eines Tages wünschte sich eine sehbehinderte Dame einen Blindenführhund, mit dem auch ihr Ehemann leben konnte, der eine Hundehaarallergie hatte. Da kam nur der Pudel infrage, da diese Rasse keine Haare verliert. Aber kein Pudel ließ sich so gut ausbilden wie ein Labrador. So entstand die Idee, die beiden Rassen miteinander zu verpaaren: die Geburtsstunde des Labradoodles. Die so gezüchteten Hunde waren gelehrig, freundlich und haarten nicht. Doch dann begannen skrupellose Geschäftemacher, auch Tiere zu paaren, die sich nicht zur Zucht eigneten. Darum legt der Labradoodle laut Conron inzwischen ein nervöses, verhaltensauffälliges Wesen an den Tag und ist als Assistenzhund untauglich. Und noch etwas bereut Conron:

dass es seitdem eine Welle an »Schnoodles«, »Puggles« und »Cookapoos« gibt – Designerhunde aus zwei Rassen zu einem deftigen Preis. »Ich habe«, sagt Conron, »viele Scharlatane reich gemacht.«

72 | Zeigen PFERDE je nach Geschlecht UNTERSCHIEDE IN DER LEISTUNG?

Eine britische Studie untersuchte, welche Leistungen Hengste, Wallache und Stuten bei Vielseitigkeitsturnieren liefern. Bei diesen Wettkämpfen messen sich Pferd und Reiter in den Disziplinen Dressur, Gelände und Springreiten. Die Studie legt nahe, dass männliche Pferde einen leichten Vorteil gegenüber den Weibchen hatten. Die Forscher verglichen allerdings nur Punktstände und Ranglistenplätze, keine physischen Parameter wie Herzschlag oder Stoffwechsel. Auffällig war jedoch, dass ausgerechnet im anspruchsvollsten Level Pferde beider Geschlechter ähnlich gut abschnitten. Daher betonen die Wissenschaftler, dass im Pferdesport die individuelle Beziehung zwischen Tier und Mensch eine besondere Rolle spielt. Diese Bindung kann das Training und somit die Leistung des Tieres beeinflussen. Stuten sind zum Teil ein wenig kleiner und haben etwas weniger Muskelmasse als männliche Pferde. Auch die Herzfrequenz kann erhöht sein, ähnlich wie bei Frauen. Erkennbare Auswirkungen auf die Leistung der Tiere und daraus resultierende Unterschiede zwischen den Geschlechtern wurden bislang aber noch nicht wissenschaftlich erwiesen.

73 | Welche ORGANISMEN leben NUR VON LUFT?

Kann ein Organismus gedeihen, wenn ihm nichts anderes als Luft geboten wird? Mikrobiologen gelang es, solch ein Bakterium zu identifizieren und im Labor zu züchten: Methylocapsa gorgona ernährt sich von den winzigen

Spuren von Methangas in der Luft. Auf rund zwei Teilchen Methan kommen eine Million andere Bestandteile der Luft. Dennoch gelingt es den Mikroben, die wenigen Methanmoleküle zu finden. Sie gewinnen daraus Energie und Biomasse zum Aufbau ihrer Zellstrukturen. Methan ist ein extrem starkes Treibhausgas, das schätzungsweise zu etwa 15 Prozent an der globalen Erwärmung unseres Planeten beteiligt ist. Die Mikroorganismen sind die einzigen Lebewesen, die Methan aus der Atmosphäre herausholen können. Und genau diese Fähigkeit möchten die Biologen mit ihren Forschungen besser verstehen – und womöglich irgendwann nutzen.

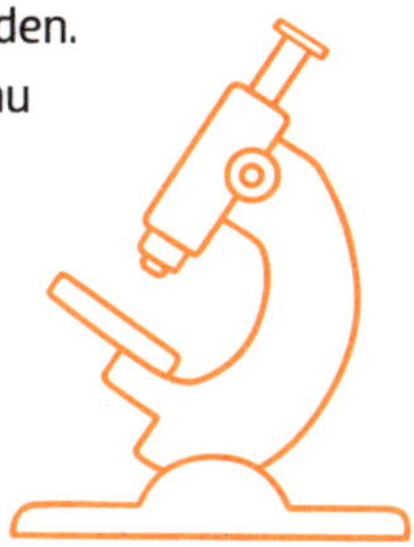

74 | Wie SCHNELL ist der »ZEITLUPEN-HAI«?

Aggressive Attacken wie beim Weißen Hai sind vom Grönlandhai nicht zu erwarten. Auf nicht viel mehr als einen Kilometer pro Stunde bringt es der auch Eishai genannte Fisch, seinen englischen Namen »sleeper shark« (Schlafhai) trägt er also zu Recht. Nur wenn es wirklich pressiert, beschleunigt er auf bis zu 2,6 Kilometer pro Stunde. In dieser Langsamkeit könnte auch das Geheimnis seine hohen Alters liegen: Im eiskalten Wasser bei minimaler Bewegung läuft der Organismus der bis zu fünf Meter langen Fische auf Sparflamme. Mehr als 400 Jahre alt können die Tiere werden, manche halten sogar 500 Jahre für möglich. Ein derart biblisches Alter erreicht kein anderes Wirbeltier. Die Weibchen sind erst mit 150 Jahren geschlechtsreif. Bis heute gab es so wenige Sichtungen des Tieres, dass Forscher nicht wissen, ob es zu den vom Aussterben bedrohten Arten gehört oder ob große Vorkommen gibt, von denen man nur noch nichts weiß. Denn die Haie leben in bis zu zwei Kilometer Tiefe im nördlichen Eismeer.

75 | Was ist »BOTANISCHER IMPERIALISMUS«?

Botanische Gärten sind heute ein beliebter Treffpunkt, um in der prächtigen Pflanzenwelt zu flanieren. Doch einst konnten sie über den Aufstieg und Fall ganzer Industrien entscheiden. Sie hatten zunächst nämlich die Aufgabe, Pflanzen aus Übersee zu untersuchen und heranzuzüchten. Berühmtester Vertreter des »botanischen Imperialismus« war Joseph Hooker, ab 1865 Direktor der Royal Botanic Gardens in London. Er stiftete englische Forschungsreisende dazu an, wirtschaftlich verwertbare exotische Pflanzen nach London zu bringen. So kam er an Samen von Gummibäumen aus Südamerika, die er in die britischen Kolonien in Südostasien bringen ließ. Nach zwei Jahrzehnten war die brasilianische Gummiindustrie tot, und ganze Regionen verarmten, die britische dagegen gedieh prächtig und befeuerte die Industrialisierung. Auch die berühmte Meuterei auf der »Bounty« hatte ihre Gründe im »botanischen Imperialismus«: Kapitän William Bligh hatte 1787 den Auftrag, Stecklinge des Brotfruchtbaums von Tahiti in die Karibik zu bringen. Dort sollten sie als billiges Nahrungsmittel für die Sklaven gepflanzt werden. Die Matrosen waren empört, dass das kostbare Trinkwasser zur Bewässerung der Stecklinge verwendet wurde. Es kam zur Meuterei, und sie warfen nicht nur Kapitän Bligh über Bord, sondern auch die Setzlinge.

76 | Wovor hat ein WEISSER HAI Angst?

Der Weiße Hai ist das Superraubtier der sieben Weltmeere – wen sollte er fürchten? Einen noch größeren Killer: den Orca. Kalifornische Wissenschaftler veröffentlichten im April 2019 eine Langzeitstudie, in der sie das Zusammentreffen von Weißen Haien und Orcas in einem gemeinsamen Jagdgebiet untersuchten, den Farallon-Inseln vor der Küste von San Francisco. Dort machen die Haie alljährlich Jagd auf See-Elefanten. Doch sobald Schwertwale in ihr Revier eindringen, ergreifen die Raubfische die Flucht. Sie verschwinden nicht nur unverzüglich, sie

legen auch bis zu 90 Kilometer zurück, um größtmöglichen Abstand zu den Orcas zu gewinnen. Ihr Jagdgebiet um die Farallon-Inseln meiden sie dann lange Zeit, manchmal bis zur nächsten Saison.

Dafür gibt es gute Gründe: Auch wenn die großen Weißen bis zu sechs Meter lang werden können – Orcas erreichen eine Länge von bis zu neun Metern und wiegen mehr als das Doppelte. Wenn sie es auf Haie abgesehen haben, dann vor allem auf deren Leber. Das zeigen aufgebrochene Haikadaver, wie sie 2017 etwa an der Küste Südafrikas angeschwemmt wurden und denen die Leber herausgerissen worden war.

77 | Weshalb ZAPFT die Mistel BÄUME AN?

Schon keltische Druiden hielten das Sandelholzgewächs für ein Allheilmittel gegen Krankheiten und Dämonen. Naturärzte preisen bis heute seine Wirkung bei Krämpfen, niedrigem Blutdruck, Schwindel und Herzstörungen. Da Misteln auch dann noch grünen, wenn in der Natur schon alles kahl ist, fallen sie uns eigentlich nur in den Wintermonaten auf: buschartige Gewächse mit einem Durchmesser von einem Meter und mehr, an denen erbsengroße weiße Kugeln hängen. Vögel verbreiten die Früchte von einem Baum zum anderen. Sobald ein Samen ausgetrieben hat, nutzt die nun entstehende Pflanze den Baum, auf dem sie lebt, um an lebenswichtige Mineralstoffe und Wasser zu kommen. Dazu treibt sie tiefe Wurzeln ins Holz ihres Wirts und zapft auf diese Weise dessen Leitungsbahnen an. Da sie aber selbstständig Fotosynthese betreibt, also das Licht der Sonne zu nutzen weiß, um energiereichen Zucker herzustellen, zählen Biologen die Mistel nicht zu den Voll-, sondern zu den Halbschmarotzern. Auch kann sie ihrem Wirt in der Regel nicht viel anhaben; es bleibt für ihn genug zum Leben übrig. Allerdings: Je milder die Winter sind, desto mehr können sich die immergrünen Misteln ausbreiten. Sind die Äste eines Baums mit sehr vielen Büschen bestückt, besteht die Gefahr, dass er schwächer wird und schließlich zu Fall kommt. Das aber wäre auch das Ende der Mistel. Denn auf dem Boden kann sie nicht sprießen.

78 | Wie entstehen schwimmende BIMSSTEINTEPPICHE?

Am 9. August 2019 fanden sich zwei Segelboote im Südpazifik plötzlich von einem Meer aus Steinen umgeben. Die Segler berichteten später von einem Gestank nach Schwefelgasen sowie lauten, klirrenden Geräuschen: Durch Wellenbewegung stießen die porösen, meist zentimetergroßen Klumpen permanent aneinander. Sie zerbrachen und setzten eingeschlossene Gase wie Schwefelwasserstoff frei. Es handelte sich um Bims, ein Vulkangestein, das leichter als Wasser ist. Zwei Tage zuvor war in der Region in 200 Meter Wassertiefe ein Vulkan ausgebrochen, nahe Vava'u, einer Inselgruppe im polynesischen Königreich Tonga. Der namenlose Vulkan liegt in einer Zone, wo die tektonische Platte, die den Boden des Pazifiks bildet, ins Erdinnere abtaucht. Die sogenannte Subduktions-Zone erstreckt sich von Neuseeland über rund 2500 Kilometer in Richtung Norden und beherbergt die längste Kette untermeerischer Vulkane. Sie ist ein geologischer Hotspot.

An der Meeresoberfläche bildete die abkühlende Lava einen 195 Quadratkilometer großen und bis zu 50 Zentimeter dicken Teppich aus Bims, der sich rasch in Hunderte kleinere auflöste. Etwa einen Monat nach der Eruption wurden die Steine in mehr als 450 Kilometer Entfernung an den Fidschi-Inseln angeschwemmt.

79 | ADOPTIEREN Wildtiere DIE NACHKOMMEN anderer Arten?

Bei Haus- und Zootieren sind einige Fälle bekannt: Da säugt eine Hündin mutterlose Ferkel, oder ein im Zoo lebender Affe sorgt liebevoll für ein Hühnerküken. Auch in Nationalparks kommt es mitunter zu Bindungen zwischen verschiedenen Arten. In freier Wildbahn konnten sie bislang allerdings kaum dokumentiert werden. 2014 ereignete sich so ein seltener Fall. Da beobachteten Wissenschaftler in den Gewässern von Französisch-Polynesien, wie ein Tümmlerweibchen einen verwaisten Breitschnabeldelfin »adoptierte«. Das Weibchen hatte bereits ein eigenes Jungtier bei sich, was diese Fürsorge noch ungewöhnlicher macht. Denn in der Regel ziehen Delfine immer nur einen Sprössling zur Zeit auf und verhalten sich aggressiv gegenüber fremden Jungtieren. Doch diese Mutter nahm das verwaiste Kalb an wie ihr eigenes. Umgekehrt lernte der junge Breitschnabeldelfin, sich wie ein Großer Tümmler zu verhalten. Er integrierte sich vollständig in die Gruppe der anderen Jungtiere, sprang Seite an Seite mit ihnen durch die Wellen. Mutter und Adoptiv-Kalb blieben fast drei Jahre zusammen und gerieten im April 2018 aus dem Blickfeld der Forscher.

Wie aber lässt sich die Adoption eines artfremden Jungtiers erklären? Wo sie doch aus evolutionärer Sicht Nachteile mit sich bringt, da sie nicht den Fortbestand der eigenen Art sichert? Es könnte es am Bindungshormon Oxytocin liegen: Muttertiere, die gerade Nachwuchs haben, haben einen hohen Oxytocinspiegel im Blut. Und der könnte sie dazu verleiten, sich auch um andere Jungtiere zu kümmern, selbst wenn die nicht der eigenen Art angehören.

80 | Was unterscheidet **BISON, WISENT** und **BÜFFEL**?

William F. Cody war ein amerikanischer Bisonjäger und wurde unter seinem Künstlernamen »Buffalo Bill« weltberühmt. Aber Bison und Büffel sind nicht dasselbe, auch wenn beide der Gattung der Rinder angehören. Als Büffel werden verschiedene Rinderarten zusammengefasst, die ausschließlich in Asien und Afrika vorkommen. Dazu gehören Wasser- und Kaffernbüffel. Auch bei den Milchlieferanten für den traditionellen italienischen Büffelmozzarella handelt es sich um domestizierte Wasserbüffel, deren Vorfahren aus Asien stammen. Der auffälligste Unterschied zu den Bisons sind die dominanteren Hörner. Ob es sich beim Bison und beim Wisent (Europäischer Bison) um zwei Arten einer Gattung handelt, ist übrigens umstritten. Der Körperbau des Wisents ist aber schmaler, er ist nicht so muskulös wie sein amerikanischer Vetter und sein Beinfell nicht so lang. Die »klassischen« Bisons ziehen über die Prärien Nordamerikas, während Wisente Waldbewohner sind.

81 | Wie misst man DIE INTELLIGENZ von Tieren?

Kurz gesagt: über Umwege. Denn einen IQ-Test gibt es für Tiere nicht. Sie zeigen ihre Intelligenz in ihrem Verhalten, ihrer Art, Probleme zu lösen oder zu kommunizieren. Um die tierische Schlauheit ermitteln zu können, kommt es also auf die passende Testmethode an.

Ein Beispiel dafür ist ein Strategiespiel namens »Schimpansen-Schach«. Darin zeigten die Versuchstiere, dass sie sich in einen Artgenossen gedanklich hineinversetzen konnten. Sie waren imstande, den Spielzug des anderen Schimpansen vorauszusehen und dieses Wissen strategisch zu ihrem Vorteil zu nutzen. Es geht aber auch einfacher: So erschien Ende 2019 die Studie eines Forscherteams, das Galapagos-Riesenschildkröten erfolgreich darauf trainiert hatte, in Bälle einer bestimmten Farbe zu beißen. Einige der Schildkröten wurden auf Gelb trainiert, andere auf Rot oder Blau. Dieses Training spielte sich viele Jahre vor dem eigentlichen Test ab, denn die Wissenschaftler interessierten sich für die Gedächtnisleistung der Tiere. Nach neun Jahren wurden drei der Riesenschildkröten abermals mit ihrer Aufgabe von einst konfrontiert – und jedes Tier erinnerte sich noch immer exakt an die erlernte Farbe.

Eine schlaue Versuchsanordnung kann also eine neue Welt aufschließen. Dann sehen wir, dass viele Tierarten eine innere Landkarte besitzen. Wie die Bienen etwa, die sich in Gedanken einen Ort vorstellen können, zu dem sie gleich fliegen werden. Oder wie die Buschhäher, eine Vogelart, die vorausschauend für die Zukunft plant: Sie vergraben Raupen auf Vorrat und wissen genau, wie lange ihre Mahlzeit haltbar sein wird – und wann sich das Ausgraben nicht mehr lohnt, weil sie dann verdorben ist.

82 | Leben **KRABBEN** auch **AUF BÄUMEN**?

Dass es Krabbenarten gibt, die reine Landbewohner sind, mutet seltsam an. Schließlich sind alle Krebstiere vom Wasser abhängig: Es schützt sie vor Austrocknung und ist der Lebensraum ihrer Nachkommen. Doch Wasser findet sich eben mancherorts auch auf Bäumen. So siedelt die jamaikanische Bromelienkrabbe im Wald und zieht ihren Nachwuchs in den wassergefüllten Trichtern von Bromelien auf. Eine andere, erst 2014 entdeckte Krabbenart lebt hoch in den Bäumen südindischer Wälder. Sie heißt Kani maranjandu, benannt nach dem Waldvolk der Kani, das die handtellergroßen Krebstiere mit den Spinnenbeinen zum ersten Mal aufgespürt und Wissenschaftlern zugänglich gemacht hat. Was sie von anderen Krabben unterscheidet: Sie halten sich nicht in Bodennähe am Stamm auf, sondern klettern bis zu zehn Meter hoch in die Wipfel. Da auch sie Wasser brauchen, leben sie in Hohlräumen, in denen sich das Regenwasser sammelt. Warum die neu entdeckten Krabben auf Bäumen leben, ist jedoch bislang ungeklärt.

83 | Warum werden **KATZEN GEGEN** Katzenallergie **GEIMPFT**?

Rund 14,7 Millionen Katzen leben in deutschen Haushalten. Für nicht wenige Menschen, auch Katzenhalter, birgt das auch Probleme: Sie reagieren allergisch auf die Stubentiger – und müssen sich dann schlimmstenfalls von ihrem Liebling trennen. Auslöser des Problems ist das Allergen »Fel d 1«. Die Katze produziert es in ihrem Speichel. Wenn sie sich leckt und ihr Fell putzt, verteilt sie den Stoff auf ihren Haaren. Von dort gerät er als Schwebeteilchen über die Luft in die Atemwege des Menschen.

Forscher entwickeln derzeit einen Impfstoff gegen die Allergie. Weil die Zulassung eines Impfstoffs für Menschen aber langwierig und teuer ist, wollen sie – die Katze immunisieren. Die Wissenschaftler stellen das Allergen künstlich her. Dann bringen sie das Immunsystem der Katze dazu, das Allergen als Eindringling anzusehen und zu bekämpfen. Die Folge: Die Katze produziert ab jetzt Antikörper gegen das Allergen – und macht es so weniger aggressiv. Wie bei einer Grundimmunisierung beim Menschen muss die Katze mehrmals geimpft werden. Nur dann produziert sie genügend Antikörper, um das körpereigene Allergen ausreichend zu reduzieren. Ist die Katze geimpft, spüren Allergiker nach Aussagen des Forschers bereits deutlich weniger Symptome. Der ideale Schutz wäre eine Immunisierung von Tier und Mensch. Bis es dazu kommt, hoffen die Forscher aber, dass ihre Katzenimpfung bald die Zulassung erhalten kann.

84 | Kann man HÜHNERN ansehen, WELCHE FARBE ihre EIER haben?

Ohne viel Federlesens können Hühnerhalter sagen, ob ihr Geflügel braune oder weiße Eier legen wird. Denn es sind nicht die Federn, die die Farbe der Eier verraten. Denn die Eierfärbung ist genetisch bedingt und somit abhängig von der jeweiligen Rasse.

Für alle Haushühner gilt: Die 0,3 bis 0,4 Millimeter dicke Schale ihrer Eier besteht zu einem Großteil aus Kalk. Und dieser ist erst einmal weiß. Hühner, die braune Eier legen, produzieren jedoch Farbpigmente. In der Schalendrüse ihres Legedarms bilden sie rote Pigmente aus dem Blutfarbstoff und gelbe aus dem Gallenfarbstoff. Mischen sich diese, entstehen unterschiedlich intensive Braun-, Beige- oder Cremetöne, die der Kalkschale ihre Farbe geben. Eier von Hühnerrassen, die solche Pigmente nicht bilden, bleiben dagegen weiß.

Wie sich das genau bei einer Henne verhält, lässt sich tatsächlich an einem äußeren Merkmal erkennen. Nämlich an den Ohrläppchen, von Geflügelexperten auch »Ohrscheiben« genannt. Die Hautlappen befinden sich an den Wangen, etwas unterhalb der Augen. Trägt eine Henne ihre Läppchen ganz in Weiß, legt sie auch weiße Eier. Sind die Ohrscheiben rot, ist die Eierschale braun. Meistens jedenfalls. Denn diese läppische Regel gilt allein für reinrassige Tiere.

85 | Was ist OBST – und was GEMÜSE?

Die Botanik beschreibt Gemüse als essbare Pflanzenteile – Blätter, Früchte, Wurzeln, Stängel oder Knollen –, die von meist einjährigen Pflanzen stammen. Solche Pflanzen können also nur einmal geerntet werden. Obst hingegen gilt als botanischer Sammelbegriff für Früchte und Samen, die aus einer Blüte hervorgehen und von mehrjährigen Gehölzen oder Stauden stammen. Das heißt, diese Pflanzen setzen immer wieder Frucht an.

Das Problem bei der Abgrenzung ist aber die Vielzahl der Ausnahmen. Zum Beispiel fallen Artischocken unter Gemüse, obwohl sie von mehrjährigen Pflanzen stammen. Genauso der Spargel, der bei uns jedoch fast nur einjährig angebaut wird. Rhabarber hingegen ist botanisch gesehen ein Gemüse. Wir essen die Stängel, aber nicht die Früchte. Dann gibt es auch noch »Fruchtgemüse«. Das entstammt, genau wie Obst, den Früchten einer Pflanze. Dazu gehört die Avocado, die allerdings – nun wird es vollends unübersichtlich – botanisch zu den Beeren zählt, übrigens genau wie die Tomate. Während unsere klassische Erdbeere nach botanischer Einordnung gar keine Beere ist, sondern eine Nuss. Spätestens jetzt wird klar, dass die wissenschaftliche Definition der Begriffe »Gemüse« und »Obst« nicht weiterhilft. Praktikabler sind da unsere kulturellen Essgewohnheiten. Wir nehmen hauptsächlich die Unterteilung in süß und nicht süß vor und kommen damit ganz gut zurecht.

86 | Könnte ein **TIER AUS DEUTSCHLAND** woanders **MIT ARTGENOSSEN** kommunizieren?

Diese Frage lässt sich nur an konkreten Beispielen beantworten. Ein gutes Beispiel sind Wölfe. Sie sind hochsoziale Säugetiere, haben sich über den ganzen Globus verbreitet und kommunizieren sowohl mit dem Körper als auch mit Lauten. Ihre ausdrucksvolle Körpersprache gilt universell. Das bedeutet: Ein nordamerikanischer Grauwolf kann die Körpersprache seines europäischen Artgenossen ohne Weiteres verstehen. Bei den Lauten kann es hingegen Unterschiede geben, aber sie sind zu gering, um ins Gewicht zu fallen.

Überraschender wird die Sache bei Singvögeln. Von bestimmten Arten ist bekannt, dass ihre Gesänge regional unterschiedlich sind, sie verständigen sich quasi in Dialekten. Auch bevorzugen sie bei der Partnerwahl eindeutig die Artgenossen ihres eigenen Dialekts. Eine amerikanische Biologin fand heraus, dass Dachs-Ammern stark auf die Rufe von Artgenossen reagierten, die in ihrer unmittelbaren Umgebung lebten. Wurden ihnen dagegen die Laute einer 600 Kilometer entfernt lebenden Population vorgespielt, blieben die Reaktionen aus.

Ein Zoologe aus Wien berichtet Ähnliches von Raben, die ja auch zu den Singvögeln gehören und wie Wölfe weit verbreitet sind. Bei ihnen hängt die Verständigung von der Art ihrer Rufe ab. Manche Laute von Raben haben eine bestimmte Bedeutung, zum Beispiel »Ich bin hier« oder »Ich will das haben«. Sie klingen überall sehr ähnlich und werden vermutlich auch überall verstanden. Andere Rufe hingegen seien stark vom Umfeld oder vom Partner beeinflusst und funktionierten wie Dialekte, so der Experte. In dem Fall würden sie wahrscheinlich nur regional verstanden werden.

87 | Welcher **VOGEL** ruft **AM LAUTESTEN?**

Der Lärmpegel einer Kreissäge erreicht 100 Dezibel und liegt damit schon über dem für Menschen kritischen Wert von 85. Kritisch heißt, dass Hörschäden drohen, wenn sich jemand dieser Lautstärke für längere Zeit aussetzt. Ein harmlos aussehender weißer Vogel aus Südamerika übertrifft diesen Wert deutlich: Der Liebesschrei des Einlappenkotingas kann bis zu 125,4 Dezibel erreichen. Das ist der stärkste jemals dokumentierte Laut in der Vogelwelt und übertrifft den früheren Rekordhalter, den Schreikotinga, glatt um neun Dezibel.

Das Weibchen, dem das Getöse gilt, wird nicht etwa aus großer Ferne angelockt. Es sitzt in einem Radius von vier Metern bei dem Schreihals und scheint gegen Hörschäden immun zu sein oder sie in Kauf zu nehmen. Wissenschaftler haben das Liebeswerben dieser Vögel im brasilianischen Regenwald aufgezeichnet. Offenbar nähern die Weibchen sich den Bewerbern gerade so weit, dass sie keinen Hörschaden davontragen, aber die Chance haben, das kräftigste Männchen unter ihnen zu finden. Die Männchen dieser Spezies scheinen tatsächlich Muskelpakete zu sein. Nur ausdauernd sind sie nicht. Je lauter sie werben, desto schneller geht ihnen die Puste aus.

88 | Können Fische SEEKRANK werden?

Sie torkeln, verlieren die Orientierung und müssen mitunter sogar erbrechen: Ja, auch Fische können seekrank werden. Allerdings ist es eher selten – etwa wenn sie an der Meeresoberfläche überraschend von starken Wellen hin und her geworfen werden. Oder wenn sie in tieferem Wasser in ein Fischernetz geraten und dann rasch emporgezogen werden. Der Grund für die körperliche Reaktion ist eine kurzfristige Verwirrung der Sinne: Dem Gehirn der Fische gelingt es dann nicht, sich eindeutig zu orientieren. Genau wie ein Mensch an Deck eines schwankenden Schiffs empfangen die Tiere widersprüchliche Informationen: Im Kern eines Wasserstrudels etwa nehmen ihre Augen Stillstand wahr, während ihr Gleichgewichtsorgan Bewegung registriert. Dann schlägt das Hirn Alarm und reagiert: Übelkeit kommt auf, der Kreislauf gerät aus dem Takt, und die Orientierung geht verloren.

Auch Fische in Aquarien sind davon betroffen. Werden sie in einem schaukelnden Eimer getragen oder mit dem Auto unsanft in einer Transportbox gefahren, setzen die Schwingungen des Wassers ihnen zu. Dabei reagiert auch ihr Seitenlinienorgan, mit dem sie Strömungen und Druckwellen wahrnehmen. Einige Arten erbleichen dann deutlich sichtbar, andere müssen erbrechen. Züchter versuchen, die Reisekrankheit zu lindern, indem sie die Fische vor einem Transport nicht füttern. Verwandte im Meer haben es da einfacher: Werden sie seekrank, tauchen sie schnell in die Tiefe. Dort ist das Wasser ruhiger, und das Unwohlsein verfliegt.

89 | **WACHSEN** Pflanzen **RUND UM DIE UHR** – oder gönnen sie sich auch mal **EINE PAUSE?**

Wie fast alle Lebewesen besitzen auch Pflanzen eine innere Uhr. Sie wird vom Tageslicht beeinflusst und von den Jahreszeiten. Diese »zirkadiane« Uhr beruht auf einem ungefähren 24-Stunden-Rhythmus, der Begriff leitet sich von den lateinischen Wörtern »circa« (ungefähr) und »dies« (Tag) ab. Dank dieses inneren Zeitkompasses folgen Pflanzen einem Licht-Dunkel-Rhythmus, der sie gegen Ende der Nacht am schnellsten wachsen lässt, während sie am Abend eine Pause einlegen.

Schon im 18. Jahrhundert beobachtete der schwedische Naturforscher Carl von Linné, dass sich bestimmte Blüten zu festgelegten Tageszeiten öffnen. Er entwickelte daraufhin seine noch heute berühmte »Blumenuhr«. Doch was dem inneren Taktgeber genau zugrunde liegt, finden Wissenschaftler erst in jüngster Zeit heraus: Ein komplexes Netzwerk aus Genen und Proteinen koordiniert den pflanzlichen Biorhythmus. So ermittelten Forscher vor Kurzem, dass erst das Zusammenspiel zweier Gene die Blühzeiten der Ackerschmalwand, eines weitverbreiteten Ackerunkrauts, steuert. Die Gene müssen zusammenwirken, damit die Pflanze erkennt, wann es Zeit zum Blühen ist. Und ein Proteinkomplex sorgt dafür, dass die Pflanze am Tagesende und in der frühen Nacht das Wachstum einstellt. Offenbar macht sie also eine Pause, um dann bei Tagesanbruch umso schneller weiterzuwachsen.

90 | Gibt es **IM TIERREICH ALLEINERZIEHENDE VÄTER?**

Brüten, wärmen, füttern – zumeist gilt unter Tieren: Meine Mama macht das schon. Bei weniger als zehn Prozent aller Säugetierarten kümmern sich die

Väter (mit) um den Nachwuchs. Viel eher begatten sie gleich mehrere Weibchen, denn sämtliche Tiermännchen wollen nur eines: so viele Nachkommen wie möglich zeugen. Väterliches Verhalten zeigen sie bloß dann, wenn es ihrem Nachwuchs nützt.

Wie zum Beispiel bei den Kaiserpinguinen. Mitten im antarktischen Winter übernimmt Daddy Cool die vorgeburtliche Elternzeit. Denn sobald das Weibchen sein 450-Gramm-Ei gelegt hat, verschwindet es Richtung Ozean. Also bugsiert der Kaiser das Ei auf seine Füße und unter die gut durchblutete Bauchfalte. Zwei Monate lang trotzt er den Winterwidrigkeiten und der Nulldiät – im wärmenden Männertrupp. Nach dem Schlüpfen harrt das Küken weiter unter der Bauchfalte aus, und das Männchen füttert es mit einer milchartigen Substanz, die aus seinem Kropf stammt. Bis die Mutter mit jeder Menge vorverdautem Fisch im Bauch zurückkehrt.

Auch andere Tierpapas beteiligen sich an Brut und Aufzucht. Nanduhähne brüten beispielsweise die Eier des Hennenharems aus und umsorgen die Jungen noch monatelang nach dem Schlupf. Krallenaffenväter schleppen ihre Söhne und Töchter durch den Affenalltag. Riesenwanzenmännchen tragen die Eier samt Verantwortung auf dem Rücken, und Seepferdchenväter übernehmen sogar die Schwangerschaft. Und selbst echte Maulhelden finden sich unter den Tiervätern, die Darwin-Nasenfroschmännchen etwa: Sie schlingen die Eier in ihren Kehlsack, lassen die Kaulquappen darin schlüpfen, zu Lurchen heranreifen und anschließend aus der Schallblase hinaus ins Leben hüpfen.

91 | Warum fürchtet DER WINTERLING keinen FROST?

Mit den ersten frostkalten Nächten wird es für die meisten Pilze ungemütlich im Wald: Pfifferlinge, Maronen und Co haben zu dieser Zeit ihre Fruchtphase meist hinter sich. Denn sobald das Wasser in ihren Zellen gefriert, entstehen voluminöse, scharfkantige Eiskristalle, die das filigrane Pilzgewebe zerstören. Der nicht zufällig Winterling genannte Samtfußrübling lässt sich von tiefen Temperaturen dagegen wenig beeindrucken. Im Gegenteil: Um seinen Fruchtkörper auszubilden, benötigt er als Starthilfe sogar null Grad Celsius. Und selbst minus 25 Grad können ihm offenbar

nichts anhaben. Zwar stellt er dann sein Wachstum ein, er bleibt aber dennoch unbeschadet – dank eines Tricks: Der Pilz bildet sein eigenes Frostschutzmittel, ein besonderes Protein, das sich an kleinste Eiskristalle bindet und so deren weiteres Wachstum hemmt. Dadurch können sich die winzigen Kristalle nicht zu größeren vereinigen, der Zellsaft bleibt flüssig. Zur Freude von Pilzsammlern: Der Samtfußrübling macht sich wunderbar in Suppen — und spendet gerade in der kalten Jahreszeit viel Vitamin C.

92 | Warum **REIBEN** sich **PANDABÄREN** mit **PFERDEMIST EIN**?

Chinesische Biologen beobachteten das rätselhafte Verhalten erstmals vor zehn Jahren – und konnten es danach regelmäßig dokumentieren. Vor allem bei kalten Temperaturen wälzen sich Pandabären offenbar gerne und ausgiebig in den Hinterlassenschaften von Pferden. Dabei helfen sie sogar mit den Pfoten nach, um die Exkremente auch an unzugänglichere Stellen zu schmieren. Die Forscher glauben, dass es den Tieren dabei um Beta-Caryophyllene geht: Ölsubstanzen im Pferdemist, die sonst etwa in Basilikum und Pfeffer, aber auch Cannabis vorkommen. Sprühten die Forscher sie auf Strohhaufen im Pekinger Zoo, wälzten sich die Pandas auch darin. Was bewirken die Stoffe? Untersuchungen an Mäusen ergaben: Offenbar blockierten sie die Temperaturrezeptoren. Und Beta-Caryophyllene wirken zudem infektionshemmend und verringern das Schmerzempfinden. Die Pferdemist-Kur ist also nicht nur Kälteschutz, sondern ein ganzes Panda-Wellness-Paket.

93 | Verstehen auch **HAUSTIERE** die **WARNRUFE** von **WILDTIEREN**?

Einige Wildtiere machen sich die Wachsamkeit anderer Arten zunutze. Sie verstehen die Alarmrufe fremder Tiere – und können Gefahren dadurch frühzeitig ausweichen. Tannenmeisen etwa reagieren auf die Rufe von

Japanmeisen, die sich untereinander vor Schlangen warnen. Und Nashörner verstehen die Alarmsignale von Madenhackern, die sie vor nahenden Menschen warnen.

Aber wie ist das bei Haustieren? Zwei Biologinnen untersuchten, ob Haushühner auf die Warnrufe von Kohlmeisen hören, und spielten 160 Hühnern in einem Freilandgehege unterschiedliche Kohlmeisenlaute vor. Manche gehörten zum Gesangsrepertoire der Vögel, also zu den sogenannten Songs, andere waren Alarmrufe. Die Haushühner reagierten überraschend deutlich. Hörten sie Kohlmeisensongs, steigerte das ihre Wachsamkeit nur wenig. Hörten sie allerdings die Warnruf-Playbacks der Singvögel, zeigten sich die Hühner in starkem Maße beunruhigt. Zumindest diese eine Haustierart, so das Resultat, nutzt demnach offenbar auch die Wachsamkeit von Wildtieren für die eigene Sicherheit.

94 | Verlieren **IGEL** manchmal ihr **STACHELKLEID**?

Rund 8000 Stacheln überziehen die Haut eines ausgewachsenen Igels. Sie bestehen aus Keratin, so wie unsere Haare, sind innen hohl und dadurch enorm elastisch. Jede einzelne dieser etwa 2,5 Zentimeter langen Spitzen ist mit einem eigenen Muskel verbunden und lässt sich selbstständig bewegen. So entsteht ein undurchdringliches Bollwerk aus kreuz und quer stehenden Stacheln, sobald sich ein Igel zusammenrollt. Das schützt ihn nicht nur vor Fressfeinden, sondern wirkt auch als Stoßdämpfer bei einem Absturz. Doch was passiert, wenn der Igel seine Rüstung verliert? Können die Tiere vollständig kahl werden?

Ja, bei manchen Erkrankungen. Ein ausgewachsener gesunder Igel verliert im Lauf seines Lebens nur noch einzelne Stacheln. Sie werden sogleich durch nachwachsende ersetzt. Doch es gibt Hautinfektionen, die zu völliger Nacktheit führen können. Vor allem Pilzbefall kommt bei den Tieren häufig vor. Im schlimmsten Fall kann eine solche Mykose einen kompletten Stachelverlust nach sich ziehen. Spätestens dann ist der Igel ein vollkommen wehrloses Geschöpf, das in freier Wildbahn nicht lange am Leben bleibt. In einer Auffangstation hat er dagegen gute Chancen, geheilt zu werden. Und dann wächst auch sein Stachelkleid wieder nach.

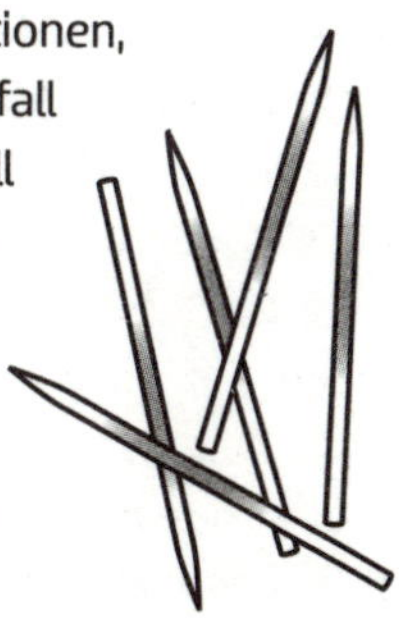

95 | Welches Tier hat DURCHSICHTIGE ZÄHNE?

Bei Menschen gelten weiße Zähne als Zeichen von Schönheit und Gesundheit. Und Tiere signalisieren mit gebleckten Beißern Kraft und Gefährlichkeit. Doch hell aufblitzende Zähne können auch von Nachteil sein. Dann nämlich, wenn ein Tier auf Beute lauert – und gerade die Zähne den Räuber verraten würden. Der Drachenfisch hat aus genau diesem Grund ein besonderes Gebiss entwickelt. Der Tiefseebewohner, der rund 500 Meter unter der Meeresoberfläche auf seine Opfer wartet, ist zwar nur rund 15 Zentimeter lang, besitzt aber ein vergleichsweise riesiges Maul mit langen, spitzen Zähnen – die vollkommen durchsichtig sind. Die Analyse per Elektronenmikroskop zeigte: Sie bestehen innen aus Zahnbein (Dentin), um das außen eine Schicht Zahnschmelz liegt – genau wie beim Menschen. Das Geheimnis der Tarnkappe liegt in der Feinstruktur des Zahnschmelzes: Er besteht aus nur 20 Nanometer großen Kristallen. Sie verhindern, dass Lichtstrahlen an der Oberfläche reflektiert oder gestreut werden, und lassen sie fast ungehindert durch den Zahn dringen: Im Dämmerlicht der Tiefe ist der schwarze Fisch samt Gebiss daher beinahe unsichtbar.

96 | Wie ENTSTEHEN SEEN am GRUND DES OZEANS?

Die BBC-Doku-Serie »Unser Blauer Planet II« zeigt in einer Episode einen Tiefsee-Grubenaal über einer dicht bewachsenen Muschelbank. Die Muscheln begrenzen einen Pool, dessen Oberfläche ein nebeliger Schleier bedeckt. Der Aal stößt durch den Nebel in den Pool – und windet sich zuckend, als er kurz darauf wieder auftaucht. Er hat einen toxischen Schock erlitten. Die Szene wurde in der Tiefe des Golfs von Mexiko aufgenommen, wo untermeerische Salzseen entdeckt wurden. Im einst flachen Golf von Mexiko hat sich das Salz über Jahrmillionen durch Verdunstung abgelagert. Das aus dem Meeresboden austretende

Wasser ist relativ warm und bis zu viermal so salzig wie Meerwasser. Dadurch ist es schwerer und bildet kleine Flüsse oder Seen am Grund der Tiefsee. Einen dieser warmen Seen – 3 Meter tief und gut 25 Meter im Durchmesser – haben die Forscher »Whirlpool der Verzweiflung« getauft, denn für Fische oder Krabben ist der hohe Salzgehalt bereits nach kurzem Aufenthalt tödlich. Muscheln hingegen profitieren von dem Solebad. Denn mit der salzhaltigen Brühe treten Gase wie Methan und Schwefelverbindungen aus. Bakterien, die als Symbionten in den Kiemen der Muscheln leben, gewinnen daraus Energie und dienen den Muscheln in der sonst nahrungsarmen Tiefsee als Futter.

97 | Nutzen auch Tiere BABYSPRACHE?

Wenn Eltern mit Säuglingen sprechen, verwenden sie oft besonders einfache Ausdrücke wie »Wauwau« oder »Dutzi, dutzi«. Vor allem aber gehört zur Babysprache, dass Mütter und Väter langsamer, betonter und in einer höheren Stimmlage und Klangfarbe als sonst sprechen. So lernt der Nachwuchs selbst schneller sprechen. Es steigert seine Aufmerksamkeit und ermöglicht ihm, einzelne Wörter besser auseinanderzuhalten.

Das Phänomen haben Forscher des Museums für Naturkunde Berlin kürzlich auch bei Weibchen der Großen Sackflügelfledermaus nachgewiesen: Sie verglichen Merkmale in Lautäußerungen der Weibchen gegenüber ihren Jungtieren mit Rufen, die offensichtlich nicht an den Nachwuchs gerichtet waren. Ergebnis: Die Tiere änderten Klangfarbe und Frequenz ihrer Rufe, wenn die Jungen dabei waren. Es liegt nahe, dass das Verhalten einem ähnlichen Zweck dient wie beim Menschen. Auch Rhesusaffen, Zebrafinken und Wölfe sprechen mit ihren Babys anders als mit ausgewachsenen Artgenossen. Und bei Flachlandgorillas wurden ebenfalls Unterschiede in der Kommunikation gegenüber Jungtieren festgestellt – dort allerdings in der lautlosen Kommunikation, also Gestik und Mimik.

98 | Wie finden WALE ihr Futter im riesigen Ozean?

Blauwale sind die gewaltigsten Tiere, die je auf der Erde gelebt haben: bis zu 30 Meter lang und 200 Tonnen schwer. So ein riesiger Körper benötigt Unmengen von Futter. Da wirkt es geradezu merkwürdig, dass die Riesen sich ausgerechnet von winzigen Krebsen ernähren: dem Krill. Rund 40 Millionen der Tierchen, dreieinhalb Tonnen an Gewicht, frisst ein Blauwal – am Tag. Um die zu verschlingen, öffnet er sein riesiges Maul und nimmt darin so viel Wasser auf, dass es etwa der Hälfte seines Körpergewichts entspricht. Dann presst er das Wasser durch seine Barten wieder heraus, und der Krill bleibt in den langen, ausgefransten Gebilden hängen. Das kostet viel Energie. Der Wal kann es sich deshalb nicht leisten, sein Maul irgendwo auf gut Glück aufzusperren. Er muss wissen, wo große Mengen an Krill anzutreffen sind. Wie gelingt ihm das?

Kalifornische Meeresbiologen werteten die langjährigen Bewegungsdaten von Blauwalen aus, deren Positionen mithilfe von Sendern ermittelt wurden. Die Wanderrouten der Meeresriesen glichen die Forscher dann mit jenen Arealen ab, in denen besonders viel Krill vorkam – und offenbar finden sich die Blauwale genau dort ein, wo ein reich gedeckter Tisch zu erwarten ist. Das kann ihnen nur gelingen, weil sie sich offenbar die Orte und Zeiten merken, an denen regelmäßig viel Futter zu erwarten ist – und rechtzeitig dorthin schwimmen. Sie prägen sich also eine Art Futterweltkarte ins Gedächtnis. Das könnte allerdings wegen des Klimawandels zum Problem werden: Wenn sich etwa vor Kaliforniens Küsten das Wasser erwärmt, könnten sich die Krebstierchen in kühlere Regionen zurückziehen. Die Wale würden dann womöglich an der falschen Stelle nach Beute suchen.

99 | Betreiben auch Tiere SOCIAL DISTANCING?

Nicht nur Menschen ist es ratsam, auch viele Tierarten haben Formen des Social Distancing entwickelt, um sich vor Krankheiten und Infektionen zu schützen. Mandrille etwa, hochsoziale Primaten mit auffallend bunten Gesichtern, leben oft zu Hunderten in Gruppen zusammen und putzen sich gegenseitig. Leidet aber ein Mandrill an einer Infektion mit einem Darmvirus, riechen das seine Artgenossen am Kot – und gehen dem Tier aus dem Weg. Auch Karibik-Langusten vermeiden Infektionen, indem sie Abstand halten. Bis zu 20 der Tiere leben gemeinsam in Schwämmen, Korallen oder Felsspalten am Meeresboden. Die Gemeinschaft schützt sie vor Raubtieren. Allerdings sind rund ein Viertel der Langusten mit einem Erreger namens »Panulirus argus Virus 1« infiziert, das jedes Jahr mehr als die Hälfte der Jungtiere tötet. Ist ein Tier erkrankt, merken es die Artgenossen durch seinen Urin. Die kranke Languste muss die Gruppe dann verlassen.

Besonders schädlich wirken sich ansteckende Krankheiten in großen Insektenkolonien aus, zum Beispiel unter Ameisen oder Bienen. Von beiden Arten ist bekannt, dass sich kranke Tiere in manchen Fällen absichtlich von ihren Kolonien entfernen: Sie opfern sich, um die anderen Tiere zu schützen.

100 | Was ist eine SCHLÜSSELART?

Jedes Tier spielt in der Natur eine bestimmte Rolle: So wirken Pflanzenfresser oft als Landschaftsgärtner, Fleischfresser dienen der Populationskontrolle, Aasfresser als Gesundheitspolizei. Einige Arten jedoch sind für die Funktion eines Ökosystems wichtiger als andere. Diese »Schlüsselarten« verleihen einem Lebensraum Stabilität. Entfernt man sie, verändert sich das System dramatisch und büßt an Biodiversität ein.

Inzwischen haben Forscher zahlreiche Schlüsselspezies identifiziert. Ihre Bedeutung für ein Biotop zeigt sich oft erst über lange Zeiträume: Nachdem etwa die Seeotter auf den Aleuten fast ausgerottet wurden, vermehrte sich ihre bevorzugte Beute – Seeigel – massenhaft und fraß artenreiche Kelpwälder kahl. In der Serengeti zählen Büffel und Gnus zu den Schlüsselarten: Nachdem ihre Herden sich in den 1980er-Jahren von der Rinderpest erholten, verwandelte sich die Buschlandschaft wieder in eine endlose Grasebene, und es kam seltener zu verheerenden Buschbränden. Ökologen können das Wissen um Schlüsselarten nutzen: Im Yellowstone-Nationalpark etwa siedelten sie wieder Wölfe an, um die massenhafte Vermehrung von Wild einzudämmen. Dort wachsen nun wieder mehr Bäume.

101 | Wie erkennt der EISVOGEL seine BEUTE IM WASSER?

Wenn ein Eisvogel über einen Fluss oder See flattert, schillert sein Gefieder – einem Saphir gleich – in strahlenden Blautönen. Sobald sich der kleine Vogel dann in einem Baum niederlässt, ist er jedoch perfekt getarnt: Der orangerote Bauch lässt ihn optisch mit dem Astwerk, der kobaltblaue bis türkisfarbene Rücken mit dem Wasser verschmelzen. Dann hält er Ausschau nach Beutetieren. Hat er einen Fisch entdeckt, dauert es nicht lange: Pfeilschnell stürzt er ins Nass – und taucht eine Sekunde danach, meist mit Fisch im Schnabel, wieder auf und fliegt zurück . Damit ein solcher Präzisionsschlag auf ein bewegtes Ziel gelingt, muss der Eisvogel vorausberechnen, wohin sich der Fisch bewegt. Andernfalls würde er stets an falscher Stelle ins Wasser stoßen. Zudem muss er eine optische Illusion einkalkulieren, um die richtige Flugbahn zu wählen: Objekte unter Wasser erscheinen, aus der Luft gesehen, leicht versetzt. Spezielle Filter im Auge des Vogels vermindern störende Reflexionen auf der Wasseroberfläche und erlauben ihm, seine Beute exakt zu lokalisieren. Junge Eisvögel müssen das erst üben. Zudem müssen sie trainieren, wie man Fische mit dem Schnabel packt: am besten am Kopf, um sie dann durch Schlagen auf festen Untergrund zu töten. In der Regel gewinnen die fliegenden Edelsteine schnell an Expertise. Dann haben die Fische nur noch wenig Chancen.

102 | Welches Tier **ÜBERLEBT** es, **GEFRESSEN ZU WERDEN?**

Der Wasserkäfer Regimbartia attenuata ist ein Überlebenskünstler. Wird er von einem Frosch verspeist, macht ihm das meist gar nichts aus. Der zahnlose Frosch schluckt das Tier in einem Stück herunter – und der Käfer klettert nach etwa sechs Stunden völlig unversehrt wieder aus dem Froschhinterteil hinaus. Ein japanischer Ökologe fand heraus: Vermutlich schützt ihr harter Panzer die Tiere vor Verdauungssäften. Zudem können sie mithilfe von Lufttaschen auch unter Wasser atmen. Der Käfer aber wartet nicht nur, bis der Frosch ihn ausstößt: Er trägt sogar aktiv zu seiner Befreiung bei. Der Forscher fixierte die Beine einiger Käfer mit Wachs, sodass sie sie nicht mehr bewegen konnten. Keiner dieser Käfer überlebte, erst nach ein bis zwei Tagen schieden die Frösche deren Kadaver aus. Die überlebenden Käfer scheinen sich demnach mithilfe ihrer Beine eigenständig durch den Verdauungstrakt zu bewegen. Vermutlich stimuliert der Käfer mithilfe seiner Beine sogar den Verdauungstrakt des Frosches und bewegt ihn so zum Stuhlgang.

103 | Wer hat die **SCHNELLSTEN AUGEN** im Ozean?

Lebewesen nehmen ihre Umgebung mit unterschiedlicher Geschwindigkeit wahr. Manche Seesterne etwa, die gemächlich am Meeresgrund kriechen, registrieren nur zwei Bilder pro Sekunde. Vögel, die im Flug Beute anvisieren, sehen 70-mal schneller. Das menschliche Auge erfasst pro Sekunde immerhin 60 Bilder.

Damit bleibt es jedoch weit hinter einer nur wenige Zentimeter großen Garnele zurück: Der Knall- oder Pistolenkrebs tastet seine Umwelt visuell bis zu 200-mal in der Sekunde ab – Weltrekord unter den Wassertieren und lediglich übertroffen von Fluginsekten. Zur Bestimmung der Bildrate pflanzten Forscher der Garnele eine Elektrode ins Auge und setzten sie einem hochfrequenten Lichtreiz aus. Knallkrebse leben in flachen, für die kleinen Tiere unübersichtlichen Austernriffen. Das Wasser ist trüb und die Sichtweite entsprechend kurz. Dank ihrer Highspeed-Augen, so vermuten die Forscher, können die Krebse plötzlich auftauchenden Jägern am Riff leichter entwischen. Und ihre Augen könnten ihnen helfen, die Größe der Scheren eines Rivalen einzuschätzen – um zu entscheiden, ob sie ihn angreifen oder einem Kampf lieber aus dem Weg gehen sollten. Denn Knallkrebse besitzen nicht nur flinke Augen, sondern auch Scheren, die blitzartig zuschnappen. Unter einem lauten Knall, wie bei einem Pistolenschuss, erzeugen sie dabei eine Schockwelle, die Beutetiere betäuben oder gar töten kann.

104 | Kann man **MIT PILZEN DÜNGEN?**

Für Landwirte erweist sich der übliche Kreislauf aus Spritzen und Düngen zunehmend als ökologische Sackgasse. Die intensive Bewirtschaftung laugt die Äcker aus und schadet den Bodenorganismen, was wiederum die Fruchtbarkeit von Feldern erheblich verringert. Was tun? Eine Lösung liegt womöglich direkt zu unseren Füßen. Denn im Erdreich existieren symbiotische Beziehungen zwischen Nutzpflanzen und Pilzorganismen. So lassen sich zum Beispiel Weizenpflanzen von Mykorrhizapilzen mit Nährstoffen versorgen, unter anderem mit den lebenswichtigen Elementen Phosphor und Stickstoff. Die Organismen erhalten von der Pflanze im Gegenzug Kohlenhydrate, die sie selbst nicht bilden können. Mit etwa 80 Prozent aller Landpflanzen gehen Mykorrhizapilze eine solche Symbiose ein.

Die Weizenpflanzen profitieren davon unterschiedlich stark: Biologen besiedelten drei gängige Sorten des Getreides mit den Pilzorganismen. Die bestversorgte Weizensorte nahm 570-mal mehr Phosphor auf als jene mit der geringsten Ausbeute – und 225-mal mehr als die zweitplatzierte. Künftig könnten Landwirte also verstärkt solche Weizensorten nutzen, die sich optimal von Pilzorganismen versorgen lassen. Sie würden ihre Nährstoffe dann vermehrt aus dem Boden beziehen und weniger Dünger benötigen. Was wiederum den Pilzorganismen selbst zugutekäme – denn intensiver Düngemitteleinsatz hemmt ihr Wachstum.

105 | Nutzen Vögel PASSWÖRTER?

Im Leben des Prachtstaffelschwanzes gibt es eine echte Plage: Gleich zwei Kuckucksarten versuchen, ihre Eier in seinem Nest unterzubringen, um sich die Mühen der Elternschaft zu sparen. Fatal für den Prachtstaffelschwanz: Er investiert nicht nur viel Energie in ein fremdes Küken, sondern verliert dabei auch seinen eigenen Nachwuchs, denn ein junger Kuckuck duldet keine Geschwister neben sich. Kaum ist er geschlüpft, wirft er die anderen Eier aus dem Nest.

Vier Jahre hindurch beobachtete ein Forscherteam fast 140 Nester des Prachtstaffelschwanzes im Süden Australiens. Und stellte fest, dass die Weibchen um den zehnten Tag nach der Eiablage damit beginnen, ihrem Gelege einen bestimmten Ruf vorzusingen, den nur sie und ihre Brutpartner nutzen. Dieser Ruf funktioniert wie ein Passwort. Wer von den Jungvögeln nach dem Schlüpfen um Futter bettelt, muss diesen speziellen Laut in seinen Bettelrufen unterbringen. Sonst wird er nicht gefüttert. Handelt es sich bei den Küken um Prachtstaffelschwänze, haben sie etwa fünf Tage Zeit, das Passwort zu lernen, da sie um den 15. Tag nach der Eiablage schlüpfen. Und dann können sie es auch. Ein Kuckuck hingegen schlüpft schon am zwölften Tag, und das wird ihm jetzt zum Verhängnis. Denn in der kurzen Zeit vor seinem Schlupf gelingt es ihm nicht, das Passwort korrekt zu erlernen. Und seine Pflegeeltern erkennen, dass das Küken nicht von ihrer Art ist. Sie verlassen das Nest, und der Kuckuck verhungert.

106 | Gibt es PFLANZEN, die sich VOR MENSCHEN VERSTECKEN?

Die Gebirgsblume Fritillaria delavayi ist eine beliebte Heilpflanze in China, die viel gesammelt und als Arzneimittel in der traditionellen chinesischen Medizin eingesetzt wird. Sie lebt in großen Höhen im Hengduan-Gebirge, wo nur noch wenige Bestäuberinsekten vorkommen. Deshalb zeigt sie sich normalerweise in hell leuchtendem Grün, um schon von Weitem entdeckt zu werden. Allerdings nicht an Orten, wo viele Kräutersammler unterwegs sind. Das zeigt eine chinesisch-britische Studie. Wo mit zahlreichen Menschen zu rechnen ist, versteckt sich das Liliengewächs und verzichtet auf seine leuchtende Farbe.

Stattdessen entwickeln sich dort Populationen mit einem Tarnkostüm in tristem Grau, die kaum von den Steinen ringsum zu unterscheiden sind. Ursprünglich nahmen die Forscher an, dass Pflanzenfresser die Veränderung der Blume verursachten. Doch in den entsprechenden Regionen fanden sie keine Tiere vor, die Lu Bei, wie die Pflanze im Chinesischen heißt, gefressen hätten. Die Forscher testeten an acht verschiedenen Standorten, wie gut die Lu-Bei-Populationen an ihren jeweiligen Untergrund angepasst waren. Das Ergebnis war eindeutig: Während an wenig von Menschen frequentierten Orten strahlend grüne Exemplare wuchsen, blühten an den Sammel-Hotspots die steinfarbenen Populationen. In einem Online-Fotospiel zeigte sich auch für Nichtsammler der Effekt dieser Tarnung: Wer sich durch die 14 Bilder klickte, brauchte erheblich mehr Zeit, um die getarnten Pflanzen vom Steingrund unterscheiden zu können.

107 | Wird dem Kabeljau seine HEIMATLIEBE zum VERHÄNGNIS?

Bei Expeditionen in grönländischen Gewässern war den Forschern aus Bremerhaven aufgefallen, dass der Kabeljau dort oft unterernährt ist. In einer Langzeitstudie fanden sie heraus: Offenbar bleiben die Tiere einem einmal gewählten Lebensraum auch dann treu, wenn das Nahrungsangebot dort schlechter wird. Die Ursache dafür liegt vermutlich im Lebenszyklus der Fische: Die erwachsenen Tiere laichen in Ostgrönland. Meeresströmungen transportieren die Eier und Larven dann nach Süd- und Westgrönland. Dort wachsen die Jungfische auf und kehren entlang der Küste nach Ostgrönland zurück, wo sie sich als erwachsene Tiere dann erneut auf Unterwasserbänken sammeln, fressen und laichen.

Auf ihrer Reise von der Kinderstube im Westen zu den Laichplätzen im Osten verharren die Fische immer in bestimmten Gebieten, anstatt ihre Aufenthaltsorte entlang der Küste flexibel an das Nahrungsangebot anzupassen. Die Forscher vermuten, dass der Kabeljau die Unterschiede in der Futtermenge gar nicht erkennt – und das Risiko scheut, nach anderen Standorten zu suchen. Wenn sich die Ökosysteme vor Grönlands Küste durch den Klimawandel verändern, werden die Fische sich daher wahrscheinlich nur langsam daran anpassen. Daher müsste die Fischerei Rücksicht auf ihre bevorzugten Habitate nehmen und besonders wichtige Gebiete als schützenswert ausweisen. Mittlerweile steht der wichtige Speisefisch auf der Roten Liste der gefährdeten Arten.

108 | Ist es **FÜR EINEN HUND** schlimm, wenn er **ANGESCHRIEN** wird?

Ein Forscherteam der Universität Porto wollte herausfinden, ob und wie sich bestimmte Trainingsmethoden auf das Wohlbefinden von Hunden auswirken. Für ihre Studie arbeiteten sie mit sieben Hundeschulen zusammen. Drei davon setzten im Training allein auf Lob und Belohnung. Die übrigen vier bildeten Hunde mit aversiven Methoden aus: Die Halter zogen beispielsweise kurz und heftig an der Leine, erhoben die Stimme oder fassten die Tiere grob an. Insgesamt nahmen 92 Hunde an der Studie teil. 42 kamen aus Hundeschulen, die auf das Belohnungsprinzip setzten, die anderen wurden mithilfe von Bestrafung trainiert. Die Forscher filmten das Training. Anschließend suchten sie in den Videos nach Anzeichen von Stressverhalten. Hunde drücken ihre Anspannung auf vielerlei Arten mit sogenannten Beschwichtigungsgesten aus: Sie gähnen, heben die Vorderpfote an oder lecken sich über die Lefzen.

Direkt nach dem Training sowie Tage später zu Hause wurden den Tieren außerdem Speichelproben entnommen. Im Speichel lässt sich das Stresshormon Cortisol nachweisen. Je belastender eine Situation für Mensch oder Tier ist, desto höher ist dort der Cortisolgehalt.

Das Ergebnis war deutlich: Die Hunde der aversiv arbeitenden Schulen verhielten sich während des Trainings sehr viel angespannter als die anderen Tiere. Auch enthielten ihre Speichelproben selbst nach Tagen noch höhere Cortisolwerte. Ein längerfristiger Effekt zeigte sich auch im Lernverhalten. Hunde, die Strafen kannten, gingen neue Aufgaben zögerlicher an als andere, die gewaltfrei trainiert wurden. Und je häufiger die unfreundliche Behandlung stattfand, desto stärker zeigte sich der negative Effekt.

109 | SPRECHEN Pflanzen mit ihren Nachbarn ab, WOHIN SIE WACHSEN?

Auch Pflanzen haben eine Form der Kommunikation: Botenstoffe, die durch die Wurzeln fließen, ins Erdreich übergehen und von anderen Pflanzen empfangen werden. Auf diese Weise lässt sich vieles mitteilen, zum Beispiel »Hier wird es eng, nicht näher kommen!«.

Agrarwissenschaftler setzten Maiskeimlinge nebeneinander und simulierten bei einigen von ihnen Platzmangel, indem sie deren Blattwerk immer wieder kurz berührten – so wie es Pflanzen widerfährt, die zu dicht beieinanderstehen. Andere Keimlinge ließen sie hingegen in Ruhe; diese bildeten die Kontrollgruppe. Platz ist eine wichtige Ressource in der Pflanzenwelt. Da Gewächse sich ihren Standort nicht aussuchen können, müssen sie sich anders behelfen, wenn es eng wird.

Es zeigte sich, dass Maiskeimlinge, die immer wieder angefasst werden, Signalstoffe produzieren, die abschreckend auf andere Pflanzen wirken. Die Forscher isolierten die Botenstoffe aus den Wurzeln der angestupsten Pflanzen und träufelten sie in Nährlösungen. Dasselbe taten sie mit den Sekreten der Kontrollgruppe. Anschließend zogen sie neue Maiskeimlinge heran und ließen ihren Wurzeln die Wahl zwischen beiden Mischungen. Es zeigte sich, dass die Wurzeln der Keimlinge sehr viel häufiger in Richtung jener Nährlösung wuchsen, die von den ungestört gedeihenden Pflanzen stammte. Der umgekehrte Fall trat hingegen kein einziges Mal ein. Offenbar können sich Pflanzen also unterirdisch darüber austauschen, was oberirdisch los ist – und aktiv werden.

110 | Welcher PARASIT macht WÖLFE ZU LEITTIEREN?

Dass der Erreger der Toxoplasmose, einer häufigen Infektionskrankheit, auch das Verhalten von Tieren ändern kann, ist bereits bekannt. Nun wurde untersucht, was der Parasit bei Grauwölfen bewirkt. Dafür wurden Daten aus 26 Jahren Wolfsbeobachtung im Yellowstone-Nationalpark analysiert. Dort überschneiden sich die Reviere mehrerer Wolfsrudel mit denen von Pumas. Beide

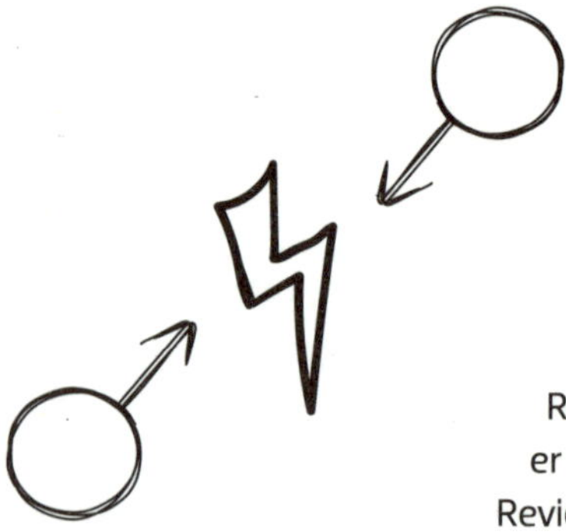

Arten sind anfällig für den Erreger, hier ist das Infektionsrisiko besonders hoch. Blutproben von 229 Wölfen zeigten, dass rund 30 Prozent mit Toxoplasmose infiziert waren.

Ein infizierter Wolf geht deutlich mehr Risiken ein als ein nicht infizierter. Entweder er verlässt ein Rudel, um sich ein neues Revier zu suchen, was mit vielen Gefahren verbunden ist. Oder er fordert Rivalen heraus und kämpft um den Chefposten. Der Erreger scheint den Testosteronspiegel zu erhöhen und damit die Neigung zu aggressivem Verhalten. Die Wahrscheinlichkeit, dass sich ein infizierter Wolf zum Leittier hochkämpft, ist 46-mal so hoch wie bei einem gesunden Tier. Leittiere wiederum sind die Individuen, die sich am ehesten fortpflanzen, also die Wachstumsrate eines Rudels beeinflussen. Der Toxoplasmose-Parasit ändert also nicht nur das Verhalten eines Tieres, sondern das einer ganzen Gemeinschaft.

111 | Wirkt **KATZENMINZE** wie eine Droge?

Tatsächlich scheinen Katzen regelrecht high zu werden von den Ausdünstungen der Pflanze. Denn sie enthalten Stoffe, die bei den Tieren einen Opioidrezeptor aktivieren. Der euphorische Zustand hat eine biologische Funktion, wie Wissenschaftler herausfanden: Vor lauter Begeisterung parfümieren sich die Katzen mit dem Duft ein, was wiederum Stechmücken abschreckt. Das ist sowohl für die europäische Katzenminze belegt als auch für eine asiatische Pflanze: den Matatabi oder Japanischen Strahlengriffel. Er enthält die Substanz Nepetalactol, die europäische Katzenminze das ähnliche Nepetalacton. Beide schützen vor Mücken. Auch wild lebende Katzenarten schätzen das Kraut – darunter Jaguare, Europäische Luchse und Amurleoparden. Die Forscher vermuten daher, dass die Vorliebe schon früh in der Stammesgeschichte der Katzen entstand. Nun wollen sie untersuchen, ob sich aus der Substanz ein Insektenschutz auch für Menschen entwickeln lässt.

112 | Gibt es **TIERE**, die **LANDWIRTSCHAFT BETREIBEN**?

Die Entstehung der menschlichen Landwirtschaft soll sich vor etwa 12 000 Jahren vollzogen haben. Manche Arten von Käfern, Termiten und Ameisen hingegen betreiben zum Teil seit 40 bis 60 Millionen Jahren Pilzanbau – mit ausgeklügelten Techniken.

Zu ihnen gehört der Ambrosiakäfer aus der Familie der Borkenkäfer. Er ernährt sich und seine Nachkommen von Pilzen, die er hegt und pflegt wie ein Gärtner. Die Tiere sind nicht leicht zu erforschen, weil sie nur etwa zwei Millimeter groß sind und tief im Holz alter Bäume leben. Dorthinein bohren sie ein Tunnelsystem, an dessen Wänden sie ihre Pilzkulturen anlegen. Ein Biologe der Universität Freiburg ist fasziniert von ihren Anbautechniken, aber auch von ihrem Sozialverhalten. Denn auch die Jungtiere und sogar die Larven beteiligen sich an der Pflege der lebenswichtigen Pilzgärten.

Um sie beobachten zu können, züchtet der Wissenschaftler die Tiere in Glasröhrchen, wo sie ihr Tunnelsystem in künstlichem Substrat anlegen. So zeigte sich, dass jedes Familienmitglied feste Aufgaben hat. Die Larven düngen die Pilze mit ihren Ausscheidungen und vergrößern die Gänge mit ihren Beißwerkzeugen, um mehr Anbauflächen zu schaffen. Die adulten Käfer regulieren die Luftfeuchtigkeit, indem sie die Tunnel mit Holzmehl verschließen oder öffnen. So herrscht ein optimales Raumklima für das Wachstum der Pilze. Wie die Käfer gegen Schadpilze vorgehen, die ihre Ernte gefährden, kann bisher nur vermutet werden: Möglicherweise nutzen sie Antibiotika produzierende Bakterien – also Unkrautvernichtungsmittel.

113 | Was können **ARCHITEKTEN** von **SCHWÄMMEN** aus der Tiefsee **LERNEN**?

Materialforscher der Universität Harvard untersuchten den Tiefseeschwamm Euplectella aspergillum, der zu den sogenannten Glasschwämmen zählt. Ihr Skelett setzt sich aus haarfeinen Nadeln aus Opal zusammen. Der »Gießkannenschwamm« gleicht im Aussehen einer weiß schimmernden Röhre. Er wird bis zu 24 Zentimeter lang und lebt im Pazifik, meist in einer Tiefe von 500 bis 1000 Metern. Dort bildet er ein erstaunlich stabiles Konstrukt aus: Seine Skelettnadeln ordnen sich an wie in einem Baugerüst. Dabei verschmilzt ein Teil der Nadeln rechtwinklig miteinander, sodass die Streben Quadrate bilden. Auf diese legen sich dann diagonal weitere Nadeln und verstärken auf diese Weise das Konstrukt – es gilt als nahezu unverwüstlich. Was den Schwamm so widerstandsfähig macht: Seine diagonal verlaufenden Glasnadeln liegen gleich doppelt vor – parallel angeordnet durchkreuzen sie jede zweite Gitterzelle.

Das Team in den USA baute das Skelett mithilfe von 3-D-Druckern nach und verglich seine Widerstandskraft mit der von Konstruktionen, wie sie etwa beim Bau von Hochhäusern üblich sind. Dabei zeigte sich: Die doppelte Versteifung gab der Schwammstruktur deutlich besseren Halt, im Schnitt war sie bei gleichem Materialaufwand etwa 20 Prozent stabiler. Architekten könnten das Prinzip nutzen, um stabilere Häuser oder längere Brücken zu bauen. Auch der Raumfahrt kann die neu entdeckte Struktur helfen: Ingenieure könnten damit Materialien entwickeln, die genauso stabil sind wie bisherige Stoffe, aber deutlich leichter.

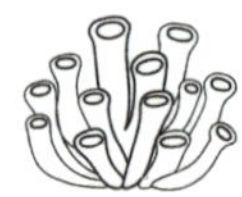

114 | Wie viele **HINDERNISSE** müssen Europas Flüsse **ÜBERWINDEN?**

Etliche Fließgewässer wurden in der Vergangenheit aufgestaut und begradigt – etwa für eine effizientere Frachtschifffahrt, neue Ackerflächen oder um Energie zu erzeugen. Doch Staudämme und andere Querbauwerke verhindern, dass die Flüsse frei fließen können, und haben massive ökologische Folgen. Unter anderem verwehren sie Wanderfischen wie Lachsen den Zugang zu ihren Laichgründen, weil sie die Sperren nicht überwinden können. Dämme halten große Mengen an Sedimenten zurück, dadurch verschlammen Gewässer, und ihr Sauerstoffgehalt sinkt. Gleichzeitig erodieren Mündungsgebiete und Strände, wenn der Fluss keine Sedimente mehr mit sich führt. Forscher zählten mindestens 1,2 Millionen Bar-

rieren, die den Lauf der Flüsse in Europa unterbrechen. Zusammengenommen müssen sie auf ihrer Reise von der Quelle bis zur Mündung knapp 225 000 Hindernisse überwinden – im Schnitt eines alle 600 Meter. Forschern zufolge bedeutet dies für die Pflanzen und Tiere einen »Tod durch tausend Schnitte«.

115 | Haben **AFFEN** einen **SINN FÜR ÖKONOMIE?**

Die Javaneraffen, die rund um den Uluwatu-Tempel in Bali leben, sind geschickte Taschendiebe. Sie stibitzen Touristen Hüte, Kameras, Smartphones und mehr. Anschließend geben sie die Dinge im Tausch gegen Obst oder andere begehrte Lebensmittel zurück. Psychologen filmten dieses Verhalten ein Jahr lang. Ihre Auswertung ergab: Die Raubzüge sind eine Kulturtechnik, die von Generation zu Generation weitergegeben wird. Jungtiere sind dabei weniger erfolgreich als geübte Langfinger. Ältere, erfahrenere Affen zeigen sogar einen Grad an wirtschaftlichem Verständnis, den man bisher nur Menschen zugetraut hatte: Für wertvolle Gegenstände wie Kameras oder Sonnenbrillen fordern sie mehr Futter als für Hüte oder Flip-Flops.

116 | Warum sind **MAULWÜRFE INTERSEXUELL?**

Die Natur ist in Geschlechterfragen flexibel. Schließlich hat sie zwittrige Schnecken und Würmer hervorgebracht sowie Fische, die ihr Geschlecht wechseln können. Bei Säugetieren hingegen kennt man bislang nur acht intersexuelle Arten, die allesamt zur Familie der Maulwürfe gehören – darunter der Europäische Maulwurf, der unsere Wiesen umgräbt. Die Weibchen besitzen voll funktionsfähige Eierstöcke, aber auch Hodengewebe. Das produziert keine Spermien, aber große Mengen des männlichen Geschlechtshormons Testosteron. Wozu?

Um das zu beantworten, lasen Forscher zunächst das komplette Erbgut des Iberischen Maulwurfs aus. Dabei achteten sie auch auf die dreidimensionale Struktur des Genoms. Sie stießen auf einen umgedrehten Erbgutabschnitt, eine sogenannte Inversion, und zwar just in einem Bereich, der an der Hodenbildung beteiligt ist. Ein anderer Abschnitt – zuständig für die Produktion von Testosteron – kam gleich dreimal vor. Diese genetische Besonderheit der Maulwurfweibchen übertrugen die Wissenschaftler in einem Kontrollversuch auf weibliche Mäuse. Und fanden in den genmanipulierten Tieren einen Testosteronspiegel vor, der dem von männlichen Mäusen entsprach. Das hatte einen deutlichen Effekt: Die transgenen Weibchen entwickelten mehr Muskelmasse und waren kräftiger. Das könnte erklären, warum Maulwurfweibchen intersexuell sind. Die Wühltätigkeit unter Tage ist kräftezehrend und erfordert gut ausgebildete Muskeln. Um diesem Leben gewachsen zu sein, müssen die Weibchen wohl genauso kräftig sein wie ihre männlichen Artgenossen.

117 | Gibt es Tiere, die von der KLIMAKRISE PROFITIEREN?

Wie sehr sich die Welt durch die Erderwärmung verändert, zeigt sich am deutlichsten in den polaren Regionen. Dort schmilzt das Meereis rapide, die Gletscher ziehen sich zurück, und das wiederum hat große Auswirkungen auf die Tierwelt. Für die Königspinguine im Südpolarmeer etwa scheint die Klimakrise eher vorteilhaft zu sein. Zum einen profitiert ihre Hauptfutterquelle, eine bestimmte Tiefseefischart, vom Rückgang des Meereises. Zum anderen erweitern sich ihre Bruthabitate an Land durch das Abschmelzen der Gletscher. Genau umgekehrt aber ergeht es den Kaiserpinguinen, die zunehmend ihre Brutgebiete verlieren, die auf dem Meereis liegen. Auch bei den Walen gibt es offenbar Klimagewinner und -leidtragende. Dem Südkaper kommt zugute, dass die Ruderfußkrebse, seine Hauptnahrungsquelle, von der Erderwärmung profitieren. Der Buckelwal indes ernährt sich im Südpolarmeer von Krill, und die Krillbestände sind durch den Klimawandel in erheblichem Maße gefährdet.

Verlässt man die Antarktis, sind es vor allem die wärmeliebenden Arten, die neue Lebensräume erobern. Zu ihnen gehört der Große Fuchs, eine Schmetterlingsart, die früher in Deutschland nur selten vorkam. Mittlerweile hat sie sich stabile Habitate in Süddeutschland erobert. Sogar der Bienenfresser ist hierzulande angekommen. Eigentlich lebt der knallbunte Vogel im Mittelmeerraum, nun brütet er in Deutschland am Kaiserstuhl und in Sachsen-Anhalt.

118 | Warum KÖPFT sich die Meeresschnecke SELBST?

Die Realität ist zuweilen kurioser als so manche Science-Fiction-Fantasie. Wer würde erwarten, dass es ein Tier gibt, das sich selbst enthauptet, um dann als Kopf weiterzuleben, während das Herz im abgetrennten Leib verbleibt? Genau das tut die Meeresschnecke Elysia marginata. Sie trennt ihren Kopf ab, er wandert herum, fängt nach ein paar Stunden an zu fressen und entwickelt im Lauf von rund 20 Tagen einen ganz neuen Körper mit allem, was dazugehört – auch mit einem schlagenden Herzen. Der alte Leib indes kann noch monatelang am Leben bleiben und auf Berührungen reagieren. Allerdings wächst ihm kein neuer Kopf, irgendwann schrumpft er und beginnt, sich zu zersetzen.

Dieses Phänomen hat eine japanische Wissenschaftlerin per Zufall in ihrem Labor entdeckt. Dort werden die Meeresschnecken gezüchtet, denn sie sind noch auf andere Weise einzigartig: Sie können Fotosynthese betreiben, also sich wie Pflanzen von Licht ernähren. Zwar fressen sie hauptsächlich Algen, doch dabei bauen sie deren Chloroplasten – die Zellen, die für Fotosynthese verantwortlich sind – in ihre eigenen Körper ein. Und können dadurch monatelang ohne zusätzliche Nahrung existieren. Genau diese Fähigkeit zur Fotosynthese soll es den Meeresschnecken ermöglichen, nur als Kopf zu überleben. Sie zehren quasi von Licht, bis ihnen ein neuer Körper gewachsen ist. Allerdings scheinen nur die jüngeren Meeresschnecken die Entleibung zu überleben. Warum die Tiere den Körper abschütteln, ist noch unklar. Möglicherweise befreien sie sich so von Parasiten, die ihre Körper befallen haben.

119 | Warum bekommt das **EDELWEISS** keinen **SONNENBRAND**?

Das Gebirge ist für Pflanzen ein extremer Lebensraum: Karge Böden, scharfe Winde und Temperaturstürze fordern die Gewächse heraus – zumal sie sich nicht vom Fleck bewegen und in Sicherheit bringen können. Auch die Sonnenstrahlung ist aufgrund der hohen Lagen eine Bedrohung: Das gleißende UV-Licht kann Zellen schädigen und so Gewebe zerstören. Nicht so beim Edelweiß, das sogar in Höhen bis 3500 Meter seine makellos grünen Blätter dem Licht entgegenstreckt. Denn die zarte Bergpflanze hat einen höchst raffinierten Sonnenschutz hervorgebracht: winzige weiße Härchen, die auf den Blättern und dem Stängel wachsen. Die rillenartige Struktur der Härchen besteht aus parallel angeordneten Fasern von gerade einmal 0,18 Mikrometer Durchmesser. Damit sind sie mehr als 600-mal dünner als ein menschliches Kopfhaar und perfekt auf die Wellenlänge von UV-Licht abgestimmt. Trifft Sonnenlicht auf den Flaum, lenken die Fasern die Strahlung gewissermaßen um und schwächen sie ab. Was beim Menschen einen Sonnenbrand verursacht, prallt am Edelweiß einfach ab. Trotzdem gelangt genügend Licht durch den Haarflaum, um den Stoffwechsel der Pflanze zu ermöglichen.

120 | Weshalb ist der **KARTOFFELKÄFER** so **GEFÜRCHTET**?

Er kann einem leidtun, der etwa einen Zentimeter große, mit zehn Längsstreifen gemusterte Kartoffelkäfer. Denn sein Erfolg hat ihn unbeliebt gemacht bei den Menschen, deren Äcker er kahl frisst. Das gelingt ihm deshalb so vortrefflich, weil er über einen unfassbar feinen Geruchssinn verfügt. Mit seinen Riechantennen kann er den Geruch eines Kartoffelackers – ein Duftstoffgemisch aus mehr als 20 Substanzen – kilometerweit erspüren. Machen sich dann die ersten Krabbler über die Pflanzen her, verstärken die angebissenen Blätter die Duftwolke noch und locken weitere Käfer herbei. Missernten sind die Folge.

Für so effektiv hielt man die Winzlinge, dass einst sogar ihre Tauglichkeit als Biowaffe getestet wurde. So züchtete die deutsche Wehrmacht seit 1943 Kartoffelkäfer und warf 14 000 Exemplare über der Pfalz ab, um zu überprüfen, ob sie den Fall aus 8000 Meter Höhe überstehen. Sie taten es. Zur Käferattacke etwa gegen England kam es dann aber nicht. Selbst noch während des Kalten Krieges hielten sich Gerüchte über solche Einsätze. Die DDR-Führung behauptete etwa, dass die USA Kartoffelkäfer von Flugzeugen abgeworfen hätten, um die sozialistische Landwirtschaft zu schädigen. Seither bleibt dem Sechsbeiner wenig erspart: Die Forschung bringt Insektizide auf Felder, erprobt natürliche Fressfeinde, forscht an gentechnisch veränderten Pflanzen. Da wünscht man sich, er wäre seiner ursprünglichen Nahrungsgrundlage – der Büffelklette – treu geblieben. Und hätte die Kartoffel nie entdeckt.

121 | Was ist **PFLANZENBLINDHEIT?**

Mit dem Begriff beschrieben zwei US-amerikanische Botaniker vor rund 20 Jahren die große Bildungslücke, die sich auftut, sobald es um Pflanzen geht. Viele Menschen blicken auf Pflanzen und sehen – ganz undifferenziert – nichts als eine einheitliche grüne Kulisse. Das liegt zum Teil an unserem Gehirn und der Art, wie wir Informationen verarbeiten. Zeigt man Menschen in schneller Folge Bilder von Wirbeltieren oder Pflanzen, können sie sich an Letztere weniger gut erinnern.

Im Jahr 2019 schrieb eine britische Botanikerin, dass Pflanzenblindheit nicht nur mit Unkenntnis zu tun habe, sondern auch mit Geringschätzung. Verglichen mit Tieren stünden Pflanzen für Menschen auf einer unbedeutenderen Stufe. Dabei sind sie die alles entscheidenden Faktoren unserer Ökosysteme. Sie ernähren uns nicht nur, sie produzieren auch den Sauerstoff, den wir atmen. Sprechen wir vom Artensterben, meinen wir jedoch fast immer nur Tiere und ignorieren, dass hierzulande mehr als 30 Prozent aller Wildpflanzen gefährdet sind. Das Problem, Pflanzen nicht wahrzunehmen, könnte sich vermutlich noch verstärken. Denn im Jahr 2050 sollen nach einer Prognose der Vereinten Nationen rund 70 Prozent aller Menschen in Städten leben. Sie werden kein Gemüse mehr anbauen, keine Früchte ernten – und Pflanzen wohl noch weniger kennen als heutige Generationen.

122 | Warum BLEIBT der SCHNABEL DES SPECHTS nie im Baumstamm STECKEN?

Wenn Spechte picken, dann tun sie das mit ungeahnter Geschicklichkeit, wie ein Forschungsteam der Universität Antwerpen berichtet. Dazu filmten die Wissenschaftler einen Schwarzspecht mit einer Hochgeschwindigkeitskamera. So konnten sie erstmals die flinken Bewegungsabläufe auflösen, die pro Pick weniger als 20 Millisekunden andauern. Dringt der Schnabel des Spechtes beim Picken ins Holz, dreht der Vogel seinen Kopf um nur wenige Grad. Gleichzeitig zieht er die Spitze des Oberschnabels zurück, indem er ihn an der Schnabelbasis leicht anhebt. So entsteht ein kleiner Freiraum zwischen Schnabel und Holz, der es dem Specht schließlich erlaubt, seinen Schnabel zu befreien. In der freien Natur, wenn der Specht emsig an seiner Höhle zimmert, sieht es dadurch so aus, als picke er völlig mühelos – ohne jemals stecken zu bleiben.

123 | Welcher PFLANZENPILZ trägt ein TARNKLEID?

Auf machen Köpfen von Schwertliliengewächsen sitzt keine leuchtend gelbe Blüte, sondern: ein Pilz. Fusarium xyrophilum befällt die Pflanzen und verhindert, dass sie eine wirkliche Blüte ausbilden. Er formt eine Pseudoblüte aus Pilzgewebe, die dem Original verblüffend ähnlich sieht. Doch wie gelingt das dem in Guyana im Norden Südamerikas entdeckten Pilz? Das ist bislang unklar. Zur Frage, warum er die ausgefeilte Mimikry nutzt, gibt es nun aber Vermutungen: Wahrscheinlich lockt die Attrappe Bestäuber an, die die Pilzsporen wie Blütenpollen verbreiten. Experimente zeigten: Die falschen Blüten leuchten in Wellenlängen des Lichts, die bestäubende Insekten besonders gut sehen.

124 | Wie kommt der FEUERSALAMANDER zu seinem Namen?

Lange galt er als dämonisches Wesen. Symbolen des Feuers gleich, leuchten auf seinem kohlschwarzen Körper flammend gelbe Flecken. Bei Gefahr versprüht der Lurch ein giftiges Sekret, das auf der Haut brennt. Und hin und wieder beobachtete man anscheinend, wie Feuersalamander aus lodernden Scheunen hervorkrochen. Der Naturforscher Joachim Camerarius schrieb Ende des 16. Jahrhunderts: »Siehe, der Salamander geht durch die Flammen hindurch. Unverletzt bleibt immer auch die Reinheit.« Dem Glauben nach also ein Tier, dem das Feuer nichts anhaben könne. Und das andererseits mit seinem giftigen Schleim imstande wäre, Brände zu löschen: Im Mittelalter sammelten Menschen die Lurche und warfen sie ins Feuer, wenn zum Beispiel ein Holzhaus in Brand geraten war. Was für ein Irrglaube!

Zwar ist das milchige Hautsekret, das die Tiere bei Gefahr bis zu einen Meter weit spritzen können, tatsächlich giftig – daher auch ihre auffällige schwarz-gelbe Zeichnung. Es ist eine Warntracht, die Feinden signalisiert: Lass mich in Ruhe! Doch Wärme und Trockenheit mögen Feuersalamander eigentlich gar nicht. Vielmehr lieben sie feuchtkühles Terrain, leben in von Bächen durchplätscherten Laubwäldern. Tagsüber ziehen sie sich zuweilen unter totes Holzgestrüpp zurück. Landete das früher im Kamin, sprangen die Salamander flüchtend heraus. Richtig aktiv werden die Lurche in regenreichen Nächten: Sie jagen dann Käfer und Würmer. Ein weniger gebräuchlicher Name ist für den angeblichen Feuerliebling daher passender: Regenmolch.

125 | Sind KEGELROBBEN Kannibalen?

Da liegen sie mit ihren großen Kulleraugen vermeintlich harmlos an Helgolands Stränden – und bergen doch ein finsteres Geheimnis. Kegelrobben machen gezielt Jagd auf ihre Artgenossen. Ihre Hauptnahrung sind zwar Fische und Krabben, aber sie erbeuten auch Seehunde, Schweinswale und ihre eigene Art. Augenzeugenberichte, dass Kegelrobben Kannibalen sind, gibt es schon länger. Eine Studie der Tierärztlichen Hochschule Hannover belegte das Phänomen auch wissenschaftlich – anhand der Verletzungen an Robbenkadavern. Diese Wunden lassen sich leicht mit denen verwechseln, die von

Kollisionen mit Schiffsschrauben stammen. Darum blieb auch der Kannibalismus der Tiere so lange unentdeckt. Insgesamt untersuchte das Forscherteam 193 Robbenkadaver, um das typische Verletzungsmuster zu ermitteln, das Kegelrobben ihren Artgenossen zufügen: ein langer Riss, der am Hals beginnt und sich dann schraubenartig um den Körper zieht. Der Jäger reißt das Fleisch seiner Beute in Streifen ab, um an die darunterliegende Fettschicht zu gelangen, den Blubber. Das Team nahm elf solcher Wundmerkmale in einen Katalog auf. So können Wissenschaftler künftig feststellen, ob ein Tier durch einen Unfall mit einer Schiffsschraube starb – oder durch einen Vertreter der eigenen Art.

126 | Warum zetteln **MANGUSTENWEIBCHEN** Kriege an?

Zebramangusten gelten als extrem soziale Tiere: Sie ziehen ihre Jungen gemeinsam auf und warnen einander vor Fressfeinden. Ihr Leben lang bleiben sie ihrer Familiengruppe treu, einem Verbund von etwa 20 Individuen. Treffen die kleinen afrikanischen Raubtiere aber auf fremde Artgenossen, liefern sie sich eindrucksvolle Kämpfe. Zunächst stellen sie sich in einer Reihe auf, fallen dann blitzartig über ihre Gegner her und verbeißen sich, grell pfeifend, ineinander. Das chaotische Treiben kann bis zu einer Stunde dauern.

Diese Kriegszüge werden meist von Weibchen initiiert. Forscher analysierten die Daten von einem Dutzend benachbarter Familien – insgesamt mehr als 200 Tiere. Dabei zeigte sich, dass die Weibchen immer dann, wenn sie fruchtbar sind, ihre Gruppe gezielt zu angrenzenden Mangusten-Verbänden führen. So provozieren sie Auseinandersetzungen. Das Chaos dieser Kämpfe nutzen die Weibchen, um sich unbemerkt mit Mitgliedern der benachbarten Gruppe zu paaren. Weil alle Weibchen eines Verbunds zeitgleich fruchtbar sind, ist dieses Verhalten evolutionär sinnvoll: So verhindern die Tiere ein Verkümmern des Erbguts ihrer Gruppe, wie es sonst bei Inzucht droht. Etwa 20 Prozent ihres Nachwuchses stammen von fremden Männchen, ergaben DNA-Analysen.

Die Lasten dieser Paarungsstrategie allerdings sind ungleich verteilt: Fast immer sterben Männchen bei den Kämpfen. Warum aber stehlen sich die Weibchen nicht heimlich davon, um sich zu paaren? Zum einen entfernen sich

Mangusten generell nicht allein von der Gruppe: Zu leicht werden sie dann zur Beute. Zum anderen aber werden die Weibchen gerade in der Zeit ihres Eisprungs verbissen von den Männchen überwacht. Um ihren Aufpassern zu entkommen und sich gleichzeitig im Schutze der Gruppe paaren zu können, zetteln die Weibchen Kriege an.

127 | Können Vögel TANZEN?

Vor einigen Jahren machte ein Kakadu namens Snowball im Internet Furore. Seine Bewegungen – heftiges Kopfnicken und Füßeanheben – zu dem Song »Everybody« der Backstreet Boys waren derart rhythmisch, dass man sagen konnte: Dieser Vogel tanzt. Mittlerweile untersuchten drei US-amerikanische Neurowissenschaftler Snowballs Fähigkeiten wissenschaftlich und stellten fest, dass der Kakadu noch weit mehr Tanzeinlagen draufhat. Sein Repertoire umfasst derzeit 14 einzelne Moves, darunter raumgreifendes Seitwärtsschwingen des Kopfes, Ganzkörper-Wellenbewegungen, aber auch Posing und zwei Kurzchoreografien. Dazu hebt und senkt er etwa die Füße, passend zum Auf und Ab seines Kopfes. Bislang haben Wissenschaftler noch bei keinem Vogel so viel tänzerische Kreativität beobachtet wie bei Snowball. Dabei wird der Vogel nicht trainiert und für seine Bewegungen auch nicht mit Futter belohnt. Was Snowball anders macht als menschliche Tänzer: Er bewegt sich nicht durchgängig, sondern tanzt in Sequenzen von einigen Sekunden, um dann eine Pause einzulegen, bevor er wieder einsteigt. Doch was treibt ihn an? Darüber können die Forscher bislang nur spekulieren. Sie entdeckten keine zielgerichteten Motive, kein Betteln um Futter oder Balzverhalten. Vielleicht orientiert sich Snowball auch nur am Titel eines Songs, der ihm vorgespielt wurde: »Girls Just Wanna Have Fun«.

128 | Gehen Pilze AUF DIE JAGD?

Sind Pilze Pflanzen oder Tiere? Weder noch, sie bewohnen ein eigenes, sonderbares Reich. Dabei stehen sie den Tieren ein klein wenig näher als den Pflanzen. Denn genau wie Tiere sind sie auch auf organische Nahrung angewiesen. Eine Studie hat aufgedeckt, wie sich der Austernpilz ernährt: Er geht sozusagen auf die Jagd. Dabei bewegt er sich sogar fort, auch wenn das äußerst langsam abläuft. Was ihn aktiv werden lässt, ist der Stickstoff, den er zum überleben braucht. Doch das Element kommt in seiner Umebung – verrottenden Laubbäumen – selten vor. Eine der seltenen Stickstoffquellen seiner Umgebung sind Fadenwürmer. Nähern sich nun solche Würmer dem verborgenen Pilzgeflecht, kann er Beute machen. Sobald eines der Tiere einen Faden berührt, platzen kleine Beutelchen, die prall an den Pilzgeflechtfäden hängen, und setzen ein Giftgas frei. Das tötet die Würmer innerhalb von Minuten. Nun muss der Pilz seine Beute nur noch überwachsen und sie sich einverleiben. Für Menschen ist das Gas des Speisepilzes übrigens ungefährlich.

129 | Können sich noch NICHT GESCHLÜPFTE Vogelküken VOR GEFAHREN WARNEN?

Durch das Forschungsgebiet »embryonic communication« weiß die Tierverhaltensforschung inzwischen einiges über den Informationsaustausch in einem Gelege, etwa bei Vögeln oder Reptilien. Schildkröten zum Beispiel schlüpfen gleichzeitig, obwohl ihre Eier in bis zu sechs Grad unterschiedlich warmen Sandschichten ruhen. Damit jedoch alle gleichzeitig schlüpfen – was die Überlebenschancen der einzelnen erhöht –, müssen sich die Gelege in den kalten Schichten schneller entwickeln. Um sich abzustimmen, nutzen die Embryonen verschiedene Kommunikationskanäle. Etwa die Herzschlagfrequenz der Geschwister, die sich »herumspricht«, weil die Eier leicht vibrieren. Schlagen die Herzen der Embryonen im Takt, sind die Weichen für den gemeinsamen Schlupf gestellt.

Eine Studie aus Spanien fragte: Gibt es sogar einen Wissenstransfer von Embryo zu Embryo? Die Forscher entnahmen 90 Eier aus Möwennestern und legten immer drei zusammen in einen Brutkasten. Viermal täglich wurden je zwei Eier aus jedem Gelege herausgeholt. Sie bekamen entweder Alarmrufe ihrer erwachsenen Artgenossen vorgespielt – oder ruhten still vor sich hin. Diejenigen Embryonen, die Warnrufen ausgesetzt waren, begannen zu zappeln, bis ihre Eier vibrierten – auch, als sie längst wieder im Brutkasten lagen,

wo sich das dritte Ei befand, das von alldem da draußen nichts mitbekommen hatte. Nach dem Schlupf zeigte sich: Die Küken, die regelmäßig Warnrufe gehört hatten, verhielten sich stiller als jene, die in Ruhe gelassen worden waren. Sie hatten auch kürzere Beine und eine geringere Körpergröße. Bei Alarmrufen von Altvögeln duckten sie sich tiefer als die Küken, die keine Bedrohung kennengelernt hatten. All diese Unterschiede zeigten auch die Jungtiere, die im Brutkasten geblieben waren. Die Informationen ihrer Nestgeschwister hatten die Embryonen offenbar also schon vor dem Schlupf erreicht.

130 | Welches ist Europas GIFTIGSTE WILDPFLANZE?

Bis zu 1,50 Meter reckt sich der Blaue Eisenhut mit seiner langen Traube von betörend blauvioletten Blüten in die Höhe. Doch Vorsicht! Nur schauen, nicht anfassen! Er ist Europas giftigste Wildpflanze. Schon zwei Gramm der knollenartig verdickten Wurzel können tödlich sein, und auch alle anderen Teile bergen Gefahr. Allein die Berührung reicht, denn selbst durch unverletzte Haut dringen die Giftstoffe in den Körper, lösen erst Brennen und Kribbeln aus, dann Taubheit und Lähmung. Innerhalb von Stunden kann es zu schweren Herzrhythmusstörungen kommen.

Die Pflanze enthält das Nervengift Aconitin: Es bringt die Steuerung von Zellen durcheinander und kann so eine fatale Wirkung auf die Herzmuskulatur haben. An seinen natürlichen Standorten im Gebirge – in den Alpen ist er teils auf über 2000 Meter Höhe zu finden – schützt sich der Eisenhut mit seinen Giftstoffen effizient gegen Fressfeinde. Menschen nutzen die Pflanze hingegen von jeher, um sich ihrer Feinde zu entledigen: Schon in der Antike war der Eisenhut bei Giftmischern beliebt. Und er dient bis heute als Mordwaffe. So kamen belgische Ermittler vor einigen Jahren einer Frau auf die Schliche, die ihren Gatten vergiftet hatte: Sie kochte einen Sud aus der Pflanze und mischte ihn samt einem Schlafmittel in Rotwein. Davon trank der Ehemann zum Abendessen.

131 | Welcher PILZ sieht wie ein Oktopus aus?

Ursprünglich stammt der Tintenfischpilz (Clathrus archeri) aus Neuseeland und Australien – doch seit Anfang des 20. Jahrhunderts taucht der farbenfrohe Waldbewohner auch in Europa auf. Vermutlich gelangten seine Sporen als blinde Passagiere mit Transporten über das Meer. Der Pilz lebt als Geflecht aus dünnen Fäden im Waldboden und ernährt sich von abgestorbenen Pflanzen. Vom Frühsommer bis in den Herbst hinein treibt er seine Fruchtkörper aus: weiche, mit einer Pergamenthaut überspannte Gallertkugeln – sogenannte Hexeneier. Irgendwann reißt die Haut des Eis auf. Heraus schiebt sich ein rötliches Gebilde, das allmählich vier bis sechs etwa zehn Zentimeter lange Arme ausstreckt. Auf den leuchtend roten »Tentakeln« kleben Flecken einer tintenschwarzen Masse.

Neben seinem extravaganten Aussehen fällt auch der unangenehme Verwesungsgeruch des Pilzes auf. Wir Menschen nehmen das Aroma als Gestank wahr. Doch andere Organismen finden es verlockend: Zielsicher steuern Mistkäfer und einige Fliegen den Fruchtkörper an. Zumal er auch optisch (durch Insektenaugen betrachtet) wie ein nicht mehr ganz frisches Stück Fleisch daherkommt. Eine perfekte Imitation. Und eine geniale List: Denn unweigerlich beschmieren sich die düpierten Sechsbeiner auf dem Pilz mit der »Tinte«. Darin enthalten: Unmengen winziger Sporen. Suchen die Insekten nun das Weite, nehmen sie den Nachwuchs mit und verbreiten ihn.

132 | Können HUNDE eine KREBSDIAGNOSE stellen?

Der Labrador schnüffelte an der Ampulle, die mit der Atemluft eines Lungenkrebspatienten gefüllt war. Dann legte er sich auf den Boden – und teilte dem Lungenfacharzt Thorsten Walles so unmissverständlich mit, dass der Atem von einem Tumorkranken stammte. Walles überprüfte bereits vor Jahren, ob Hunde Krebspatienten am Geruch ihres Atems erkennen können. Die trainierten Hunde überführten 71 Prozent der Lungenkrebspatienten. Die Gesunden ordneten sie sogar zu 93 Prozent korrekt zu.

Der Krebsspürsinn der Vierbeiner ist also kein Mythos, das beweisen auch zahlreiche andere Studien weltweit. Trainierte Hunde erkannten demnach Lungen-, Brust-, Haut- und Darmkrebs am Atem. Besonders gut konnten die Tiere den Geruch von Darmkrebspatienten an deren Ausscheidungen riechen – mit einer Trefferquote von 97 Prozent. Die beeindruckenden Ergebnisse lassen Experten nun darüber nachdenken, wie die Hunde den Ärzten künftig helfen könnten. Denn der Einsatz der Tiere ist preiswert und besonders für Länder mit wenig medizinischer Infrastruktur interessant. Hundenasen sind bis zu 56-mal so empfindlich wie die des Menschen. Wächst eine Krebsgeschwulst rasch, sterben viele Zellen ab und setzen dabei unangenehm riechende Stoffe frei. Diese wittern die Hunde. Eine Tiermedizinerin schlägt vor, moderne Tests künftig mit der Hundediagnose zu verbinden. Zusammen könnten sie unschlagbar sein. Geruchshunde könnten somit in Krankenhäusern einen festen Platz bekommen.

133 | Wie hilfreich sind PRIVATE GÄRTEN gegen das INSEKTENSTERBEN?

Privatgärten in städtischen Gebieten mit einem vielfältigen Angebot an blühenden Pflanzen sind ein regelrechter Segen für Insekten. Die Tiere finden dort, was in vielen ländlichen Regionen verloren gegangen ist. Das hat eine britische Studie für Gärten im Vereinigten Königreich herausgefunden. Die wichtigste Erkenntnis: In urbaner Umgebung stammen zwischen 81 und 88 Prozent des Futterangebots für Bestäuberinsekten tatsächlich aus Privatgärten. Und das bedeutet: Wer immer ein Stückchen Land sein Eigen nennt, kann darauf für die Insektenwelt eine ganze Menge bewegen.

Biologen ermittelten die Nektarproduktion von 536 Blühpflanzen, die in städtischen Arealen, aber auch in Naturschutzgebieten und Ackerlandschaften vorkommen. Dabei zeigte sich, dass in allen drei Landschaftsarten die Menge der Nektarproduktion ungefähr gleich groß war. Allerdings herrschte in den städtischen Gebieten eine weitaus größere Vielfalt an Blütenpflanzen vor, die für Insekten nützlich sind. Mehrheitlich handelte es sich dabei um Gewächse, die ursprünglich aus Südeuropa oder Übersee stammen, darunter Fuchsien, Schmetterlingsflieder oder Lavendel. Mit einem solchen Artenreichtum an Blütenpflanzen konnten weder Naturschutzgebiete noch Ackerlandflächen mithalten. Allerdings geben die Forscher zu bedenken: Bestäuberinsekten brauchen nicht nur Nektar, sondern auch Pollen. Und den hat die Studie nicht miterfasst.

134 | Wie viele **HERZEN** hat ein **REGENWURM?**

Der Regenwurm ist ein unglaubliches Kraftpaket. Von vorn bis hinten umgibt ihn schiere Muskelmasse: ein System aus Ring- und Längsmuskeln, genannt Hautmuskelschlauch. Damit kann sich der Wurm durchs Erdreich graben. Unablässig ziehen sich dabei einzelne Körperabschnitte zusammen, während andere sich langmachen, um den langen, dünnen Leib voranzutreiben. So bewegt der Wurm Tonnen von Bodenmasse. Ein solcher Körpereinsatz verlangt nach einem starken Motor. Und deshalb schlagen gleich zehn Herzen im Leib des vermeintlich simplen Lebewesens.

Diese Herzen sind paarweise angeordnet, ordentlich hintereinander, und liegen in den vorderen Körpersegmenten. Von dort pumpen sie Blut durch den Kreislauf, indem sie es in eine Art Verteiler pressen: in die sogenannten Rücken- und Bauchgefäße, die für die Blutzirkulation sorgen. Aber wo im Wurm ist denn nun vorn? Das lässt sich nur schwer erkennen. Am Kopf befindet sich ein kaum sichtbarer Lappen, der ein wenig übersteht und dem hinteren Ende fehlt.

Fortpflanzungsfähige Würmer tragen jedoch eine Verdickung um den Leib, den sogenannten Gürtel. Und der liegt immer nah am Kopfende. Allerdings ist Regenwurm ist nicht gleich Regenwurm: Allein für Deutschland wurden bisher 46 Arten ermittelt.

135 | Woher hat der FLIEGENPILZ seinen Namen?

Fliegen galten im Mittelalter als Symbol des Wahnsinns – wie irr die Insekten doch umherschwirrten! Und Zeichen des Wahns zeigten sich auch bei all den Unvorsichtigen, die von dem roten Pilz kosteten: Sie fühlten sich beschwipst, torkelten wenig später orientierungslos wie Fliegen umher und fielen schlimmstenfalls ins Koma. Kein Wunder, dass der Fliegenpilz auch »Narrenschwamm« genannt wurde – und, behutsam getrocknet, schon den Germanen, den Maya und sibirischen Schamanen als Rauschmittel diente.

Heute wissen wir: Fliegenpilze enthalten Nervengifte wie beispielsweise Ibotensäure, Muscimol und Muscazon, die berauschen, aber auch Übelkeit, Erbrechen oder Herzrasen hervorrufen können. Tödlich sind diese Pilze allerdings meist nicht, selbst einer Fliege tun sie nichts zuleide. Das kam heraus, als Forscher einer anderen Theorie der Namensgebung auf den Grund gingen: Sie überprüften, ob unsere Vorfahren den Fliegenpilz womöglich, in Stücke geschnitten und in gezuckerte Milch eingelegt, als Insektenfänger eingesetzt hatten. Das Ergebnis: Zwar ließen sich die Fliegen von der Milch anlocken und tunkten ihre Rüssel auch begeistert in die für uns Menschen giftige Süße. Aber nach kurzer Betäubung flogen sie weiter. Und waren anschließend geradezu euphorisiert.

136 | Wirkt Seegras GEGEN DIE VERSAUERUNG in Ozeanen?

Sogenannte Kohlenstoffsenken, die CO_2 aus der Atmosphäre aufnehmen und speichern können, gehören zu den wirkungsvollsten Waffen im Kampf gegen die Klimakrise. An Land zählen dazu vor allem Wälder und Moore. Aber auch unter Wasser existieren solche wertvollen Ökosysteme: in Form von unscheinbarem Seegras, das in Flachwasserzonen oder in gemäßigten Tiefen wächst. Es ist Lebensraum für viele Arten, etwa Seepferdchen und Langusten, und dienen Meeresschildkröten und Seekühen als Weidegrund.

Ein Team aus US-amerikanischen Meeresbiologen prüfte, ob Grasflächen etwas gegen die zunehmende Säure des Meerwassers ausrichten können – eine der vielen schädlichen Folgen des auch dort steigenden Kohlendioxidgehalts. Denn CO_2 löst sich auch im Wasser und führt dort zu einer Verminderung des pH-Werts, sprich zur Versauerung. Sieben ausgedehnte Unterwasserwiesen entlang der kalifornischen Küste wurden untersucht: Auf rund 65 Prozent der Flächen maßen die Forscher einen höheren pH-Wert des Wassers als in Zonen ohne Bewuchs – und damit einen lokalen Rückgang des Säuregehalts. Mancherorts nahm dieser sogar um rund 30 Prozent ab, sodass dort zeitweise geradezu vorindustrielle Bedingungen herrschten, vor allem in den Wachstumsperioden der Wiesen, im Frühling und im Sommer. Seegraswiesen sind also nicht nur ein schützenswerter Lebensraum für viele Tiere, sondern offenbar auch imstande, den Lebensraum anderer Organismen zu schützen. Etwa den von Korallenbänken, die besonders unter der Versauerung der Ozeane leiden.

137 | Macht uns eine ARTENREICHE VOGELWELT glücklich?

Kann es sein, dass lebhaftes Gezwitscher und eine Vielzahl von Vögeln sich direkt auf das Wohlbefinden auswirken? Dass jemand, in dessen Nachbarschaft zahlreiche Vögel vorkommen, sich darüber genauso freuen kann wie über ein Plus auf dem Konto? Offenbar ja: Ein deutsches Forscherteam sichtete die sozioökonomischen Daten von mehr als 26 000 Menschen aus

26 europäischen Ländern und verknüpfte sie mit Datensätzen, die den Artenreichtum von Vögeln, Säugetieren und Bäumen erheben. In Rechenmodellen wiesen die Wissenschaftler nach, dass die Lebenszufriedenheit von Menschen und das Vorhandensein einer artenreichen Vogelwelt messbar direkt miteinander zusammenhängen.

Eine zehnprozentige Zunahme der Artenvielfalt bei Vögeln, so eine Berechnung, zieht eine ähnliche Steigerung des menschlichen Wohlbefindens nach sich – wie ein Einkommensplus von zehn Prozent. Der Effekt trat jedoch nur bei Vögeln auf, nicht bei anderen Tieren oder Bäumen oder einer vielfältigen Landschaft. Allerdings, so schränken die Forscher ein, lässt ihre Arbeit nur den Schluss zu, dass hier ein Zusammenhang besteht, kein Prinzip von Ursache und Wirkung. Bemerkenswert ist aber das Ausmaß der Korrelation: dass sie vergleichbar groß ist wie ein Plus auf dem Konto und dass sie in allen untersuchten Ländern Europas auftaucht.

138 | Warum gibt es SO WENIGE BLAUE Pflanzen?

Blau ist in der Natur eine seltene Farbe. Dabei ist es ausgerechnet die, welche Menschen am meisten lieben. Was aber ist der Grund für die Seltenheit der Farbe? Wissenschaftler nennen zwei Ursachen: Zum einen ist die Farbstoffproduktion mit einem hohen chemischen Aufwand verbunden, bei dem die Anthocyane – die Pigmentklasse, die Blau produzieren kann – mit sechs weiteren Molekülen zusammenwirken müssen. Eine Pflanze betreibt diesen Aufwand meist nur, wenn sie in eher ungünstigen klimatischen Bedingungen wächst, zum Beispiel im Gebirge. Besitzt sie blaue Blüten, kann sie die wenigen Bestäuberinsekten anlocken, die sich dort einfinden. Denn die wiederum fliegen auf Blau. Bienen etwa haben eine besonders gute Wahrnehmung für die Farbe und ziehen sie anderen vor. Was zur zweiten Ursache führt, warum Blau so selten ist: die Farbwahrnehmung. Denn die Sehorgane vieler Insekten und Vögel nehmen auch Blautöne wahr, die wir nicht erkennen können. Auch deshalb erscheinen dem Menschen nur 7,5 Prozent aller weltweit vorkommenden Blütenpflanzen blau. Für viele Tiere aber sind die Pflanzen um uns herum wohl oft blauer, als wir sie sehen.

139 | Warum lässt sich der **HECHT NICHT GUT ZÜCHTEN?**

Die Redewendung vom »Hecht im Karpfenteich« macht es deutlich: Der Süßwasserbewohner ist ein Raubfisch . Mehr noch, der Hecht ist ein Kannibale, er frisst also sogar seinesgleichen. Insofern ist er ein Problemfisch, was seine Aufzucht betrifft. Denn kein Züchter freut sich, wenn seine Jungtiere den älteren als Nahrung dienen. Mit Fischfutter lässt sich der Hecht nicht von der Wilderei abhalten, sondern macht sich mit seinen spitzen, nach hinten gebogenen Zähnen auf die Jagd nach seinesgleichen, aber auch Fröschen, Wasservögeln und sogar Bisamratten. Manchmal allerdings wird er selbst zur Beute. Der Angler kann sich dann über einen kapitalen Fang freuen, schließlich werden Hechte durchaus 15 Kilogramm schwer. Doch über das feste, fettarme Fleisch gehen die Meinungen auseinander: Vielen ist es ein wenig zu trocken. Zudem besitzt es zahlreiche spitze Gräten. Für den Fischhandel hat der Hecht demzufolge keine Bedeutung. Aber das hat zumindest einen Vorteil: Sein Bestand gilt als nicht gefährdet.

140 | Gibt es **FISCHE**, die **BESSER GEHEN** als **SCHWIMMEN?**

Eine gar nicht so kleine Gruppe von Fischen schwimmt nur, wenn es sein muss. Ihre hauptsächliche Fortbewegungsart ist der Gang auf ihren Brustflossen. Sie gehören zur Ordnung der Armflosser, wobei nicht alle aufs Schwimmen verzichten. Manche leben in der Tiefsee und halten sich dort im offenen Wasser auf. Wer sich aber fürs Gehen entschieden hat, besitzt in der Regel markante Brustflossen. Andere stehen oder gehen auf gestielten Flossen, als hätten sie kleine Arme. Diese skurrile Art der Fortbewegung hat einige der Nichtschwimmer-Spezies an den Rand der Ausrottung gebracht, zum Beispiel die Roten Handfische. Sie gehören zu den seltensten Fischen der Welt und leben ausschließlich vor der Südküste Australiens und in den Gewässern Tasmaniens. Weil sie kaum schwimmen, legen sie auch keine weiten Distanzen zurück, um neue Fortpflanzungspartner zu finden. Durch ihre Standorttreue sind sie Störungen ihres Lebensraums hilflos ausgeliefert. Bis 2018 glaubte man, dass nur noch maximal 40 Exemplare des Roten

Handfisches existieren. Doch dann entdeckten Meeresbiologen eine weitere, ebenfalls winzige Population der Spezies an einem anderen Standort mit anderen Umgebungsbedingungen. Vielleicht sind diese Fische doch nicht so sehr auf einen bestimmten Standort angewiesen, sodass man auch anderswo nach ihnen suchen kann.

141 | Warum schlagen sich GORILLAS AUF DIE BRUST?

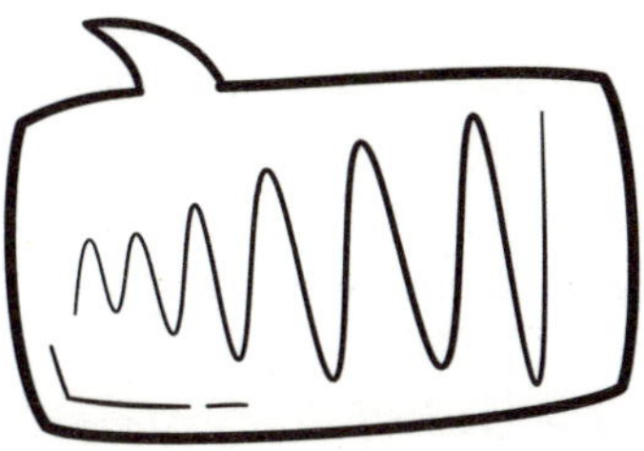

Es ist die Macho-Geste schlechthin: Ein kapitaler Silberrücken steht hoch aufgerichtet im Urwald und trommelt sich mit beiden Händen auf die Brust. Er ist so laut, dass man ihn noch in einem Kilometer Entfernung hört. Ist das nur die Prahlerei eines Alphamännchens? Nein, das Brustschlagen der Gorillas steckt voller Informationen für Artgenossen. Eine internationale Forschergruppe hatte über mehrere Jahre die Trommelrituale von 25 wild lebenden Gorillas in Ruanda aufgezeichnet und die Tiere mit einer Lasermethode aus der Distanz vermessen. Dabei zeigte sich: Je größer ein Gorilla war, desto tiefer erklang sein Trommeln. Aus der Tonfrequenz ließen sich also Rückschlüsse auf seine Körpergröße ziehen – hilfreich für Rivalen und paarungsbereite Weibchen. Denn in der Gorillawelt steht Körpergröße für sozialen Status und Fortpflanzungserfolg. Schlägt sich nun ein Gorillamännchen donnernd auf die Brust, kann sich ein Nebenbuhler in der Ferne ausrechnen, ob er einer Konfrontation gewachsen ist, während Weibchen ihn als potenziellen Partner einschätzen können. Gorillaweibchen verlassen ihre Gruppen und schließen sich einer anderen an, wenn sich dort ein großer, potenter Silberrücken aufhält. Das Brusttrommeln kann dazu führen, dass Gorillagruppen sich neu zusammensetzen.

142 | Was leisten ARTENSPÜRHUNDE?

Biologen stöbern mitunter wochenlang durch die Natur auf der Suche nach selten gewordenen Arten wie Fischotter und Kammmolch. Doch manche Tiere sind so scheu, dass es selbst Zoologen schwerfällt, sie zu entdecken, geschweige denn eine Schätzung zur Gesamtpopulation in einer Region abzugeben. Hier helfen zunehmend Artenspürhunde: Ihr feiner Geruchssinn registriert die Duftstoffe von gesuchten Pflanzen oder Tieren. Trainiert werden sie zum Beispiel mithilfe von Fell- und Kotproben oder mit Sporen von Pilzen und Pflanzen. Die Hunde können die Arten dann aufstöbern, mit leichtem Tritt, ohne ein Habitat zu zerstören. Weltweit arbeiten sie in mehr als 60 Ländern für die Forschung. In Deutschland gibt es jedoch erst wenige Projekte: In Baden-Württemberg etwa erschnüffeln sie Baummarder und Raufußhühner, in Hessen folgen sie den Spuren von Luchs, Wolf und Wildkatze. Erste Einsätze leisten sie auch außerhalb der Wissenschaft: Behörden und Planungsbüros setzen sie ein, um mögliche Folgeschäden von Bauprojekten einzuschätzen. So suchen die Hunde zum Beispiel Vögel, die an Windrädern verendet sind, oder stöbern auf potenziellen Bebauungsflächen nach Arten wie Feldhamster und Haselmaus.

In englischsprachigen Ländern jedoch ist der Einsatz der feinen Nasen lange erprobt: Bereits seit dem 19. Jahrhundert setzen Wissenschaftler dort Artenspürhunde ein, etwa in Neuseeland. Dort halfen sie, die Kiwis vor dem Aussterben zu bewahren. Mithilfe von Spürhunden konnten die letzten der flugunfähigen Vögel ausfindig gemacht werden. Sie wurden dann auf eine Insel gebracht, auf der ihre Fressfeinde – Ratten, Marder oder Füchse – noch nicht heimisch waren.

143 | Haben Echsen eine TAUCHERAUSRÜSTUNG?

Wer sich noch an das »Trimagische Turnier« bei *Harry Potter* erinnert, weiß, dass eine der Aufgaben darin bestand, geraume Zeit unter Wasser zu bleiben. Einer der Teilnehmer löste das Problem mit einer Luftblase, die um seinen Kopf hing. Genauso machen es mehrere Echsenarten der Gattung Anolis in Süd- und Mittelamerika. Die Reptilien können minutenlang tauchen, weil sie die sogenannte Rückatmung beherrschen: Sie erzeugen unter Wasser eine Luftblase an ihrer Schnauze, die ein Reservoir an Atemluft bereithält. Wenn die Tiere einatmen, verkleinert sich diese Blase, bis sie fast nicht mehr zu sehen ist und an der Echsenschnauze klebt. Atmen sie wieder aus, dehnt sich die Luftglocke und wölbt sich über der Nase. Manche Tiere schaffen es dadurch, bis zu 18 Minuten unter Wasser zu bleiben. Offenbar gibt es auch andere Echsenarten, die auf diese Weise tauchen können. Vermutlich hilft ihnen ihre wasserabweisende Haut. Sie scheint beim Eintauchen ins Wasser ein Luftpolster um den Körper zu bilden, woraus dann die Atemblase entstehen kann.

144 | Kann LÄRM auch Pflanzen BEEINTRÄCHTIGEN?

Anhaltender Lärm schädigt nicht nur Menschen- und Tierohren, sondern kann sich auch negativ auf Pflanzen auswirken, durch einen indirekten Effekt: Viele Tiere meiden Gebiete, in denen es ununterbrochen laut ist. Ohne sie können sich aber viele Pflanzen nicht ausbreiten. Einige Baumarten zum Beispiel sind auf Vögel angewiesen, die ihre Saaten als Wintervorräte im Boden verstecken, aus denen dann neue Jungpflanzen austreiben. Was aber passiert mit solchen Bäumen in einer Region, in der es anhaltend laut ist? Kommen die Vögel trotzdem?

Ein US-amerikanisches Forschertrio untersuchte wahre Hotspots des Lärms: Erdölfördergebiete in New Mexico, in denen seit vielen Jahren extrem laute Kompressoren zum Einsatz kommen. Sie zählten dort die Pinyon-Kiefern- und Wacholderschösslinge und verglichen ihre Daten mit denen aus Fördergebieten, in denen ohne Kompressoren vergleichsweise geräuscharm nach Erdöl gebohrt wird, sowie mit stillgelegten Fördergebieten. Das Ergebnis brachte keine guten Nachrichten: In den Hotspots des Lärms zählten die Wissenschaftler 75 Prozent weniger Kiefernsetzlinge als in den ruhigen Gebieten. Und sogar 86 Prozent weniger Wacholderschösslinge. Beide Pflanzenarten werden von lärmempfindlichen Vögeln aufgesucht: Buschhähern und Berghüttensängern. Überdies pflanzen sich Pinyon-Kiefern nur sehr langsam fort, es dauert mehrere Jahre, bis sie wieder neue Samen produzieren. Und das bedeutet, selbst in den stillgelegten Gebieten fanden sich kaum neue Setzlinge der Pinyon-Kiefer, während zumindest die Wacholderbüsche, wenn auch nur langsam, zurückkehrten. Menschengemachter Lärm hat also weitreichende Auswirkungen – sogar auf die Pflanzenwelt.

145 | Welcher Parasit ERSETZT einen KÖRPERTEIL seiner Opfer?

Als Paul Poli aus Wales vor einigen Jahren seinen im Supermarkt erworbenen amerikanischen Wolfsbarsch zerlegen wollte, staunte er nicht schlecht. Aus dem Maul des Fisches schauten ihm plötzlich zwei Äuglein entgegen. Sie gehörten einer Meeresassel der Spezies Cymothoa exigua. Dieses bis zu drei Zentimeter lange, parasitär lebende Krebstier dringt als Larve meist über die Kiemen in den Wirtsfisch ein. Von dort arbeitet es sich bis in die Mundhöhle vor und hakt sich mit seinen Klauen am Grund der Zunge fest. In der Folge ernährt sich die Assel vom Blut der Zungenarterie, und die Zunge stirbt aufgrund der Blutarmut ab. Doch der Fisch muss nicht ohne Zunge leben, denn die Assel nimmt nun deren Platz ein und erfüllt auch ihre Funktionen – etwa bei der Verarbeitung der Nahrung, wovon die Assel sich immer eine Portion abzweigt. Auch die Paarung findet in der Mundhöhle statt. Die Asseln sind Hermaphroditen – das heißt, sie können ihr Geschlecht wechseln: Solange sie noch im Meer schwimmen und sich in den Fischkiemen festsetzen, handelt es sich um Männchen. Mit zunehmendem Wachstum an der Fischzunge verwandeln sie sich jedoch in Weibchen. Und wenn sie ausgewachsen sind, paaren sie sich mit anderen Männchen, von denen in der Regel noch ein paar an den Kiemen sitzen. Die Larven starten dann wieder frei schwimmend in ihr Leben und machen sich auf die Suche nach einem neuen Wirt. Cymothoa exigua kommt vornehmlich im östlichen Pazifik zwischen dem Golf von Kalifornien und Ecuador vor. Der Parasit ist die einzige bekannte Tierart, die einen Körperteil eines anderen Tieres komplett ersetzen kann.

146 | Können SINGVÖGEL ihre LIEDER vergessen?

Wenn ein Vogel die Melodien seiner Artgenossen nicht mehr kennt, kann er nicht mehr mit ihnen kommunizieren. Genau das kann eintreten, wenn Singvogelarten vom Aussterben bedroht sind. In Australien etwa kommt der Warzenhonigfresser in manchen Regionen nur noch vereinzelt vor. Jungvögel finden dort in ihrer Umgebung oft keine Lehrmeister – also Altvögel, die ihnen die Verständigung ihrer Art beibringen könnten. Mit dem Ergebnis, dass die einsamen Warzenhonigfresser nur noch simple oder gar falsche Versionen ihrer Lieder singen.

Mittlerweile gibt es nur noch geschätzt 200 bis 400 Warzenhonigfresser, die sich auf ein Gebiet von rund 300 000 Quadratkilometern verteilen – etwa so groß wie Italien. Nur die männlichen Vögel singen vollständige Lieder, um zu balzen oder um Reviergrenzen zu markieren. Sie bringen die Gesänge ihren Küken jedoch nicht bei, sondern vertreiben diese aus ihrem Territorium, sobald sie flügge geworden sind. Paarungsfähige Warzenhonigfresser lernen also ausschließlich von anderen erwachsenen Artgenossen – oder eben nicht. Verglichen mit Tonbandaufnahmen aus früheren Jahrzehnten sind 27 Prozent der untersuchten Vögel nicht mehr mit dem Gesang ihrer Region vertraut. 12 Prozent kennen die eigenen Lieder gar nicht mehr, sondern übernehmen die Gesänge anderer Arten. Das hat Folgen für den Fortbestand der Spezies: Männchen, die nur noch eingeschränkt Weibchen anlocken können, weil sie die Balzlieder ihrer Art nicht mehr kennen, zeugen weniger Nachwuchs. Was das bei nur noch 200 bis 400 Individuen bedeutet, kann man sich ausmalen.

147 | Wieso blüht die HERBSTZEITLOSE erst im HERBST?

Die meisten Blumen entfalten ihre Pracht im Frühjahr und sind im Herbst eher schmucklos. Die blassvioletten Blütenkelche der Herbstzeitlose dagegen leuchten erst zwischen August und Oktober auf Wiesen und Weiden. Vermutlich optimiert die bis zu 40 Zentimeter hohe Pflanze auf diese Weise ihre Fortpflanzung, denn Bestäuber werden so kaum durch andere Blüten abgelenkt. Überdies können die klebrigen Samen, die oft von Ameisen verbreitet werden, im kommenden Frühjahr reifen, wenn es warm und sonnig ist. Dank seiner Knolle, die Wasser und Nährstoffe speichert, kann das Zwiebelgewächs sogar heiße Sommer überstehen. Nach der Blüte stirbt die zwar ab, aber aus Seitensprossen entstehen Tochterknollen, die im Jahr darauf Blüten treiben. So wachsen an günstigen Standorten mitunter regelrechte Teppiche von Herbstzeitlosen. Doch Achtung, die schönen Pflanzen sind hochgiftig. Ihr Zellgift hat allerdings auch gute Seiten: Aus den Samen gewonnen, lindert es höchst effizient die schmerzhaften Symptome eines Gichtanfalls, zudem wird es gegen rheumatische Erkrankungen und verschiedene Herzleiden eingesetzt.

148 | Können HUMMELN Pflanzen zwingen, früher zu blühen?

Die Dunkle Erdhummel ist ein tapferes Geschöpf. Ihre Jungköniginnen, die als Einzige den Winter überleben, krabbeln manchmal schon im Februar aus den Winterverstecken und suchen nach Nistplätzen für ihr neues Volk. Schlüpfen dann die ersten Arbeiterinnen, mangelt es oft noch an Blüten und damit an Nahrung. Aber die Dunkle Erdhummel ist trickreich. Forschern war aufgefallen, dass manche Erdhummeln mit ihren kräftigen Kiefern Löcher in die Blätter von Blütenpflanzen schneiden, obwohl sie die Blattteile weder fressen noch in ihr Nest tragen. Frühere Studien hatten zudem gezeigt, dass einige Pflanzenarten auf Stress mit vorzeitiger Blüte reagieren. Die Wissenschaftler sperrten daher hungrige Erdhummeln und zwei Pflanzenarten – Tomaten und Schwarzen Senf – zusammen in einen Drahtkäfig. Nachdem die Hummeln fünf bis zehn Löcher in die Blätter geschnitten hatten, wurden die Pflanzen aus den Käfigen entfernt und beobachtet. Es zeigte sich, dass die traktierten Gewächse tatsächlich zeitiger zu blühen begannen: Tomaten ganze 30 Tage früher als Pflanzen, die unbehelligt geblieben waren, der Schwarze Senf etwa 16 Tage früher. Offenbar haben Dunkle Erdhummeln eine effektive Strategie gefunden, sich bei Nahrungsknappheit zu behelfen – mit ein bisschen Gewalt gegen Pflanzen.

149 | Warum haben KASTANIEN einen weißen FLECK?

Rosskastanien können bis zu 30 Meter in die Höhe wachsen und stolze 300 Jahre alt werden. Ihre breiten und hohen Kronen spenden im Sommer viel Schatten und verfärben sich im Herbst in den schönsten Farben. Ab September reifen ihre Früchte. Sind die stacheligen grünen Kugeln reif, fallen sie auf den Boden, wobei die Schale aufplatzt und bis zu drei Kastanien freigibt. Bei den Kastanien handelt es sich also um den Samen des Baumes. Sie bestehen aus der braunen Samenschale, die das innen liegende Nährgewebe und den »Embryo« umgibt. Den runden weißen Fleck, der sich auf jeder Kastanie befindet, bezeichnen Botaniker als Hilum oder auch als Samennabel. Hier lag zuvor ein Strang an, der sogenannte Funiculus, der den Samen mit Nährstoffen versorgt. Der weiße Fleck war also die Verbindungsstelle zwischen dem Samen und seinem Baum. Ein bisschen so wie beim Menschen der Bauchnabel. Viele Kastanien werden im Winter von Wildtieren gefressen. Schaffen sie es jedoch bis ins Frühjahr, schiebt sich allmählich ein erster Spross aus dem Samen, gleichzeitig bilden sich Wurzeln aus. Die Pflanze wächst nun schnell heran. Eigene Früchte trägt ein Kastanienbaum aber erst in einem Alter von 10 bis 15 Jahren.

150 | Wie viele VÖGEL gibt es auf der WELT?

Es scheint völlig vermessen, alle Vögel dieser Erde zählen zu wollen. Und doch gibt es eine Möglichkeit – sie heißt Citizen Science, Bürgerwissenschaft. Die wissenschaftliche Methode greift auf die weltweite Mithilfe interessierter Laien zurück, vor allem bei Zählprojekten. Nun hat ein Forschertrio aus Australien mithilfe von Citizen Science eine möglichst genaue Schätzung über den Weltbestand an Vögeln abgegeben. Das Team wertete eine globale Datenbank namens eBird aus, die knapp eine Milliarde Vogelbeobachtungen im Zeitraum von 2010 bis 2019 archiviert hat, eingegeben von mehr als 600 000 Laien. Danach glichen die Forscher diese Daten mit wissenschaftlichen Studien ab. Schließlich schufen sie einen Algorithmus, der die Bestandszahlen von 9700 Vogelarten hochrechnete – rund 92 Prozent aller bekannten Vogelspezies.

Ergebnis: Geschätzt etwa 50 Milliarden Vögel leben derzeit auf der Welt, und zwar in höchst ungleicher Verteilung. Es gibt kaum noch Arten mit zahlreichen Vertretern, dafür viele, die äußerst rar geworden sind: Von 1180 Spezies gibt es weniger als 5000 Individuen je Art. Gerade mal vier Vogelarten zählen jeweils mehr als eine Milliarde Vögel: die Haussperlinge (rund 1,6 Milliarden), die Stare (etwa 1,3 Milliarden), die Ringschnabelmöwen (etwa 1,2 Milliarden) und die Rauchschwalben (knapp 1,1 Milliarden). Zu echten europäischen Raritäten haben sich mittlerweile die Singvogelarten Korsikazeisig (327 Individuen) und Schottischer Kreuzschnabel (213 Vögel) entwickelt. Die Forschenden hoffen, mit ihrer Arbeit dem Artenschutz zu dienen.

151 | Greifen SEEIGEL im Team ihre FRESSFEINDE an?

Seeigel sind gefräßig. So sehr, dass sie fast alles verschlingen, wenn sie ganze Landstriche unter Wasser abgrasen. Normalerweise sind sie aber friedlich und fürchten sich selbst vor möglichen Fressfeinden, Seesternen zum Beispiel. Deswegen dachte sich ein kanadischer Verhaltensbiologe auch nichts dabei, als er einen roten Gemeinen Sonnenstern kurzzeitig im Becken mit 80 Dröbachs Seeigeln verstaute. Doch später im Labor machte er eine grausige Entdeckung: Die Stacheltiere hatten den Seestern fast aufgefressen. Der Forscher wiederholte das Experiment: Wieder machten sich die Seeigel über ihre Fressfeinde her, zuerst aber über deren Armspitzen. Dadurch, so wird vermutet, nageln sie die Tiere regelrecht fest. Denn um sich zu wehren oder zu fliehen, müssten die Sonnensterne ihre Arme über die Seeigel heben. Wahrscheinlich hatte ihre Überzahl die Seeigel mutig gemacht – und sie waren in dem sauberen Laborbecken so hungrig, dass sie den Angriff wagten.

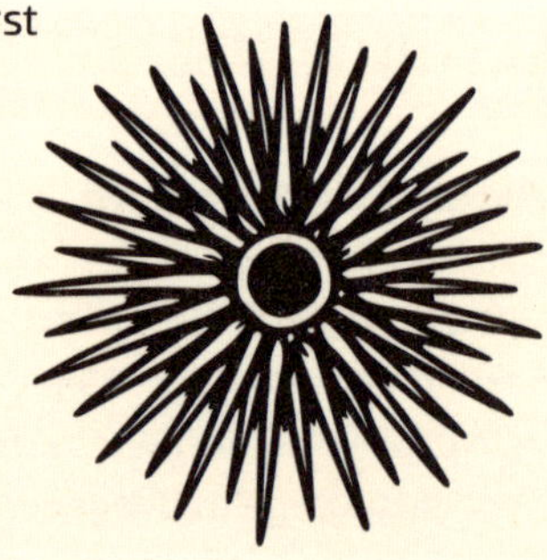

152 | Kann Radioaktivität NASHÖRNER vor WILDERERN schützen?

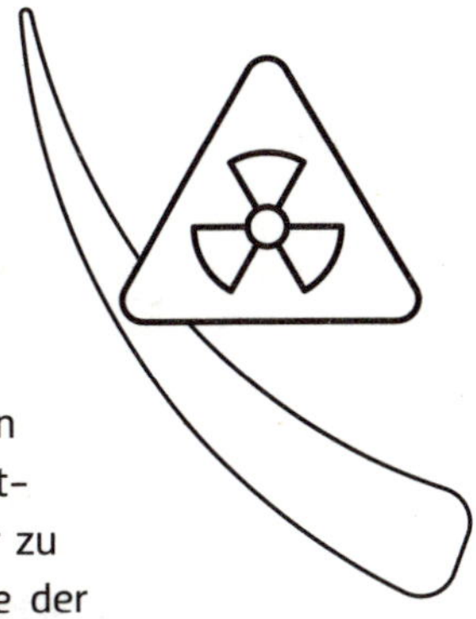

Der Handel mit Nashornhörnern ist seit 1977 verboten. Dennoch wurden in den vergangenen zehn Jahren etwa 10 000 Nashörner gewildert, eine horrende Zahl angesichts des derzeitigen Bestandes von weltweit noch rund 25 000 Tieren. Ihre Hörner gehören auf dem Schwarzmarkt zu den wertvollsten Wildtierprodukten der Welt. Schmuggler transportieren ihre illegale Ware vor allem einzeln im Fluggepäck. Und dort müsste der Zoll sie eigentlich finden, wenn es nur zuvor gelänge, die Hörner zu markieren. Eine besonders wirkungsvolle Methode der Kennzeichnung könnte in einer Kleinstmenge Radioaktivität bestehen. Das ist zumindest der Ansatz einer internationalen Forschungsgruppe. Das Projekt nennt sich »Rhisotope« und macht sich die weltweit rund 11 000 Strahlungsdetektoren an Flughäfen, Grenzübergängen und Häfen zunutze. Im Jahr 2021 ging es los. Zunächst wurden umfangreiche Tests durchgeführt, um sicherzustellen, dass die Substanzen sich nicht im Körper der Nashörner ausbreiten und keine gesundheitlichen Risiken darstellen. Seit Juni 2024 wurden 20 Nashörner mit den radioaktiven Markierungen versehen, ihre Gesundheit wird derzeit noch überwacht. Die eingesetzten Isotope sind so dosiert, dass sie für die Tiere als ungefährlich gelten. Dennoch ist das Projekt auch bei Tierschützern umstritten und seine Wirksamkeit noch nicht erwiesen.

153 | Welches sind die schädlichsten INVASIVEN ARTEN der WELT?

Den höchsten wirtschaftlichen Schaden richten Forschungen zufolge Mücken der Gattung Aedes an, zu der die Asiatische Tigermücke und die Gelbfiebermücke zählen. Stechmücken haben sich fast auf dem gesamten Globus verbreitet, was zwischen 1970 und 2017 Kosten von etwa 149 Milliarden Dollar verursachte, meist für die Behandlung von durch Mücken übertragene Krankheiten. Auf Platz zwei der schädlichsten Invasionsarten stehen Ratten. Wo immer sie auftauchen, verdrängen sie angestammte Arten, zerstören

Ernten sowie Infrastruktur und übertragen Krankheiten. Während des untersuchten Zeitraums verursachten die Nagetiere Kosten in Höhe von 67 Milliarden Dollar. Den dritten Platz in der Rangliste belegt mit rund 52 Milliarden Dollar Schäden: die Hauskatze. Sie hat sich inzwischen überall (außer der Antarktis) verbreitet – auf Kosten anderer Arten: Allein in den USA töten Hauskatzen pro Jahr etwa eine Milliarde Vögel.

154 | Wie bringen STECHPALMEN ihr LAUB durch den WINTER?

Ein grünes Kleid im Winter kennt man vor allem von Nadelbäumen. Doch auch die Stechpalme schmückt im Dezember noch Hecken und Vorgärten mit ihrem immergrünen Laub. Das birgt jedoch Risiken für die Pflanze: In der kalten Jahreszeit droht Austrocknung, wenn Wasser über die Blattoberfläche verdunstet und aus dem gefrorenen Boden nicht nachströmen kann. Noch dazu knabbern hungrige Tiere im Winter gern an dem satten Grün. Dagegen schützt sich die Pflanze durch dicke, ledrige Blätter, die den Wasserverlust minimieren und am Rand fiese Stacheln bilden. Nur zur Krone hin wird der bis zu 15 Meter hohe Baum mutiger: Die Blätter sind dort kaum noch gezackt.

Die Pflanze macht sich die Kälte aber auch zur Verbündeten: Im Winter bringt sie kleine rote Früchte hervor. Sie bilden einen auffälligen Kontrast zum Blattgrün und haben nur einen Zweck: Vögel anzulocken, die das Fruchtfleisch verspeisen und die Samen andernorts wieder ausscheiden, sodass dort ein neuer Baum wächst. Und weil sich bei Eis und Schnee kaum andere Nahrung findet, hat die Stechpalme die Vögel fast für sich allein. Für zahlreiche andere Tiere sowie den Menschen sind die Früchte jedoch giftig.

155 | Was ist KLEPTOTRICHIE?

Vögel, die Nester bauen, brauchen Material. Zweige, Blätter, Moos – und Tierhaare. Haare von Säugetieren sind besonders begehrt – weil sie flexibel sind, sich leicht in die Neststruktur einbauen lassen und Eier und Küken warm halten. Doch woher stammt das Material eigentlich? Eine Studie zeigt: Vögel bedienen sich bei lebenden Pelztieren. Ein amerikanischer Ornithologe beobachtete in einem Park eine Grauhäubchenmeise, die auf dem Rücken eines Waschbären saß und ihm Fell auspickte – mutmaßlich als Material für den Nestbau. Auch auf YouTube gibt es zahlreiche Videos, die klar belegen: Pelzdiebstahl am lebenden Tier ist weiter verbreitet als bislang angenommen. Das Verhalten nennen die Forscher Kleptotrichie – von griechisch »kleptein« (»stehlen«) und »thrix« (»Haar«). Warum Vögel ihre Nester mit Haaren auspolstern, ist nicht restlos geklärt. Die wärmedämmende Wirkung allein kann es nicht sein, denn auch in heißen, tropischen Gegenden verbauen sie Pelz in ihren Nestern.

156 | Warum sind TROPENFISCHE so BUNT?

Sie schmücken sich mit Flecken, Streifen oder wilden Mustern: Fische, die in warmen Gewässern leben, sind meist deutlich farbiger als die Arten in unseren kühleren Breitengraden. Tatsächlich sind sie oft sogar noch schillernder, als wir es wahrnehmen. Denn die Augen vieler Fischarten sind empfindlicher als unsere: Sie registrieren auch Ultraviolett- und Infrarotstrahlung. Viele Fische senden deshalb auch Signale in diesem Spektrum aus.

Warme Meere sind arm an Nährstoffen. Dort gedeiht weniger Plankton, deshalb ist das Wasser klarer. Im Trüben verstecken? Dieser Trick funktioniert für Fische in tropischen Gewässern nicht zuverlässig.

Sie sind sichtbar – für Freund und Feind. Einige Arten warnen deshalb mit Signalfarben, etwa weil sie giftig sind. Andere tun durch auf-

fällige Farben nur so, als wären sie gefährlich. Einfarbige Fische würden zwischen all den bunten garantiert auffallen. Welche Farbe die Fische zeigen, ist dennoch bedeutsam: Denn je tiefer sie tauchen, desto weniger Sonnenlicht fällt ein. Die Farben des Lichtspektrums werden dabei unterschiedlich stark absorbiert: Rot zum Beispiel ist schon in Wassertiefen von etwa zehn Metern kaum noch sichtbar. Auch ein knalliges Gelb ist dann eine gute Tarnung.

157 | Warum können STEINBÖCKE so gut klettern?

Schon beim Anblick kann einem schwindlig werden: Wenn ein Alpensteinbock an einer scheinbar senkrecht aufragenden Felswand entlangkraxelt – und das nicht zögerlich und vorsichtig, Huf vor Huf, sondern in waghalsigem Tempo. Steinböcke haben naturgemäß ein außerordentliches Gespür fürs Klettern, das sie von klein auf erlernen: Kurz nach der Geburt schon folgen die jungen Zicklein ihren Eltern auf spektakuläre Gratwanderungen. Was dem »König der Berge« dabei zugutekommt, sind seine besonderen Füße. Die Hufe sind zweigeteilt, die beiden spitzen Klauen unabhängig voneinander beweglich. So kann sich der Fuß den Unebenheiten im schroffen Gelände perfekt anpassen. Die weichen und elastischen Sohlen wirken obendrein wie ein Rutschschutz, erhöhen die Haftung. Und die hart verhornten Ränder der Hufe verleihen dem Steinbock enorme Trittfestigkeit im Fels. Selbst auf vereistem Grund können die Tiere ihre Klauen verkanten und finden so den nötigen Halt. Gerade im Winter suchen Steinböcke die steilsten Südhänge auf: Wo der Schnee wegrutscht oder schmilzt, finden sie am ehesten schmackhaftes Grünzeug. Früher wurden die Tiere massiv gejagt, ihre Hörner als Trinkgefäße genutzt. Ein Schluck daraus sollte gegen Fallsucht helfen.

158 | Wobei können Assistenzhunde helfen?

Aufgrund eines Gesetzes vom April 2021 dürfen speziell trainierte Hunde kranke Menschen künftig in Supermärkte und Arztpraxen begleiten – auch dorthin, wo Haustiere sonst keinen Zutritt haben. Ausgebildete Assistenzhunde können nämlich Personen mit Diabetes vor einer Unterzuckerung warnen oder jene mit Asthma vor einem Anfall. Sie helfen Rollstuhlfahrern beim Anziehen und können im Fahrstuhl zu Hause die Knöpfe betätigen. Auch Menschen mit einer posttraumatischen Belastungsstörung kann ein solcher Hund helfen. Er reißt sie aus bedrückenden Erinnerungsbildern, sogenannten Flashbacks, die sie immer wieder gefangen nehmen. Bei Panik kann das Tier sie beruhigen.

Allerdings müssen Assistenzhunde speziell ausgebildet werden. Je nach Land und Organisation werden sie anders ausgewählt und trainiert. Beim Deutschen Assistenzhunde-Zentrum dauert das mindestens anderthalb Jahre. Meist trainieren Patient oder Patientin und Hund gemeinsam. Sie üben etwa, dass der Hund sein Frauchen verlässlich vor einem epileptischen Anfall warnt. Das Warnverhalten der Tiere ist angeboren. Woran sie die Gefahr für den Mensch erkennen, ist nicht immer klar, mitunter – etwa bei Unterzuckerung – nicht zuletzt am Geruch des Kranken. Im besten Fall senden sie dann ein klares Signal: Sie legen sich etwa vor dem Patienten hin und stellen die Ohren auf. Oder sie stupsen ihn mit der Schnauze an. Die Erkrankung selbst bessert sich durch den Assistenzhund natürlich nicht.

159 | Warum wärmen **PFLANZEN** sich selbst?

Strenge Winter sind für Pflanzen eine Herausforderung. Sie haben daher unterschiedliche Überlebensstrategien entwickelt: Bäume werfen ihre Blätter ab, um ihren Wasserbedarf zu drosseln. Manche Pflanzen bilden eine Art Frostschutzmittel, damit das Wasser in ihren Zellen nicht gefriert, andere fahren ihren Stoffwechsel herunter.

Aber es gibt auch Pflanzen, die im Winter quasi die Heizung anwerfen. Dazu erhöhen sie etwa in der Blüte oder in der Zwiebel die Zellatmung, sodass sie dort mehr Zucker oder Fette verbrennen. Dabei entsteht Wärme. So können die Gewächse einzelne ihrer Teile ganz gezielt aufheizen. Fachleute bezeichnen den Vorgang als Thermogenese. Das wohl bekannteste Beispiel dafür findet sich bei Schneeglöckchen, die sich schon im Februar durch den Schnee schieben können. Gezielt heizt die Pflanze dazu die unterirdische Zwiebel auf acht bis zehn Grad Celsius. Die angrenzende Schneedecke beginnt zu schmelzen, sodass ein Loch für die ersten Triebe entsteht. Als praktischer Nebeneffekt wird die Zwiebel mit Schmelzwasser versorgt. Der Gefleckte Aronstab erhitzt hingegen ausschließlich seine Blüte und verstärkt so die Ausbreitung seiner Duftstoffe. Das lockt bestäubende Insekten an – ein klarer Vorteil gegenüber anderen Blüten. Eine noch erstaunlichere Partnerschaft gehen Philodendren mit ihren Bestäubern ein. Sie heizen die Blüte, um den Insekten wärmenden Unterschlupf zu bieten. Diese fliegen dann von einer wohltemperierten Blüte zur nächsten und sorgen so für eine frühe Bestäubung, trotz eisiger Temperaturen.

160 | Helfen sich **WILDSCHWEINE** gegenseitig aus der **PATSCHE**?

Was gilt als intelligentes Verhalten im Tierreich? Und wie lässt es sich nachweisen? Manchmal kommt der Zufall zu Hilfe, so wie in einem tschechischen Nationalpark. Eine vor Ort platzierte Wildtierkamera schoss alle zwei Minuten Bilder und zeichnete eine Rettungsaktion von Wildschweinen auf, die auf ein hohes Maß an Empathie und auf ein ausgeprägtes Verständ-

nis mechanischer Funktionsweisen schließen lässt. In der Nacht vom 28. auf den 29. Januar 2020 betraten zwei Jungtiere eine Lebendfalle. Die Falle stand im Park, um Wildschweine fangen und markieren zu können. Die Tiere machten sich über den Futtermais darin her, woraufhin die Tür zufiel und mit einem Balken versperrt wurde. Gute zwei Stunden später näherte sich eine kleine Rotte Wildschweine unter der Führung einer ausgewachsenen Bache. Die Rotte erkannte die Lage und versammelte sich vor der zugeschnappten Fallentür. Dann rammte die Bache mit ihrem kapitalen Kopf den Balken, bis er sich am rechten Ende löste. Anschließend muss sie sich am linken Ende des Balkens zu schaffen gemacht haben, was die Kamera aber aufgrund ihres Blickwinkels nicht einfing. Nach einer knappen halben Stunde konnten die Jungtiere die Tür aufdrücken. Das letzte Foto zeigt eine verwaiste Falle.

161 | Können FARNE eine ÖLPEST stoppen?

Zumindest bei kleineren Lecks erweisen sie sich als überraschend hilfreich. Das fand ein Team der Universitäten Bonn und Aachen heraus. Die Forschenden entwickeln Textilien nach dem Vorbild von Schwimmfarnen. Die Wasserpflanzen umgeben ihre Blätter mit einer dünnen Luftschicht. Dafür nutzen sie mikroskopisch kleine Trichome: haarähnliche Auswüchse, die so gebogen und miteinander verwachsen sind, dass sie die Luft einschließen. Gleichzeitig lieben die Blätter Öl und nehmen es rasch auf. Es dringt aber nicht in die Blätter ein, sondern verteilt sich nur über ihre Oberfläche. Dort sorgt die Luftschicht dafür, dass es nicht zurück ins Wasser gelangt.

Dieses Bauprinzip hat das Forschungsteam nun für Stoffbahnen nachgeahmt: Hängen diese über dem Rand eines Sammelbehälters, saugen sie eine Ölpfütze auf und transportieren die Verschmutzung allein durch die Schwerkraft in den tiefer liegenden Bottich. Zumindest geringere Verschmutzungen, wie sie sehr häufig durch kleine Lecks auftreten, könnten so ohne den Einsatz von Chemie beseitigt werden. Das zurückgewonnene Öl kann danach wiederverwendet werden. Die Forscher planen, das Produkt in den nächsten zwei bis drei Jahren auf den Markt zu bringen.

162 | Wofür brauchen **AMEISEN** ihre **AMEISENSÄURE?**

Am Hinterleib von Ameisen verbirgt sich eine Giftdrüse, aus der die Tiere eine Säure verspritzen, wenn sie sich bedroht fühlen. Lange Zeit dachte man, dass die Säure nur eine Abwehrwaffe darstellt. Doch das ist lediglich die halbe Wahrheit. Aufgefallen war Forschenden, dass Ameisen sich ständig putzen, wenn sie Nahrung oder Wasser zu sich nehmen. Das Team wies nach, dass die Tiere dabei ihre eigene Säure schlucken und ihren Magen so vor Infektionen schützen. Die Aufnahme des Sekrets erzeugt ein Milieu im Verdauungstrakt, in dem sich nur wenige, säureresistente Mikroben ansiedeln können. Eine Ameise desinfiziert sich also mit ihrem eigenen Gift von innen. Wird sie daran gehindert, erhöht sich das Risiko, dass sie erkrankt. Das zeigte ein Versuch, für den Ameisen mit Honigwasser gefüttert wurden, das Krankheitserreger enthielt. Unterbanden die Wissenschaftler danach die Putzaktionen der Tiere, stieg ihre Krankheitsrate deutlich, im Vergleich zur Kontrollgruppe. Die desinfizierende Wirkung der Ameisensäure kommt dem gesamten Volk zugute. Ameisen würgen Nahrung aus ihrem Kropf hervor, die bereits dort mit Ameisensäure in Kontakt gekommen ist, und geben sie dadurch desinfiziert an Artgenossen weiter.

163 | Warum **SCHNEIT** es im **OZEAN?**

Schaut man sich einen Tropfen aus der oberen Wasserschicht der Meere unter dem Mikroskop an, dann wimmelt es dort von pflanzlichen Einzellern. Diese Mikroalgen, genannt Phytoplankton, bilden die Grundlage nahezu allen Lebens im Ozean. Sie werden von winzigen Krebstierchen, dem Zooplankton, gefressen – das wiederum in den Mägen von Fischen, Pinguinen oder Bartenwalen landet. Außerdem ernähren die Algen eine Vielzahl von Bodenbewohnern. Denn im Ozean fällt ein stetiger Partikelregen aus abgestorbenem Phytoplankton sowie den Ausscheidungen des Zooplanktons vom Oberflächenwasser in die Tiefsee. Weil die Mikroalgen dabei zu großen Flocken verkleben, sprechen Forscher von »Meeresschnee«. Er ist unter anderem eine Futterquelle für Seegurken, Seesterne oder für Schwämme.

Das Phytoplankton reguliert auch das Klima der Erde. Denn die absinkenden Algenpartikel deponieren in den unteren Stockwerken der Meere große Mengen Kohlendioxid, die das Phytoplankton bei der Fotosynthese in Biomolekülen fixiert hat. Erreicht die flockige Algenbiomasse Tiefen von mehr als 1000 Metern, dann ist das Kohlendioxid für mehrere Hundert Jahre im Ozean gespeichert. Berechnungen zufolge wäre der Gehalt des Treibhausgases in der Atmosphäre ohne diese untermeerischen Schneefälle fast doppelt so hoch.

164 | Sagen auch AFFEN HALLO und TSCHÜSS zueinander?

Für Menschen sind Begrüßungs- und Verabschiedungsrituale so üblich, dass wir ihr Fehlen als Unhöflichkeit interpretieren. Auch Schimpansen und Bonobos – unsere nächsten Verwandten im Tierreich – benutzen eine Art Hallo und Tschüss bei ihren Zusammentreffen. Eine Forschungsgruppe analysierte die Beobachtungsdaten von 25 Bonobos und 25 Schimpansen in Zoos. Es zeigte sich, dass ihre Begegnungen ebenfalls Einstiegs- und Ausstiegsphasen haben. Die Tiere nehmen Blickkontakt auf, bevor sie sich aufeinander einlassen. Sie nutzen gestische Formen der Begrüßung, berühren sich etwa mit Kopf oder Händen. Und sie verwenden Verabschiedungsrituale, tauschen Blicke und Berührungen aus.

Allerdings unterscheiden sich Schimpansen und Bonobos in der Häufigkeit ihrer Höflichkeitsrituale, das scheint an ihrem sozialen Gefüge zu liegen. Bonobogruppen sind weniger hierarchisch strukturiert und pflegen einen freundlicheren Umgang untereinander als die aggressiveren Schimpansen. Bei den Bonobos ließen sich in 90 Prozent der Begegnungen Begrüßungsrituale und in 92 Prozent Formen der Verabschiedung nachweisen, sie kamen also kaum ohne Höflichkeitsformen aus. Dagegen zeigten die Schimpansen nur bei 69 Prozent ihrer Kontakte eine Begrüßung, aber bei 86 Prozent ein Ausstiegsritual. Allerdings, so sagen die Forscher einschränkend, wurden hier nur Tiere in Gefangenschaft untersucht. Die Erkenntnisse lassen sich nicht auf frei lebende Tiere übertragen, sondern liefern nur Anhaltspunkte für weitere Untersuchungen.

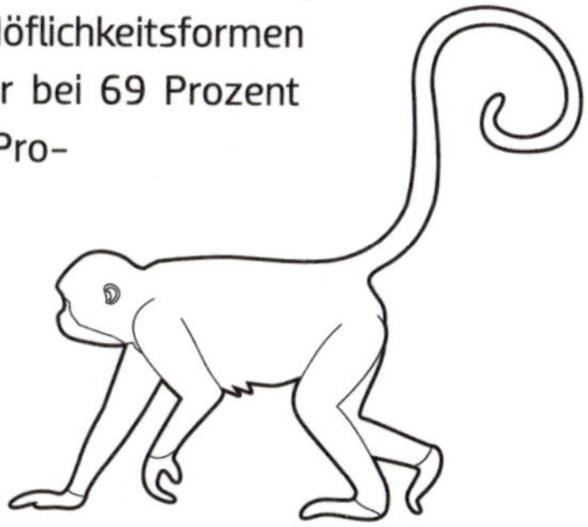

165 | Wie überstehen ALLIGATOREN FROSTPERIODEN?

Wechselwarme Tiere wie Alligatoren und alle anderen Reptilien können nicht von selbst auf Betriebstemperatur kommen, sie brauchen die Wärme ihrer Umgebung. Aber was machen die Tiere, wenn doch einmal ein Kälteeinbruch stattfindet, so wie etwa im Winter 2018 in North Carolina und Florida? Die Alligatoren kennen einen bizarren Trick: Kurz bevor das Eis sich schließt, stoßen sie ihre Schnauze aus dem Wasser wie einen Schnorchel und lassen sich in dieser Position festfrieren. Dann sieht man nur noch ein Reptilienmaul aus dem Eis ragen, zahnbewehrt und reglos. So können die Tiere selbst bei einer wochenlangen Kältewelle weiteratmen. Sie fahren ihren Stoffwechsel herunter, reduzieren ihre Herzschlagrate, bis es wieder wärmer wird. Diese frostige Survival-Methode beherrschen allerdings nur Mississippi-Alligatoren, nicht andere Arten. Denen bleibt in kalten Zeiten nur die Möglichkeit, sich im Uferschlamm einzugraben. So verpackt halten die Tiere dann Winterruhe. Sie können aber zwischendurch aktiv werden, wenn die Sonne sie wärmt.

166 | Wie GROSS und wie ALT werden KORALLEN?

Gesunde Korallenriffe spielen eine unersetzliche Rolle für die Artenvielfalt im Ozean. Fast 30 Prozent aller Meeresfische sind auf intakte Riffe angewiesen. Korallen sind koloniebildende Nesseltiere, die mitunter zu vielen Tausend einzelnen Polypen an der Basis zusammengewachsen sind und mit ihren Ausscheidungen ein Kalkskelett aufbauen. Dieses wächst – oft nur wenige Millimeter im Jahr – zu einem großen Gebilde, das auch insgesamt als »Koralle« bezeichnet wird. Das gilt vor allem für massive Hartkorallen, die die Basis eines jeden Riffs bilden. Die können auch veränderte Umweltbedingungen noch am ehesten wegstecken, was ihnen mitunter ein sehr langes Leben beschert. Anders als verzweigte und zerbrechlichere Korallen ähneln massive Korallen einer Halbkugel oder einem Findling. Vor Kurzem entdeckten Meeresforscher ein besonders großes Exemplar im Great Barrier Reef, das

durch den Klimawandel stark bedroht ist. Sie misst an ihrer Basis gut zehn Meter im Durchmesser, ragt 5,30 Meter vom Meeresgrund auf und ist rund 430 Jahre alt. Die größte bekannte massive Koralle der Welt wächst vor Amerikanisch-Samoa im tropischen Pazifik: Sie ist acht Meter hoch, 22 Meter breit, und ihr Umfang beträgt 69 Meter. Sie könnte über 600 Jahre alt sein.

167 | Welche **BIENE** klont sich **MILLIONENFACH** selbst?

Das wichtigste Ziel jeder Spezies in der Evolution ist stets, die eigenen Gene weiterzugeben. Aber kann man es damit auch übertreiben? Die Kapbiene bringt es inzwischen auf mehrere Millionen genetisch identische Kopien. Bei Kapbienen können nicht nur die Königinnen Eier legen, sondern auch die Arbeiterinnen. Deren Eier aber sind unbefruchtet, resultieren also aus einer asexuellen Fortpflanzung, was bedeutet, dass sich kein anderes Erbgut mit dem der Arbeiterin mischt. Dabei entsteht eine genetische Vervielfältigung des Muttertiers – ein Klon. Normalerweise wird auch bei der asexuellen Fortpflanzung das eigentlich identische Erbgut geringfügig durchmischt. Die Klonbienen aber haben offenbar ein Mittel gefunden, jegliche Veränderung ihres Genoms zu verhindern. Die Arbeiterinnen stellen seit 30 Jahren perfekte Kopien ihrer selbst her. Für andere Bienen sind sie dadurch mittlerweile zur Gefahr geworden: Denn die Klon-Kapbienen verzichten komplett auf die sexuelle Fortpflanzung durch eine Königin und reproduzieren nur noch sich selbst. Die Aufzucht der Nachwuchsklone aber überlassen sie anderen Honigbienen, in deren Stöcke sie eindringen und dort ihre Eier legen. Die überfallenen Völker sterben dabei oft ab. Im Norden Südafrikas ist das mittlerweile ein ernsthaftes Problem für die kommerzielle Imkerei.

168 | Welches **TIER** ist immer **SCHWANGER**?

Weibliche Beuteltiere wie Kängurus, Koalas und Wallabys sind regelrechte Supermütter. Sie besitzen doppelt angelegte Geschlechtsorgane. Deshalb können sie nur wenige Tage nach der Geburt bereits wieder einen Eisprung haben und erneut trächtig werden. Der nächste Embryo wird dann im zweiten

Gebärmuttertrakt ausgetragen. Allerdings erst, wenn das vor ihm geborene Jungtier den Beutel endgültig verlassen hat. So lange befindet sich der neue Embryo in der sogenannten Keimruhe: Seine Weiterentwicklung pausiert.

Eine kleinwüchsige Känguru-Art aber, das Sumpfwallaby, hört gleich gar nicht mehr auf, schwanger zu sein. Es wird bereits wieder trächtig, noch bevor es sein Jungtier geboren hat. Für dieses Phänomen namens Superfötation ist offenbar der Östrogenzyklus verantwortlich, der bei den Sumpfwallabys kürzer ist als die Tragezeit. Bei allen anderen Beuteltierarten endet der Östrogenzyklus erst nach der Geburt, sodass sie auch erst dann wieder empfängnisbereit sind. Warum das so ist? Wallabys sind sozial unverträglich, die Individuen leben als Einzelgänger. Es könnte daher also sein, dass sie die kurze Zeitspanne optimal nutzen müssen, in der Männchen und Weibchen aufeinandertreffen – und sich erst einmal vertragen müssen, damit es Nachwuchs gibt.

169 | Warum sind MITTELGROSSE Tiere wie der GEPARD am schnellsten?

Drei wesentliche Faktoren sind für die Berechnung der Geschwindigkeit von Tieren ausschlaggebend. Der erste, die Biomechanik, spricht für die Geschwindigkeit großer Tiere: Sie haben tendenziell stärker gestreckte Beine, die zudem deutlicher aus dem Körper herausschauen. Der zweite Faktor ist die Beweglichkeit der Wirbelsäule – und die nimmt bei sehr großen Tieren ab. Denn je schwerer ein Tier ist, desto stabiler muss seine Wirbelsäule sein. Dazu ist jedoch eine gewisse Steifigkeit erforderlich. Der entscheidende Faktor aber ist der dritte: Die Muskeln, die für die Kraftübertragung auf den Boden verantwortlich sind und so für den Vortrieb sorgen, brauchen eine gewisse Zeit, um ihre höchste Kontraktionsgeschwindigkeit zu erreichen. Ab einer gewissen Größe braucht der Muskel dafür mehr Zeit, als er während der Standphase für die Kraftübertragung auf den Boden zur Verfügung hat. Daher kommen große Tiere über ein gewisses Tempo nicht hinaus.

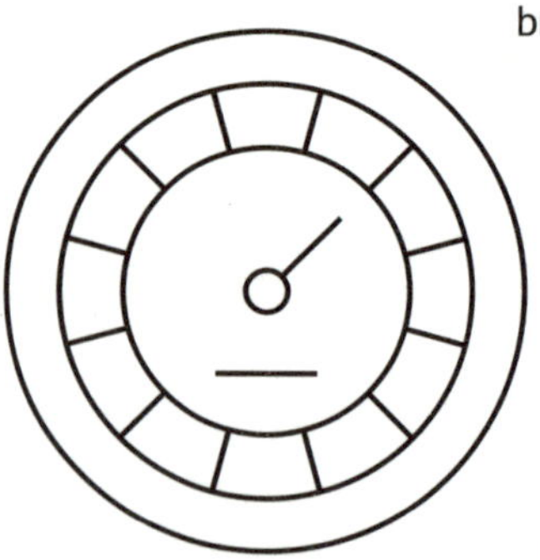

Das maximale Gewicht, so wurde errechnet, bei dem Tieren noch die volle Kraftübertragung gelingt, liegt bei etwa 50 Kilogramm – genau der Bereich des Gepards. Geparde erreichen im vollen Lauf Spitzengeschwindigkeiten von bis zu 100 Kilometern pro Stunde. Zum Vergleich: Usain Bolt lag bei seinem 100-Meter-Weltrekord bei knapp 45 Kilometern pro Stunde.

170 | Wo VERSTECKEN sich SEEVÖGEL?

Die Adresse von Trottellummen und Eissturmvögeln ist leider nur zeitweise bekannt: Zur Brutsaison im Frühjahr lassen sie sich auf einem Hochseefelsen nieder, etwa auf Helgoland oder den Färöern. Den Rest des Jahres sind sie irgendwo draußen auf den Weltmeeren. Viele Seevogelarten streifen Tausende Kilometer über die offene See und überwintern im Nirgendwo. Weil ihr Aufenthaltsort unbekannt ist, fällt es Naturschützern schwer, gezielte Maßnahmen für den Erhalt dieser Arten zu ergreifen. Dabei wäre das dringend nötig.

Nun hat eine Forschungsgruppe der Naturschutzorganisation Birdlife versucht herauszufinden, wo sich 21 Seevogelarten aufhalten, wenn sie nicht gerade an Land brüten. Birdlife verfügt über die größte Sammlung von Seevogel-Trackingdaten. Und siehe da: Es gibt doch eine Adresse da draußen, einen riesigen Vogel-Hotspot im Nordatlantik. Das Gebiet liegt zwischen Neufundland und den Azoren, genauer: zwischen dem 41. und 53. nördlichen Breitengrad und dem 31. und 42. westlichen Längengrad. Es ist rund 595 000 Quadratkilometer groß. Dort versammeln sich im Lauf eines Jahres zwischen drei und fünf Millionen Seevögel, vor allem von Oktober bis März, den Wintermonaten auf der Nordhalbkugel. Die Vögel kommen aus allen Richtungen, viele dieser Arten legten große Entfernungen zurück, um das Gebiet zu nutzen. Einige von ihnen nutzen es sogar das ganze Jahr, was darauf hindeutet, dass das Nahrungsangebot dort konstant hoch ist. Zeit für eine neue Meeresschutzzone!

171 | Wie heilt der ZEBRAFISCH sein verletztes HERZ?

Ein gebrochenes Herz, das nie mehr heilt: Für Menschen und ihre Schlagertexte trifft das wohl zu. Nicht aber für Zebrafische. Die zeigen wahrhaft fantastische Fähigkeiten der Regeneration: Wenn sie erblinden, können sie nach einigen Wochen wieder sehen, weil ihre Netzhaut sich repariert hat. Auch beschädigte Gliedmaßen wachsen den Tieren wieder nach. Und selbst ein verletztes Herz heilt bei ihnen vollständig aus, als wäre nichts geschehen. Wie ist das möglich? Ein Forschungsteam fand in den Herzmuskelzellen der Zebrafische ein ganz bestimmtes Protein, abgekürzt BMP (für »bone morphogenetic protein«): Es steuert die Zellteilung, wenn Herzgewebe geschädigt wird. BMP ist vor allem an den Wundrändern aktiv und fördert die Vermehrung der intakten Muskelzellen, sodass das Herz allmählich wieder verheilt. Das Protein scheint dem Zebrafisch allerdings nur bei Verletzungen zur Verfügung zu stehen, ganz so, als hätte der Zebrafisch eine eigene kleine Herzapotheke im Leib, nur für den Notfall.

172 | Warum sind PFLANZEN grün?

Die grüne Farbe ihrer Blätter verdanken Pflanzen dem Blattfarbstoff Chlorophyll: Damit gewinnen sie über die Fotosynthese Energie aus dem Sonnenlicht. Chlorophyll erscheint uns grün, weil es die anderen im sichtbaren Lichtspektrum enthaltenen Farbanteile absorbiert – und nur die grünen Lichtwellen zurückwirft. Warum aber verzichten Pflanzen gerade auf diesen Teil des Sonnenlichts? Wären ihre Blätter schwarz, würden sie das gesamte sichtbare Lichtspektrum aufnehmen und könnten mehr Energie ernten.

Hinter dem Verzicht auf das grüne Licht könnte ein Schutzmechanismus stecken. Forscher simulierten die Fotosynthese, wobei sie sowohl die jeweils absorbierten Wellenlängen des Lichts als auch die Lichtintensität variierten. Dabei zeigte sich, dass Pflanzen schwankende Lichtbedingungen dann am besten ausgleichen können, wenn sie jeweils nur das rote und blaue Licht absorbieren. So werden sie nicht durch eine Unter- oder Überversorgung mit Energie geschädigt. Schwankende Lichtbedingungen aber gehören für Pflanzen zum Alltag – schon durch den Wechsel von Tag und Nacht. Das Grün der Blätter scheint dabei zu helfen, die Energiemenge stabil zu halten.

173 | Warum tarnen sich *Kolibri-Weibchen* als MÄNNCHEN?

Bei den Weißnackenkolibris, einer aus Süd- und Mittelamerika stammenden Kolibriart, tragen beide Geschlechter in ihrer Jugend das gleiche auffällig bunte Federkleid. Es ist blau schillernd an Kopf, Brust und Rücken und bauchwärts strahlend weiß. Erwachsene Weibchen wechseln dann zu einem eher unscheinbaren Grüngrau. Allerdings nicht alle. Etwa ein Fünftel von ihnen behält das farbenfrohe Federkleid aus der Jugendzeit. Sie sehen also aus wie Männchen. Und das bringt bei der Futtersuche enorme Vorteile mit sich.

Forscher installierten im Untersuchungsgebiet Panama 28 Futterstellen mit Zuckerlösung und bestückten weibliche Weißnackenkolibris mit Transpondern. So konnten sie messen, welche Vögel sich wie lange an den Futterstellen aufhielten, ohne vertrieben zu werden. Es ergab sich ein klares Bild: Die Weibchen mit dem bunten Gefieder konnten rund 35 Prozent mehr Zeit mit Fressen zubringen als ihre unauffälligen Geschlechtsgenossinnen. Bei Kolibris entscheidet die Futterzeit über Leben und Tod. Denn die Vögel haben einen enormen Energiebedarf, ihre Flügel schlagen bis zu 80-mal pro Sekunde. Ohne unablässige Nahrungszufuhr überleben sie nicht einen einzigen Tag. Da machen 35 Prozent mehr Ruhe beim Fressen einen gewaltigen Unterschied. Warum nutzen dann nicht noch mehr Weibchen den Tarntrick? Wahrscheinlich, weil der Vorteil bei der Futtersuche zum Nachteil bei der Partnerwahl wird. Männliche Weißnackenkolibris umwerben nämlich eher die unauffällig gefärbten Artgenossinnen. Hier liegen also zwei mächtige Überlebenstriebe im Widerstreit: Futtersuche und Fortpflanzung.

174 | Haben **TAUSENDFÜSSER** wirklich **1000 FÜSSE**?

Normalerweise nicht. Die Tiere besitzen zwar tatsächlich sehr viele Beine – doch die lange Zeit bekannten Arten kamen stets nur auf ein paar Hundert davon. Doch Ende 2021 entdeckten Forscher zum ersten Mal überhaupt ein Tier, das wirklich mehr als 1000 Füße hat. Genauer gesagt 1306: Der erste echte Tausendfüßer der Welt! Entdeckt wurde die neue Art im Westen Australiens. Fünf bis zehn Zentimeter ist Eumillipes persephone lang, hat einen kegelförmigen Kopf mit antennenähnlichen Fühlern und schnabelartigen Fresswerkzeugen. Die Exemplare sind unterschiedlich lang, die Weibchen haben dabei durchweg mehr Beine als die Männchen. Dass der neue Rekord-Tausendfüßer zuvor nie einem Menschen über den Weg gelaufen ist, liegt daran, dass er in 60 Meter Tiefe lebt. Dass er überhaupt entdeckt wurde, ist nur dem Umstand zu verdanken, dass in seinem Lebensraum gerade nach Erz gebohrt wird.

175 | Können **AFFEN** unter **LEISTUNGSDRUCK** leiden?

Der verschossene Elfmeter, die vergeigte Abschlussprüfung: Wo viel auf dem Spiel steht, flattern Menschen mitunter die Nerven. Psychologen sprechen von »choking under pressure«, Versagen unter Druck. Unser Verhalten folgt dabei einer umgekehrten U-Kurve: Je attraktiver die Belohnung, desto besser wird unsere Leistung. Ist die Belohnung aber exorbitant hoch, etwa ein Jackpot, kann ein Leistungsabfall die Folge sein. Wir bekommen unsere Nerven nicht in den Griff und versemmeln die Sache.

Bei Tieren wurde »choking under pressure« lange nicht nachgewiesen. Möglicherweise hat man nicht damit gerechnet, dass auch sie die Folgen ihres Handelns überblicken und sich so unter Druck setzen können. Eine amerikanische Forschungsgruppe konfrontierte nun drei Rhesusaffen mit einer anspruchsvollen Aufgabe. Die Tiere saßen vor einem Bildschirm und sollten mit der Hand einen Cursor bewegen, von einem Startpunkt aus bis zu einem Ziel. Dort sollten sie den Cursor noch für eine bestimmte Zeit halten. Die Tiere wussten, welche Belohnung auf sie warten würde: entweder ein kleiner, ein mittlerer oder ein großer Futterhappen – oder aber der zehnmal größere Jackpot, der nur selten gewonnen werden konnte. Das Resultat: Mit steigender Attraktivität der Belohnung steigerte sich auch die Leistung der Rhesusaffen. Winkte jedoch der Jackpot, verschlechterten sich ihre Leistungen abrupt. Sie agierten übervorsichtig und vermasselten die Sache durch Langsamkeit oder Fehlstarts. Sie wurden also Opfer ihrer inneren Anspannung – genau wie es vielen Menschen ergeht.

176 | Sind gerodete **REGENWÄLDER** für immer **VERLOREN**?

Das muss nicht sein: Tropische Regenwälder erholen sich mitunter sogar überraschend schnell. Ein Forschungsteam hatte sich 77 Orte in Westafrika und Südamerika angeschaut, die vor Jahren gerodet, aber später von den Menschen wieder aufgegeben wurden. Die dortigen »Sekundärwälder« verglich das Team mit 51 unberührten Regenwäldern. Anhand von zwölf Merkmalen – darunter Bodengesundheit, Waldstruktur und Biodiversität – untersuchten die Fachleute, wie schnell sich das vernichtet geglaubte System erneuern kann. Ihre Erkenntnisse geben Anlass zur Hoffnung: Schon zehn Jahre nach der Aufgabe der Landwirtschaft konnte kein Unterschied zwischen einem wiederhergestellten und einem natürlichen Regenwaldboden festgestellt werden. Auch die Vegetation erholt sich: Nach 25 Jahren ist die Baumdichte weitgehend wieder so wie im natürlichen Wald. Je länger die Nutzung durch den Menschen angedauert hat, desto langsamer schreitet die Regeneration des Waldes jedoch voran. Bis ein regenerierter Regenwald vom unberührten nicht mehr zu unterscheiden ist, dauert es – allein durch das langsame Wachstum der Bäume – allerdings mindestens 120 Jahre.

177 | Nutzen FÜCHSE Bären als BODYGUARDS?

Graufüchse haben in den Bergen des US-Bundesstaats Nevada viele Nahrungskonkurrenten – vor allem Kojoten machen ihnen das Leben schwer. Die jagen nicht nur dieselben Beutetiere, sondern attackieren auch hin und wieder die Füchse selbst. Was tut also ein Graufuchs, wenn er sich nicht vertreiben lassen will? Er sucht sich einen Leibwächter. Schwarzbären scheinen dafür gut geeignet zu sein. Im Rahmen einer Bestandszählung stattete ein Biologenteam einige Schwarzbären mit GPS-Trackern aus. So konnten sie das Bewegungsprofil der Tiere verfolgen und ihren Lebensraum eingrenzen. Schwarzbären sind während der Sommer- und Herbstmonate aktiv, ziehen sich zur kalten Jahreszeit jedoch in eine Winterruhe zurück. So ergaben sich eine aktive Bärenperiode und eine, in der die Tiere verschwanden. Und genau diese beiden Phasen deckten sich mit dem Auftauchen oder dem Rückzug von Graufüchsen und Kojoten – auf gegensätzliche Weise. Kojoten meiden die Gegenden, in denen Schwarzbären umherstreifen. Diesen Umstand nutzten die Graufüchse. Sobald die Bären nach dem Winter aktiv wurden, kreuzten auch die Füchse dort auf, während die Kojoten das Gebiet verließen. Verzogen sich die Schwarzbären wieder, verschwanden mit ihnen auch die Füchse, obwohl sie keine Winterruhe halten. Denn dann fielen die Kojoten wieder im Schwarzbärenland ein – und für die Füchse wurde es ungemütlich, so ganz ohne Bodyguard.

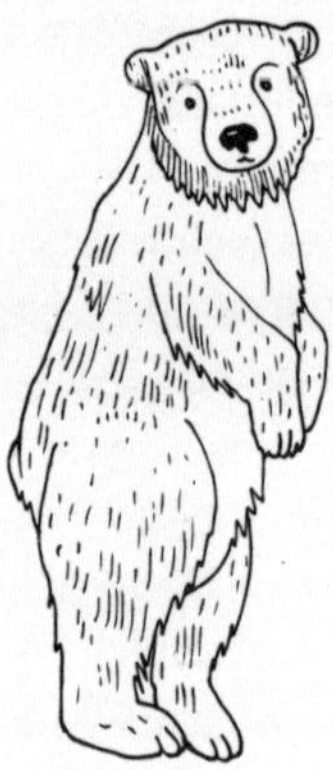

178 | Können LIBELLEN einen OZEAN überfliegen?

Bereits im Jahr 2009 untersuchte ein Meeresbiologe von den Malediven das Mysterium, dass in seinem Inselstaat zweimal jährlich Schwärme von Wanderlibellen auftauchen – obwohl es dort nichts von dem gibt, was diese Insekten dringend brauchen. Die Schlussfolgerung: Sie waren auf der Durchreise. Offenbar kamen sie im Oktober vom südindischen Festland und zogen Tausende von Kilometer weiter über das Meer nach Ostafrika. Zurück ging es dann wieder im Mai – allerdings machten sich dann die nachfolgenden Generationen auf den Weg.

Diese Hypothese wurde 2016 durch eine Genanalyse gestützt. In der DNA von Wanderlibellen auf verschiedenen Kontinenten wurden verblüffende Übereinstimmungen im Erbgut entdeckt. Die Populationen müssen sich also regelmäßig durchmischen. Wie aber können 300 Milligramm schwere Libellen einen Ozean überwinden? Nun wurde berechnet, wie lange der Libellenorganismus von seinen Fettreserven zehren kann und ab wann das Tier vom Wind getragen werden muss. Das Ergebnis: Wanderlibellen können bis zu 230 Stunden in der Luft bleiben, wenn sie eine Strategie aus aktivem Flügelschlag und Gleitflug anwenden. Sie brauchen für den Ozean-Überflug auf jeden Fall Rückenwind, aus eigener Kraft schaffen sie es nicht. Solche günstigen Winde treten zwischen Indien und Ostafrika tatsächlich im Frühjahr und im Herbst auf. Dabei scheint der Hinflug störanfälliger zu sein, denn dann erreichen nur etwa 15 Prozent der Insekten ihr Ziel. Die nächste Generation, die den Rückweg antritt, schafft es hingegen zu rund 40 Prozent. Die längste Teildistanz der Flugstrecke beträgt rund 2500 Kilometer. Setzt man die winzige Körpergröße der Tiere in Relation zur Entfernung, dann wäre der Flug die längste bisher bekannte Nonstop-Ozeanquerung im Tierreich.

179 | Wie heben **FLUGHÖRNCHEN** ihre **NAHRUNG** auf?

Von unseren heimischen Eichhörnchen wissen wir, dass sie ihre Nüsse und Samen überall vergraben, um für die Winterzeit vorzusorgen. Mit ihrer feinen Nase können sie die Nüsse auch unter 30 Zentimeter Schnee noch aufspüren. Aber wie ist das bei tropischen Flughörnchen? Die haben zwar keinen Winter, legen aber dennoch gern Vorräte für schlechte Zeiten an. Nur würden die Nüsse in wenigen Tagen in den feuchten Böden kompostieren oder keimen und wären als Futter dann unbrauchbar. Flughörnchen nutzen einen Trick. Sie nagen rund um die Nuss eine Rille und klemmen sie so in die y-förmige Zweiggabel eines Strauchs oder Baums, dass die beiden Stängel durch die Rille führen und die Nuss festhalten. So fällt sie auch bei Wind nicht heraus. Eine erstaunlich durchdachte Leistung für solch kleine Nagetiere.

180 | Werden **FÜCHSE** in der Stadt **KATZEN** gefährlich?

Vor etwa zehn Jahren trieb der »Katzenkiller von Croydon« im Süden Londons sein Unwesen. Hunderte getötete und seltsam verstümmelte Katzen sollten auf das Konto des mysteriösen Tierhassers gehen. Meist fehlte den Opfern der Kopf oder der Schwanz. Irgendwann aber erwuchs der Verdacht, dass hier kein menschlicher Täter am Werk war. Und so gerieten die Füchse in den Fokus.

Tatsächlich fanden Forscher an den Katzenkadavern Fuchs-DNA und Spuren von Raubtierzähnen. Auch das Verstümmelungsmuster, also das Abtrennen von Kopf oder Schwanz, war typisch für Füchse. Sie sind kleine Beutegreifer, die sich schwertun, die Bauchdecke eines größeren Tieres aufzureißen. Deshalb entfernen sie Kopf oder Schwanz und arbeiten sich dann ins Innere ihrer Beute vor. Gefressen hatten die Füchse vor allem Aas – also Katzen, die bereits tot waren. Allerdings: 10 der 32 untersuchten Katzen waren tatsächlich von Füchsen gejagt und erbeutet worden. Weshalb die Frage, ob Füchse in der Stadt Katzen gefährlich werden können, mit einem vorsichtigen Ja beantwortet werden muss.

181 | Wie fein ist der **GERUCHSINN** von **VÖGELN**?

Sie haben scharfe Augen und ein gutes Gehör, aber keine Nase. Da schien der Fall klar: Vom Riechen verstehen Vögel nichts. Doch schon 2008 fand ein Forscherteam diverse Gene für Geruchsrezeptoren bei neuseeländischen Streifenkiwis, Emus und Blaumeisen. Beim Kiwi waren es fast sechsmal so viele wie bei der Blaumeise. Der Kiwi ist nachtaktiv und steckt seinen Schnabel auf der Suche nach Nahrung in den Boden. Möglicherweise braucht er dafür einen guten Geruchssinn. Im Erbgut von Kolibris, Hühnern und Zebrafinken wurden ebenfalls viele neue Geruchsrezeptoren entdeckt – auch solche, die exklusiv bei Vögeln vorkommen. Und ein anderes Experiment bewies, dass Blau- und Kohlmeisen die Duftstoffe wahrnehmen, die Kiefernbäume aussondern, wenn sie von Schadinsekten befallen werden – was die Insektenfresser anlockt.

Ob Störche frisch gemähte Wiesen am Geruch erkennen, untersuchte ein weiteres Forscherteam. Die Mahd scheucht viele Insekten und Kleinnager aus dem Gras – und bietet Vögeln daher attraktive Jagdgründe. Die Wissenschaftler verteilten frisch geschnittenes Gras auf Flächen, die lange nicht gemäht und daher eigentlich für Störche uninteressant waren. Kaum waren jedoch die Grasproben ausgelegt, tauchten die Vögel auf. Sogar bei künstlichem Wiesenduft fanden sich Störche ein.

182 | Wer entwickelt ein TELEFON für HUNDE?

Nur mit schwerem Herzen lassen manche Berufstätige ihren Hund stundenlang allein zu Hause. Gegen den Trennungsschmerz haben britische Forscher vor ein paar Jahren das Dog Phone entwickelt – das erste Telefon für Hunde. Es ist ein Spielball für den Hund, in dem sich ein Bewegungsmesser befindet. Wird das Spielzeug geschüttelt und der Sensor dadurch aktiviert, löst er ein Videotelefonat mit Frauchen oder Herrchen auf einem Laptop aus. Ein Forschungsprojekt der Universität Glasgow erprobte das System über drei Monate mit einem Labrador. Anfänglich rief der Hund häufig auch ungewollt an, da er die Funktionsweise des Dog Phone wohl erst noch lernen musste. Doch nach einiger Zeit löste der Labrador auch bewusst Telefonate aus – durchschnittlich meldete er sich fünfmal pro Tag. Wollte die Forscherin ihren Hund allerdings selbst zu Hause anrufen, lief die Kommunikation nicht so gut: Oft ignorierte ihr Labrador den Anruf eiskalt.

183 | Welche TIERE kennen JUNGFRÄULICHE Empfängnis?

Jungfernzeugung ist Fortpflanzung ohne Sex, die Eizelle schafft es, sich selbst zu befruchten. »Parthenogenese« lautet der wissenschaftliche Ausdruck dafür. Als Erster beobachtete es der Schweizer Charles Bonnet im 18. Jahrhundert – an Blattläusen. Auch Wasserflöhe pflanzen sich in der Regel ungeschlechtlich fort, ebenso verschiedene Insekten-, Spinnen-, und Schneckenarten. Aber selbst größere Wirbeltiere sind mitunter verblüffend autonom, was die Fortpflanzung angeht – vor allem in Gefangenschaft. So bekam die Tigerhai-Dame Zebedee immer wieder Nachkommen, ohne in ihrem Bassin im Dubaier Luxushotel Burj al Arab je einen Hai-Herrn gesehen zu haben. Auch der Komodowaran, eine etwa 70 Kilogramm schwere Echsenart, kann sich partnerlos fortpflanzen – so geschehen in mehreren Zoos.

2021 sorgte ein besonderer Fall für Aufsehen: Zwei Kondorweibchen in der Zoo-Zuchtstation von San Diego, Kalifornien, brüteten offenbar ohne fremdes Zutun überlebensfähige Jungtiere aus ihren eigenen Eiern. Eine routinemäßige DNA-Analyse brachte das ans Licht. Es handelt sich um den ersten Fall von Jungfernzeugung bei einer Wildvogelart. Diese Kondor-Damen besitzen eigentlich feste männliche Partner, mit denen sie bereits viele gemeinsame Küken gezeugt hatten. Trotzdem fehlte im Genmaterial der fraglichen Nachkommen plötzlich jede Spur eines Vaters. Kommt Parthenogenese in der freien Wildbahn möglicherweise viel häufiger vor als angenommen?

184 | Kann ein **WURM** mehrere **ENDEN** haben?

Seit seiner Entdeckung im Oktober 2019 trägt ein winziger Wurm den Namen eines Ungeheuers aus der Fantasy-Welt – wegen einer ganz besonderen Eigenschaft: Er hat nicht nur ein Hinterteil, sondern viele. Vorn sieht der Wurm ganz normal aus. Das Körperende von Ramisyllis kingghidorahi jedoch verzweigt sich in Seitenstränge, aus denen weitere Enden sprießen, denen wieder neue entspringen – wie ein Stamm mit zahlreichen Ästen und Zweigen. Dass das Geschöpf aber nach King Ghidorah benannt ist, dem doppelschwänzigen und dreiköpfigen Erzfeind des Filmmonsters Godzilla, hat auch damit zu tun, dass seine Enden wieder nachwachsen können. Genau wie bei dem Drachenkönig.

Entdeckt wurde der Wurm vor der japanischen Insel Sado, wo er in den Kanälen eines Meeresschwamms der Gattung Petrosia lebt. Offenbar füllt er sein Wirtstier zu weiten Teilen aus und kann es auch nicht verlassen. Auf der Außenhülle der Schwämme finden sich lediglich die abgestoßenen Enden des Wurms. Was nun die Schwämme von ihrem fremden Innenleben haben – ob die Würmer ihre Parasiten sind oder ob es eine symbiotische Beziehung ist, von der auch sie profitieren –, ist bislang nicht geklärt.

185 | Können *Goldfische* Auto fahren?

Ein Forschungsteam aus Israel machte ein aufsehenerregendes Experiment: Sechs Goldfische lernten das Autofahren. Das Aquarium – ein einfacher Plastikbehälter – wurde auf eine fahrbare Plattform montiert und mit Sensoren bestückt. Diese übertrugen die Bewegungen der Fische auf die Räder. Zunächst mussten die Tiere begreifen, dass sie die Fahrbewegungen ihres Behälters steuern konnten. Schwammen sie auf eine der vier transparenten Wände zu, bewegte sich das Gefährt in dieselbe Richtung. In nur zehn Tagen konnten die Fische mit ihrem Schwimmverhalten das »Auto« in Gang setzen und in Richtung einer farbigen Wandmarkierung steuern. Kamen sie dort an, erhielten sie Futter. Hatten sie das Ziel verfehlt, konnten sie ihren Kurs wieder korrigieren, sogar rückwärts ausparken und die Markierung doch noch ansteuern. Die Forscher experimentierten außerdem mit wechselnden Zielen: So setzten sie die Markierung an eine neue Stelle, während die Fische noch durch den Raum fuhren. Daraufhin änderten auch die Tiere ihre Richtung. Sie wussten offensichtlich, was zu tun war.

Die Wissenschaftler wollten herausfinden, auf welche Weise Goldfische navigieren und ob sie auch imstande sind, sich in einer unbekannten Umgebung zu orientieren, etwa an Land. Von Kraken weiß man, dass sie das können. Dass auch Fische über ein Orientierungsvermögen außerhalb ihrer eigenen Welt verfügen, darauf lieferte diese Studie den ersten überzeugenden Hinweis.

186 | Stärkt FREMDGEHEN das SOZIALE NETZWERK von Vögeln?

Seinem Namen macht der Trauerschnäpper keine Ehre: Fröhlich unterhält der Singvogel vielfältige Beziehungen außerhalb seiner festen Brutpartnerschaft. Dass dies auch seinem sozialen Netzwerk zugutekommt, wurde vor wenigen Jahren herausgefunden. Eigentlich ist das simpel: Wer außerhalb seines eigenen Nests noch anderswo Nachkommen sitzen hat, will auch sie schützen, schließlich geht es um die eigenen Gene.

Für ihre Studie installierten Forscher jeweils drei Nistkästen in direkter Nachbarschaft zueinander. Insgesamt gab es 44 solcher Drillingsnistkästen, von denen jeder mit A, B oder C gekennzeichnet wurde. Um die Vögel zu markieren und den Nestern zuzuordnen, wurden farbgetränkte Schaumgummistücke an den Einfluglöchern angebracht. Zu Beginn der Brutsaison öffneten die Wissenschaftler zunächst nur die Einfluglöcher der A-Kästen, die Paare in A hatten also einen Vorsprung. Erst als sich in ihren Kästen je ein Gelege aus vier Eiern befand, gab das Team auch die anderen Nistgelegenheiten frei. Dadurch konnten die Männchen aus A auch anderswo für Nachwuchs sorgen. Den Männchen aus B und C war das umgekehrt in den A-Kästen nicht möglich, darin war die Eiablage ja bereits vollzogen.

Als die Jungtiere der A-Paare zwischen 12 und 14 Tage alt waren (und die der anderen etwa fünf Tage), simulierten die Forscher Raubvogelangriffe auf die Nester B und C. Und tatsächlich schwärmten auch die Männchen aus A, die aushäusigen Nachwuchs gezeugt hatten, aus, um die Räuber von den Nestern der anderen zu vertreiben. »Mehr Väter, mehr Schutz« lautet die simple Gleichung.

187 | Welcher KÄFER fliegt mit FEDERN?

Normalerweise hängt die Fluggeschwindigkeit der Insekten von ihrer Größe ab, was bedeutet: je größer, desto schneller. Der Zwergkäfer Paratuposa placentis aber widersetzt sich dieser Regel. Er misst weniger als einen halben Millimeter (genau: 395 Mikrometer), ist aber so rasant unterwegs wie ein Fluginsekt von etwa dreifacher Größe. Nach den Gesetzen der Aerodynamik dürfte das nicht sein. Was also ist des Käfers Trick?

Statt Flügeln aus Membran hat der Winzling eine gefiederte Flugvorrichtung – extrem leichte Federflügel, die aussehen wie ultrakleine Borsten – sowie einen bislang unbekannten Flügelschlag. Beides zusammen sorgt für Tempo. Mit einer Hochgeschwindigkeitskamera zeichneten Forscher die Flugtechnik auf und verfolgten, wie eine schaufelartige Abwärtsbewegung zunächst für starken Auftrieb sorgt und dann in eine diagonale Aufwärtsbewegung übergeht, die den nächsten Schlag einleitet. Insgesamt besteht die Flugbewegung aus vier Flügelschlägen in Form einer liegenden Acht. Aber auch die Deckflügel spielen eine Rolle. Sie schwingen im Flug hin und her und dämpfen so übermäßige Vibrationen des Körpers. Offenbar hat die Evolution bei diesem winzigen Geschöpf alles mobilisiert, um es so schnell zu machen wie die Großen.

188 | Wie gut ERHOLEN sich die BESTÄNDE der BUCKELWALE?

Es gibt sie noch, die guten Nachrichten. Vor der südamerikanischen Küste lebt eine von 14 bekannten Buckelwal-Populationen der Welt. Dort tummeln sich offenbar wieder fast so viele Buckelwale wie im Jahr 1830, bevor der kommerzielle Walfang einsetzte. Die derzeitige Anzahl wird auf etwa 25 000 Tiere geschätzt. Um 1830 sollen es rund 27 000 Tiere gewesen sein, und wenn der Zuwachs so weitergeht, könnten die Bestände um 2030 wieder ihre alte Größe erreicht haben. Im Jahr 1958 waren gerade noch 440 der Wale am Leben. Vor allem der Schutz durch das Walfangmoratorium, das 1986 in Kraft trat, hat die Meeressäuger gerettet. Offenbar verkraften die Wale bislang auch die Einflüsse der Erderhitzung noch gut – solange nicht durch die Klimakrise beispielsweise der Krillbestand abnimmt, von dem die Buckelwale des westlichen Südatlantiks sich hauptsächlich ernähren.

189 | Können Birken MIKROPLASTIK aus dem BODEN ziehen?

Mittlerweile befinden sich Partikel von Mikroplastik überall auf der Welt, sogar im Blut von Menschen. Besonders aber auf landwirtschaftlichen Flächen. Könnte man vielleicht Pflanzen gezielt als Bodensanierer einsetzen? Ein Forschungsteam setzte zwei einjährige Weißbirken in ein Pflanzsubstrat, das mit drei Gramm Plastikpartikeln winzigster Größe (von 5 bis 50 Mikrometern) kontaminiert war. Die Kunststoffe wurden mit einem fluoreszierenden Farbstoff markiert, und dann wuchsen die Birken erst einmal. Später wurde das Wurzelgeflecht mithilfe von Fluoreszenz- und Laser-Scanning-Mikroskopie untersucht. Tatsächlich waren die farblich markierten Mikroplastikteile weit ins Wurzelsystem der Birken eingedrungen. Nun schließen sich weitere Fragen an: Reicht das Potenzial von Birken aus, um Mikroplastik auch in größerem Umfang aus dem Erdreich zu ziehen? Bleiben die Bäume dabei gesund? Birken zeigen eine vergleichsweise hohe Toleranz und Widerstandskraft gegenüber chemischen Schadstoffen. Zur Rekultivierung chemisch belasteter Flächen sind sie jedenfalls schon einmal geeignet.

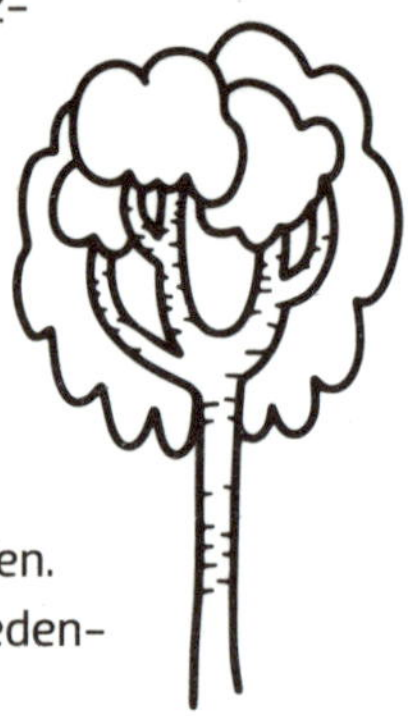

190 | Warum werden HÄHNE vom KRÄHEN nicht TAUB?

So mancher Gockel erreicht bei seinem Kikeriki einen Schalldruck von mehr als 120 Dezibel – das entspricht dem Lärm von Kettensägen und startenden Düsenjets. Ab 120 Dezibel werden die feinen Haarzellen im Innenohr geschädigt – beim Vogel nicht anders als beim Menschen. Wie also verhindert der Hahn solche Schäden? Wenn er seinen Schnabel zum Krähen öffnet, klemmt ein Teil seines Kiefers den Gehörgang auf etwa einem Viertel seiner Länge ab. Zudem legt er sich auf einen großen Teil des Trommelfells und dämpft so zusätzlich den Schall. Forscher gehen davon aus, dass der Effekt dem eines maßgefertigten Ohrstöpsels gleichkommt. Und der verringert den Schalldruck um mehrere Dutzend Dezibel. Wie die Hennen den Lärm aushalten, ist eine andere Frage: Wahrscheinlich gehen sie einfach auf Abstand. Schon in einem halben

Meter Entfernung liegt der Schallpegel nur noch bei rund 100 Dezibel. Zudem sind die Härchen im Innenohr eines Vogels robuster als beim Menschen. Sie regenerieren sich binnen wenigen Tagen.

191 | Gibt es den **WETTERFROSCH** wirklich?

Drei bis fünf Zentimeter groß und blattgrün gefärbt hüpft der Laubfrosch mit kräftigen Sätzen durch die Flur. Seine herausragende Eigenschaft: Als einziger europäischer Lurch ist er fähig, an Sträuchern und Bäumen emporzuklettern, die er etwa zum Sonnen und zum Ausruhen nutzt. Eng damit verknüpft ist seine angebliche Gabe als Wetterprophet, denn deswegen hielt man ihn früher mancherorts in einem Glas: Wenn er ein Leiterchen darin erklimme, werde es schön, bei schlechtem Wetter bleibe der Frosch am Boden.

Und tatsächlich: Laubfrösche erklimmen besonders bei sonnigem, warmem Wetter größere Höhen. Aber es ist in erster Linie der Appetit auf Mücken und Fliegen, der sie auf höhere Pflanzen lockt. Denn die Fluginsekten schwirren bei Sonnenschein – von Thermik getragen – weiter oben. Kühlt sich die Luft ab, bleiben Fliegen und Mücken näher am Boden, und mit ihnen der Frosch. Das aber meist zu einem Zeitpunkt, da Wolken und Winde den Umschwung längst angekündigt haben. Als Wetterpropheten eignen sich die Hüpfer also nicht. Ohnehin dürfte ein Laubfrosch in einem Glas – so man ihn ausreichend füttert – nur recht selten auf eine Leiter steigen. Ganz gleich bei welchem Wetter.

192 | Behandeln sich **SCHIMPANSEN** mit **INSEKTENMEDIZIN**?

Die »gelbe Biotechnologie« untersucht, ob sich in den Sekreten von Insekten antimikrobielle Substanzen finden lassen, möglicherweise sogar Alternativen zu geläufigen Antibiotika. Der Zusatz »gelb« geht dabei auf das Insektenblut zurück, die sogenannte Hämolymphe, die farblos bis gelblich ist. Schimpansen sind uns in dieser Sache allerdings voraus: Forscher konnten beobachten, wie

Schimpansen sich oder ihre Artgenossen mit Insekten kurierten. Zuerst fingen sie ein Insekt mit der Hand und hielten es mit den Lippen oder den Fingern fest. Danach drückten sie es auf eine offene Wunde, etwa am Fuß, und rieben das Tier hinein. Anschließend entfernten sie es wieder. Die beiden letzten Schritte wiederholten sie oft mehrere Male. Um welche Insekten es sich genau handelte, war nicht zu erkennen. Insgesamt wurden 76 Wunden dokumentiert, an denen die Affen laborierten. Ob die Therapie heilsam ist und, falls ja, wie sie wirkt, ließ sich ebenfalls nicht klären. Das zu untersuchen wäre wohl eine Aufgabe für die »gelbe Biotechnologie«.

193 | Weshalb hat der MARIENKÄFER PUNKTE?

Kleinen Kindern wird noch erzählt: »Wenn du die Punkte eines Marienkäfers zählst, weißt du, wie alt er ist.« Wäre das wahr, hätte fast jeder der Käfer nur einen Punkt, denn länger als ein Jahr lebt kaum einer. Tatsächlich aber haben sie mitunter mehr als 20 runde Flecke. Auch sind längst nicht alle rot-schwarz gepunktet, es gibt schwarze mit roten Tupfern, gelbe mit schwarzen Flecken und andere. Biologen vermuten, dass die Farben Fressfeinden wie etwa Vögeln, Mäusen und Fröschen signalisieren sollen: »Vorsicht, ich bin giftig!« Das ist keine leere Drohung. Ein Marienkäfer kann aus Drüsen gelbliche Tröpfchen mit toxischen Substanzen absondern, was Angreifer abschreckt. Am giftigsten sind die besonders intensiv gefärbten Käfer. Allerdings nicht für Menschen, denn womöglich lässt sich die Körperflüssigkeit künftig sogar medizinisch nutzen: Das Gift des Asiatischen Marienkäfers enthält eine Substanz, die gerade gegen den Erreger von Tuberkulose und Malaria getestet wird. Seinen Namen erhielt der Krabbler vermutlich einst, weil der Siebenpunkt-Marienkäfer Menschen an die sieben Schmerzen der Jungfrau Maria erinnerte. Auch gab es den Glauben, dass Maria ihn geschickt habe, um die Ernte vor Schädlingen zu schützen. Tatsächlich sind Marienkäfer Vernichter von Blattläusen. Deshalb gelten sie bis heute als Glücksbringer.

194 | Kommunizieren Pilze über ihr Wurzelgeflecht?

Glaubt man dem britischen Informatiker Andrew Adamatzky, lautet die Antwort: Ja. Er hält es sogar für möglich, dass Pilze über eine Art Sprache verfügen, die »fungal language«. Denn Pilze leiten elektrische Signale durch ihr Wurzelgeflecht, das sogenannte Myzel. Es könnte sein, dass sie so kommunizieren. Adamatzky steckte winzige Elektroden in die Fruchtkörper von vier Pilzarten sowie in ihr Wuchssubstrat und zeichnete die elektrischen Impulse auf. Es stellte sich heraus, dass die elektrischen Signale Muster bildeten, die von Pilz zu Pilz variierten. Sie zeigten Aktivitätsspitzen, sogenannte Spikes. In Stärke und zeitlichem Abstand wichen diese Spikes voneinander ab und erzeugten so eine jeweils eigene Struktur. Ähnlich wie in einem Nervengeflecht, das dem Informationsaustausch dient. Deshalb analysierte Adamatzky die elektrischen Signale nun wie eine menschliche Sprache und betrachtete die Spike-Strukturen als Wörter: Die Abfolge der Spikes ergab tatsächlich ähnliche »Wortlängen« wie in menschlichen Sprachen. Auch ähnelte ihr komplexes Muster unseren Sätzen. Das vielschichtigste Muster erzeugte dabei der Gemeine Spaltblättling, Adamatzky schrieb ihm bis zu 50 Wörter zu. Seine Studie ruft aber Zweifel bei Fachleuten hervor: Es sei noch gar nicht erwiesen, dass die elektrischen Signale überhaupt der Kommunikation dienen.

195 | Können BÄUME einen SONNENBRAND bekommen?

Das können sie. Normalerweise schützt sie ihre Rinde. Doch bei der Fichte und der Buche zum Beispiel ist sie dünner als bei anderen Bäumen, sie sind also besonders gefährdet. Aber auch Ahorne, Linden, Eschen und Erlen können unter zu viel Sonne leiden. Allgemein kann dies für Bäume zum Problem werden, wenn sie es gewohnt sind, im Schatten anderer Bäume zu stehen – und diese dann plötzlich gefällt oder vom Sturm umgeworfen werden. Nun brennt die Sonne im Sommer auf die »unerfahrene« Rinde, und das gibt »Rindenbrand«. Das kann wegen des Klimawandels sogar in den immer wärmer werdenden Wintern passieren. Denn dann ist die Sonne oft am Tag noch warm, nachts aber kommt der Frost. Das führt zu großen Temperaturunterschieden am Stamm, wodurch Borke und Rinde aufplatzen können. Dann können Parasiten und Pilze leichter eindringen, die den Baum schwächen, bis er irgendwann stirbt. Förster schützen gefährdete Bäume deswegen oft mit Kalk oder »Baumweiß« – einem hellen Anstrich, der die Sonnenstrahlen reflektiert.

196 | Wo sind REGENWÜRMER eine gefährliche INVASIVE ART?

Möglicherweise verspielen Regenwürmer gerade ihren guten Ruf. In Kanada scheinen sie als invasive Art aufzutreten und der heimischen Tierwelt zu schaden. Wo sie sich ausbreiten, geht die Vielfalt von Insekten zurück. Untersucht wurden 60 Parzellen in Waldregionen, Flächen mit hohem und Flächen mit geringem Wurmvorkommen im Boden, um Vergleiche ziehen zu können. Tatsächlich fiel in den wurmreichen Parzellen die Artenvielfalt der Insektenfauna um 18 Prozent geringer aus, auch die Biomasse war dort um 27 Prozent niedriger als auf den Vergleichsflächen. Der Grund für den negativen Einfluss der Regenwürmer ist vermutlich Nahrungskonkurrenz. Sie fressen abgestorbenes Pflanzenmaterial, zum Beispiel Laub, das dann den bodenlebenden Insekten fehlt.

197 | Herrscht im MARIANENGRABEN Stille?

Im Marianengraben – mit knapp 11 000 Metern die tiefste Rinne der Weltmeere – existieren durchaus Organismen. Neben Amöben und Einzellern gibt es dort auch einige spezialisierte Fische wie Pseudoliparis swirei, eine Art aus der Familie der Scheibenbäuche. Doch lange Zeit ging man davon aus, dass deren Lebenswelt eher still ist, da die Wesen kaum Laute von sich geben. Aber dann hörten im Jahr 2016 Forscher von der Oregon State University Tonbandaufnahmen ab, die sie von Unterwasserdrohnen im Marianengraben hatten machen lassen. Immer wieder waren darauf fünfteilige Geräuschserien zu vernehmen, die von tiefem Stöhnen bis zu hohem Quietschen reichten. Geologische Vorgänge als Quellen ließen sich ausschließen. Stattdessen erinnerten die Klänge an den Gesang von Bartenwalen, vor allem der niederfrequente, stöhnende Teil. Andererseits macht der hohe, quietschende Teil die Laute einzigartig. Ist man hier einer völlig neuen Walart auf der Spur? Stutzig macht die Forscher aber, dass die Lautfolgen ganzjährig zu hören sind und nicht nur im Winter, wenn Zwergwale einander zur Paarung rufen. Einstweilen wird der Sound »Western Pacific Biotwang« genannt.

198 | Wie wichtig sind URALTBÄUME für die GESUNDHEIT des WALDES?

Eine Kiefer namens Methuselah in den kalifornischen White Mountains soll beinahe 5000 Jahre alt sein. Möglicherweise macht sie das zum ältesten Baum der Welt. Aber auch jüngere Baumveteranen, die an der Tausendermarke kratzen oder auch nur mehrere Hundert Jahre alt sind, kommen extrem selten vor. Sie machen weniger als ein Prozent des globalen Waldbestands aus. Dabei könnten ausgerechnet diese Uraltbäume entscheidend sein für die langfristige Anpassungsfähigkeit eines Waldes und damit für sein Fortbestehen in Zeiten der Klimakrise. Denn Baumgreise bilden ein wichtiges genetisches Reservoir für die Vielfalt von Wäldern. Ihre Langlebigkeit trägt entscheidend dazu bei, dass der Wald, in dem sie wachsen, schlechte Umweltbedingungen besser übersteht. Denn solche Bäume haben selbst dramatische Umweltveränderungen ausgehalten, sie sind über lange Zeiträume hinweg weder Naturkatastrophen noch Schädlingen zum Opfer gefallen. Was sie so zäh macht, ist in ihren Genen verankert, und diese Widerstandsfähigkeit geben sie an ihre Umgebung weiter. Umso wichtiger ist es in Zeiten des Klimawandels, Wälder nicht nur mit jungen Bäumen aufzuforsten, sondern die Methusalems zu schützen.

199 | Wie GROSS können PFLANZEN werden?

Eine Seegraswiese vor der Westküste Australiens hat sich als gigantische Einzelpflanze entpuppt. Sie erstreckt sich über eine Fläche von rund 200 Quadratkilometern – fast so groß wie das Stadtgebiet von Hannover. Dass es dabei nicht um eine Pflanzengemeinschaft handelt, hat allerdings erst der Zufall gezeigt. Ursprünglich wollte ein australisches Forschungsteam die genetische Vielfalt der Seegraswiese untersuchen und entnahm daher Proben an verschiedenen Stellen entlang ihrer mehr als 180 Kilometer langen Ausdehnung. Doch dann offenbarten die Erbgutanalysen, dass alle Proben genetisch identisch waren. Sie entstammten also einer einzigen Pflanze, einem riesigen Klon. Damit er so groß werden konnte, müssen Tausende Jahre ins Land gegangen sein. Daher könnte die Seegraswiese mindestens 4500 Jahre alt sein. Damit entthront sie nun auch den Zitterpappelwald Pando im Südwesten der USA, der bislang als größter Organismus der Welt galt, aber nur vergleichsweise bescheidene 0,43 Quadratkilometer umfasst.

200 | Trinken AFFEN gerne ALKOHOL?

Auf den Inseln der Karibik vergreifen sich Grüne Meerkatzen regelmäßig an den Cocktails von Touristen, in Guinea laben sich Schimpansen am vergorenen Saft der Raffia-Palme. Nun kommen die Geoffroy-Klammeraffen in Panama hinzu: Sie fressen bevorzugt die Früchte des Mombinpflaumenbaums, und zwar vor allem die überreifen, die mehr Alkohol enthalten. Aber suchen diese Tiere wirklich den Rausch?

Das fragte sich ein Forschungsteam aus den USA und untersuchte die Fressgewohnheiten der Klammeraffen. Es sammelte, was die Tiere von den Bäumen zu Boden fallen ließen. Darunter angebissene Früchte, aber auch solche, die die Affen verschmähten. Außerdem nahmen sie Urinproben von den Tieren, indem sie einen großen Plastiktrichter unter die Bäume hielten. Die Proben wurden auf die Alkoholmarker Ethylglucuronid und Ethylsulfat untersucht: Es ließ sich wirklich Alkohol darin nachweisen. Auch die Früchte enthielten etwas Ethanol. Doch ein Rausch dürfte sich damit nicht einstellen, so die Forscher. Dafür sei der Ethanolgehalt der Früchte zu gering, die Affen wären längst satt, bevor ein Rausch einsetzte. Vielmehr könnte es den Tieren um den Zuckergehalt gehen. Je reifer die Frucht, desto mehr Zucker enthält sie und desto höher ist ihr Nährwert. Und wer mehr Kalorien zu sich nimmt, erhöht seine Überlebenschancen.

201 | Welches TIER hat die LÄNGSTE BRUTZEIT?

Kein Tier muss so ausdauernd auf seinen Eiern sitzen wie jene handtellergroßen Kraken tief im Pazifischen Ozean. Bei einem Unterwassercanyon, auf 1400 Meter Tiefe, beobachtete der Tauchroboter eines Biologenteams ab 2007 eine jener brütenden Krakenmütter. Das Tier saß dort bis 2011 auf einem Felsvorsprung und ließ sein Gelege während der kompletten viereinhalb Jahre keine Sekunde allein, besorgte sich nicht einmal mehr Futter. Mit der Zeit wurde das ursprünglich braunrote Tier totenbleich, und nach dem Schlüpfen der 160 Jungen war es buchstäblich und endgültig verblichen. Die Nachkommenschaft dagegen entwickelte sich prima. Die Brutzeit der Kraken hängt ab von der Wassertemperatur. Im beobachteten Fall betrug sie knapp drei Grad Celsius, in größeren Tiefen wird es noch kälter. Bei dann 1,6 Grad könnte die Brutzeit sogar bis zu zwölf Jahre dauern, so wird geschätzt. Doch so geduldig sind nicht einmal Kraken: Statt ihr Dasein als Dauerbrüter zu fristen, setzen sie auf Geothermie. Im Unterwassercanyon strömt stellenweise erwärmtes Wasser aus Rissen im Gestein und erwärmt das Meerwasser auf zehn Grad. Das verkürzt die Brutzeit auf rund 600 Tage. Der Tauchroboter entdeckte noch Hunderte Tiefseekraken – beim Gemeinschaftsbrüten.

202 | Wachsen **PFLANZEN** auch in **MONDSTAUB?**

Wer den Mond besiedeln will, sollte dort Nahrung anbauen können. Aber ist das realistisch? Ein Team der University of Florida erhielt echten Mondstaub von der Nasa. Er stammt noch von den Apollo-Missionen der 1960er- und 1970er-Jahre. Da das eine überaus kostbare Ressource ist, konnte das Team ihn nur grammweise als Pflanzensubstrat nutzen. Die Forscher setzten Samen der Ackerschmalwand in winzige Vertiefungen und fügten Nährlösung hinzu. Zur Kontrolle wurden zusätzliche Saatkörner in ein irdisches Pflanzensubstrat gesetzt, das Mondstaub ähnlich war. Zunächst bildeten sich in beiden Fällen Blätter und Wurzeln. Doch nach sechs Tagen zeigte sich, dass die Mondstaub-Keimlinge im Wachstum zurückgeblieben waren. Ihre Wurzeln sahen verkümmert aus, das Blattwerk war kleiner, einige Schösslinge zeigten starke Pigmentierungen als Anzeichen von Stress. Eine Genanalyse bestätigte die hohe Belastung der Pflanzen im lunaren Boden. In ihrem Erbgut fanden sich zahlreiche aktivierte Gene, die mit Stress in Verbindung stehen. Sollte also eines Tages der Mond tatsächlich besiedelt werden, so gibt es zwar theoretisch die Möglichkeit, dort Ackerbau zu betreiben. Aber auf die Pioniere wartet harte Arbeit.

203 | Welche **MAUS** tötet ihre **BEUTE** mit **GIFT?**

Nach Beute sucht die Spitzmaus im Wasser: Die kleine Schwimmerin springt mit dem Kopf voran ins Nass und paddelt mit den Pfoten zum Gewässergrund. Dort stupst sie mit der Schnauze Steine um, bis sie etwas Schmackhaftes findet. Auf ihrer Speisekarte stehen Kleinkrebse, Insektenlarven, Schnecken, gelegentlich auch Fische. Ihre Beute betäubt die Räuberin durch einen Biss, dabei fließt ein Nervengift aus ihrem Speichel. Dann schleppt sie ihren Fang an Land. Dass ein Säugetier ein Gift produziert, ist selten, weitere Beispiele sind das australische Schnabeltier oder der Plumplori, ein Primat aus Südostasien. Auch für Menschen kann der Biss der Wasserspitzmaus gefährlich sein, die Wunde kann jahrelang jucken, brennen und anschwellen. Tatsächlich ist der Mensch für die Spitzmaus aber viel gefährlicher. Denn er dringt immer weiter in ihre Lebensräume ein, indem er naturnahe Gewässer bebaut und bewirtschaftet. Inzwischen steht die Wasserspitzmaus als gefährdete Art auf der Roten Liste der Weltnaturschutzunion.

204 | Bestimmt die RASSE das Verhalten von HUNDEN?

Seit mehr als 20 Jahren gibt es in Deutschland Rasselisten, die Hunde in gefährliche und ungefährliche Rassen einteilen. Die sogenannten Kampfhunde, darunter der Pitbull oder der American Staffordshire Terrier, stehen bei uns auf dem Index, weil allein schon ihre Rassezugehörigkeit sie zu vermeintlich aggressiven und bedrohlichen Hunden macht. Eine Untersuchung hat jedoch ergeben: Das Wesen eines Hundes wird nur zu gerade einmal neun Prozent von seiner Rasse beeinflusst, denn genetische Besonderheiten gibt es unter den Rassen kaum. Zu den wenigen gehört zum Beispiel die etwas stärkere Gehorsamsneigung von Deutschen Schäferhunden. Aggressives Verhalten hat dagegen nichts mit Rassezugehörigkeit zu tun, ein Pitbull kann so friedfertig sein wie ein Mops. Die meisten Verhaltensweisen der Hunde sind genetischen Ursprungs und werden weitervererbt, aber nicht aufgrund ihrer Rassezugehörigkeit, sondern abhängig von den Elterntieren und deren individuellen Charakteren. So prägen Rassemerkmale das äußere Erscheinungsbild von Hunden, jedoch nicht ihr individuelles Verhalten.

205 | Wie viele *Säugetierarten* sind noch UNENTDECKT?

Trotz des umfassenden Artensterbens auf der Erde entdecken Forschende weiterhin neue Säugetiere. Darunter sind auch sehr große Spezies, sogar Giraffen- und Primatenarten. Wie ist das möglich? Sie können sich verstecken. Deutlich wird das allerdings nur auf dem Papier. Mithilfe von Gensequenzierungen lassen sich zahlreiche neue Säugetierarten aufspüren, die sich äußerlich kaum von den bereits bekannten Spezies unterscheiden. Erst eine Untersuchung des Erbguts zeigt, dass es sich tatsächlich um eigenständige Arten handelt, die auch einen eigenen Namen verdienen. Von ihnen könnte es jede Menge geben, selbst bei den so gut erforschten Säugern, von denen bislang etwa 6400 Spezies erfasst sind.

Ein Forscherteam analysierte eine Million Gensequenzen von insgesamt 4310 bereits bekannten Säugetierarten und entwickelte ein Vorhersagemodell, mit dem sich versteckte Arten entdecken lassen. Danach wird geschätzt, dass erst etwa 80 Prozent der heute lebenden Säugetiere bekannt sind, was im Umkehrschluss heißt: Noch etwa 20 Prozent leben im Verborgenen. Das sind vor allem Nagetiere. Aber selbst bei den bislang geläufigen 219 Primatenarten existiert laut der Studie noch eine Lücke von gut 30 Prozent: immerhin 69 bisher unentdeckte Spezies.

206 | Was haben HAIE im HUNDE- und KATZENFUTTER zu suchen?

Die Deklaration auf den Futtertüten klingt harmlos: »Weißfisch« steht da oder sogar nur »Meeresfisch«. Doch Bestandteil etlicher Hunde- und Katzenfuttermittel ist das Fleisch diverser Haiarten, darunter Blauhaie oder Weißspitzen-Riffhaie. Das ergab die Analyse von 144 Proben aus 45 Futtersorten, die auf 16 international bekannte Marken zurückgingen. Von diesen Proben enthielt knapp ein Drittel die DNA von Haien, etwa 31 Prozent. Das ist besonders bitter, weil die Bestände der Haie in den vergangenen fünf Jahrzehnten um rund 70 Prozent zurückgegangen sind. Ungefähr ein Drittel aller Arten steht inzwischen kurz vor der Ausrottung, wie zum Beispiel der Sandtigerhai. Die unklare Deklaration oder die bewusst falsche Kennzeichnung der Inhaltsstoffe täuscht die Haustierfans. Ohne es zu wissen, tragen sie durch ihr Kaufverhalten zur Überfischung von Haibeständen bei.

207 | Wie überleben VAMPIRFLEDERMÄUSE ihre EINSEITIGE KOST?

Gemeine Vampirfledermäuse ernähren sich sehr einseitig: ausschließlich von Blut. Dadurch nehmen sie viel Protein und enorme Mengen Eisen zu sich, aber fast keinerlei Fett oder Zucker. Forscher verglichen das Genom der Tiere mit dem von 26 anderen Fledermausarten. Dabei zeigte sich, dass bei Vampirfledermäusen 13 Gene, die bei den anderen Arten vorkommen, durch Mutationen zerstört sind. Da ihre Nahrung kaum Zucker enthält, müssen sie beispielsweise nur wenig Insulin bilden. Ihnen fehlen daher zwei Gene, die bei anderen Fledermäusen für die Insulin-Ausschüttung verantwortlich sind. Außerdem ist ein Gen eliminiert, das fruchtfressenden Fledermausarten dabei hilft, Kohlenhydrate aus der zuckerhaltigen Nahrung zu speichern. Ebenfalls defekt ist bei den Blutsaugern ein Gen, das den Blutkreislauf reguliert und normalerweise verhindert, dass Eisen in die Zellen der Darminnenwand gelangt. Bei Vampirfledermäusen kann sich dies ungehindert in den Darmzellen anreichern.

Diese werden – mitsamt dem überschüssigen Eisen – ständig ausgeschieden. So kommen die Tiere mit dem hohen Eisengehalt ihrer Nahrung zurecht.

208 | Wie schützen SPECHTE ihr GEHIRN?

Bei der Nahrungssuche, beim Nisthöhlenbau und bei der Partnersuche schlagen Spechte 20-mal pro Sekunde mit dem Kopf gegen Bäume. Wir Menschen würden bei so einer Wucht unser Gehirn beschädigen, doch der Specht klopft munter weiter. Lange dachte man, dass sein Gehirn durch einen schwammigen Knochen geschützt wird, der die Schläge wie ein Airbag abfedert. Doch die berühmte Dämpfung der Spechte gibt es nicht. Mehr als 100 Aufnahmen von sechs Spechten drei verschiedener Arten ergaben, dass sie alle steif wie ein Hammer zuschlagen. Eine Simulation erklärte, warum diese Steifheit von Vorteil ist: Eine Dämpfung im Kopf würde die nötige Wucht der Schläge zu sehr abfedern, und die Spechte könnten dabei nicht die Kraft ausüben, die es braucht, um schnell viel Holz wegzuhämmern. Dass ihr Gehirn trotzdem nicht erschüttert wird, liegt daran, dass es so klein ist. Je größer die Gehirnmasse, desto größer das Risiko einer Verletzung. Hinzu kommt: Das Spechthirn füllt den Schädel passgenau aus und prallt daher nicht von innen an den Schädelknochen.

209 | Wo leben SPINNEN unter WASSER?

Bislang wusste man nur von einer einzigen der rund 48 000 bekannten Spinnenarten, dass sie unter Wasser leben kann. Die Silber- oder Wasserspinne aus Europa verbringt ihr ganzes Dasein in stehenden Gewässern. Dort legt sie glockenförmige Netze an, die sie mit Luft befüllt, um darin zu wohnen, zu fressen und sich fortzupflanzen. Ab und zu versorgt sie sich an der Oberfläche mit neuen Luftbläschen, die sie hinab in ihre Netze trägt.

Nun erwächst dieser Ausnahmeerscheinung Konkurrenz aus Mittelamerika: Auch die tropische Spinnenart Trechalea extensa taucht ins Wasser ab, allerdings bei Gefahr. Anders als »semiaquatische« Spinnenarten, die kurzzeitig schwimmen können, lässt sich die Tropenspinne für bis zu 32 Minuten zu Boden sinken. Ein Forscherteam hatte die mit etwa 14 Zentimetern Spannweite ziemlich große Spinne an einem Bachlauf entdeckt und versucht, sie zu fangen. Da huschte das Tier ins Wasser und tauchte bis zum Grund. Dort blieb es reglos sitzen, bis es nach mehr als einer halben Stunde wieder zur Oberfläche vorstieß und auf einen Felsen kletterte. Während seines Tauchgangs hatte es seinen Leib in einen Luftfilm gehüllt, der offenbar wie eine Isolierschicht wirkte. Die dichte Körperbehaarung scheint der Spinne zu helfen, den Luftfilm so lang aufrechtzuerhalten.

210 | Wie behält die JAKOBSMUSCHEL den DURCHBLICK?

Viele kennen sie als Erkennungszeichen der Pilger nach Santiago de Compostela. Die christlichen Wallfahrer des Mittelalters nutzten die Muschel wohl zum Wasserschöpfen entlang des Weges. Die passende Größe hat die Schale: Erwachsene Tiere werden 10 bis 15 Zentimeter groß. Die Muschel kann tatsächlich schwimmen: Wie ein klapperndes Gebiss öffnet und schließt sie dazu ihre Schalen mit einem kräftigen Muskel. So ist sie in der Lage, zu flüchten oder eine bessere Stelle zum Filtern des Meerwassers zu erreichen, von dessen Mikroorganismen sie sich ernährt.

Ihr vielleicht größter Trumpf ist ein ausgeklügelter Sehapparat: Die Weichtiere verfügen über bis zu 200 Augen, die rundherum an ihrem inneren Schalenrand sitzen. Jedes dieser Sehorgane ist faszinierend: Ein mosaikartiger Spiegel aus komplex angeordneten Kristallstapeln an der Hinterseite der Augenhöhle lenkt visuelle Reize auf gleich zwei davor liegende Netzhäute. Fast wie moderne optische Großteleskope, deren Spiegel ebenso in Segmente aufgeteilt sind und sich verschiedenen Gegebenheiten anpassen. Indem die Muschel die Informationen aller Augen miteinander verrechnet, kann sie ein umfassendes Bild ihrer Umgebung gewinnen und zum Beispiel Bewegungen von Räubern gut registrieren. Eine beeindruckende Leistung, insbesondere wenn man bedenkt, dass die Tiere kein komplexes Gehirn haben.

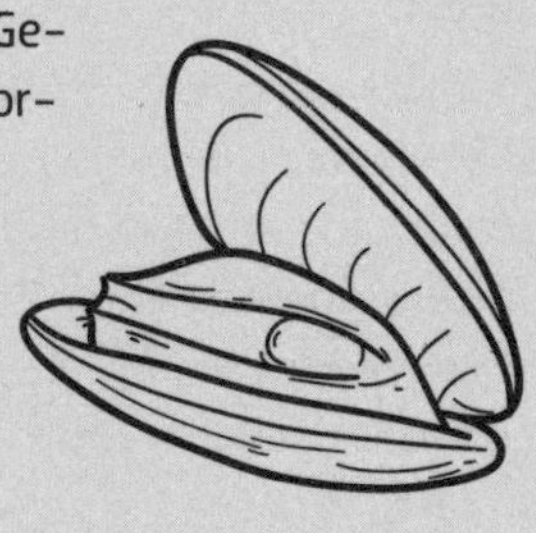

211 | Warum ist die HAGEBUTTE im INNERN so HAARIG?

Schon in der Jungsteinzeit – so belegen über 7000 Jahre alte Funde – haben Menschen die rote Frucht gesammelt und verzehrt. Kaum verwunderlich: Schließlich zählt die Hagebutte zu den vitaminreichsten, gesündesten Früchten der Welt und wird gern zu Tee oder Marmelade verarbeitet. Wäre da nur nicht ihr haariges Inneres, das manche von uns in Kindertagen zur Herstellung von Juckpulver verleitet hat. Diese Nüsschen tragen kleine, widerhakenbestückte Härchen, die sich leicht in die Haut bohren und dann Reizungen verursachen. Wahrscheinlich fördert dieser Flaum die Verbreitung der Frucht. Hagebutten werden im Spätherbst und Winter vor allem von Drosseln gefressen. Die Härchen sorgen als unverdaulicher Ballaststoff vermutlich dafür, dass die Samen möglichst rasch den Darm der Tiere passieren und überall draußen verteilt werden. Einen Hinweis auf ihren botanischen Ursprung gibt die englische Namensbezeichnung »rose hip«: Es sind die Früchte der Rose, die uns da von wilden Sträuchern entgegenleuchten.

212 | Gibt es auch bei TIEREN den PLACEBO-EFFEKT?

Ein Medikament enthält keinerlei Wirkstoff, lindert aber trotzdem die Beschwerden. So funktioniert, kurz gesagt, der Placebo-Effekt. Wie aber verhält sich das bei Tieren? Scheinmedikamente haben auch bei Tieren eine Wirkung. Sie müssen nur zuvor die Erfahrung gemacht haben, dass ihnen ein Mittel hilft. Forscher ließen Laborratten süße Milch aus einem Metallröhrchen trinken. Allerdings war das Röhrchen auf 48 Grad erhitzt, sodass die Ratten sich die Schnauzen verbrannten. Im nächsten Schritt spritzte das Team den Tieren Morphium. Das Opiat stillte den Schmerz, wodurch die Ratten deutlich länger Milch aus dem erhitzten Rohr trinken konnten. Sie lernten zudem, die schmerzstillende Wirkung mit der Injektion in Verbindung zu bringen. Denn es zeigte sich, dass sie dem Hitzeschmerz auch dann noch widerstanden und weitertranken, wenn sie im Verlauf des Experiments eine Spritze bekamen, die kein Morphium mehr enthielt, sondern nur noch eine wirkungslose Kochsalzlösung.

213 | BESTÄUBEN Tiere PFLANZEN auch UNTER Wasser?

Anders gefragt: Gibt es so etwas wie Unterwasserbienen? Bislang schien die geschlechtliche Fortpflanzung mit tierischer Hilfe nur bei Landpflanzen vorzukommen, abgesehen von Seegras, das von Tieren bestäubt wird, die in den Unterwasserwiesen leben. Aber auch die tropische Rotalgenart Gracilaria gracilis profitiert von aktiver Bestäubungshilfe durch Tiere. Ein kleiner Meereskrebs, die Baltische Meerassel, betätigt sich dabei als Spermien-Taxi. Das Krebstier weidet in den buschigen Zweigen der Rotalgen und ernährt sich dort von Mikroalgen. Hält es sich auf einer männlichen Rotalge auf, kleben bald Spermien an seinem Leib, die es beim Weiterwandern den weiblichen Pflanzen zuträgt. Dort lösen sich die Spermien ab und befruchten die Rotalgeneier. Interessanterweise sind Rotalgen sehr viel älter als die ältesten Landpflanzen. Es könnte also sein, dass die Befruchtung mit tierischer Hilfe, von der man so lange annahm, dass sie nur an Land stattfindet, eigentlich aus dem Meer stammt und von dort aus die Flora an Land erobert hat.

214 | Können BIBER helfen, die FOLGEN des KLIMAWANDELS abzumildern?

Und wie! Die baumfällenden Nager haben sich als wahre Umweltingenieure herausgestellt. Schon lange ist bekannt, dass ihre Dämme, Wohnbauten und künstlich angelegten Teiche eine positive Auswirkung auf die Ökosysteme von Flüssen haben. Wie stark dieser Effekt ist, war bisher allerdings unklar. Untersuchungen aus den USA zeigen nun, in welchem Ausmaß Biber zum Beispiel die Fließgeschwindigkeit und die Temperatur von Gewässern vermindern können. Beobachtet wurde die Entwicklung von 13 Oberläufen des Skykomish River im US-Bundesstaat Washington vor und nach der Rückansiedlung von 69 Bibern. Es zeigte sich, dass die Dämme der Biber den Grundwasserspiegel um bis zu 0,33 Meter anzuheben vermochten. Dies führte flussabwärts ihrer Dämme zu einer durch-

schnittlichen Abnahme der Wassertemperatur im Fluss um 2,3 Grad Celsius. Der Effekt kann schon im ersten Jahr nach der erfolgreichen Biberansiedlung eintreten. Die Ansiedlung von Bibern kann also eine wirksame Strategie sein, um die Ökosysteme von Flussläufen vor den Folgen des Klimawandels zu schützen. In Deutschland leben wieder etwa 40 000 Biber, nachdem die Tiere vor Jahrzehnten fast ausgestorben waren.

215 | SCHMINKEN sich STARENKÜKEN für ihre ELTERN?

Um seinen Nachwuchs zu versorgen, nimmt ein Starenpaar im Frühjahr einen rund dreiwöchigen Dauerstress auf sich. Unermüdlich fliegt es sein Nest an, stopft Würmer oder Insekten in die Kükenschnäbel, dreht wieder ab und beginnt die nächste Runde. Dabei bekommen manche Jungvögel mehr Futter als andere. Woran liegt das?

An einem kosmetischen Trick. Starenküken produzieren in ihrer Bürzeldrüse ein gelbes Öl, das in den ersten Lebenstagen intensiv gefärbt ist. Dieses Öl verreiben die Jungtiere auf ihren kleinen Leibern, wodurch sich auch die Schnabelränder einfärben, bis die in einem kräftigen Gelbton leuchten. Ganz so, als hätten die Küken einen Lippenstift aufgetragen. Die Gelbfärbung stammt wahrscheinlich von Farbpigmenten im Organismus der Jungtiere, den Carotinoiden. Manche Küken besitzen davon offensichtlich mehr als andere, ihr Öl ist von intensiverer Farbe. Die Farbe der Kükenschnäbel hat Signalwirkung: Je kräftiger gefärbt sich ein aufgesperrter Schnabel präsentiert, desto mehr Futter verschwindet darin. Das mag daran liegen, dass ein hoher Carotinoidgehalt auf ein starkes Immunsystem hinweist. Das intensive Gelb scheint also den Eltern zu signalisieren, wer bei knapper Nahrung bevorzugt gefüttert werden soll. Nach etwa 14 Tagen verblasst das Bürzelöl zu einem dezenten Beige. Aber dann drängeln sich die Küken schon nach vorn ans Flugloch und brauchen ihren Lippenstift nicht mehr.

216 | Hören KREUZSPINNEN mit ihren NETZEN?

Bislang ging man davon aus, dass Spinnen auf Schallwellen reagieren, die auf ihre Netze treffen und diese in Schwingungen versetzen. Doch die 48 Brückenkreuzspinnen, die ein Forschungsteam mit diversen Tönen konfrontierte – in unterschiedlichen Frequenzen und Lautstärken –, reagierten auf die Geräusche selbst dann, wenn ihr Netz von der Schallquelle abgewandt hing oder mehrere Meter davon entfernt war. Die Tiere verhielten sich genauso, als träfen Wellen direkt auf ihr Netz. Bei lauten Tönen streckten sie ihre Vorderbeine aus, bei leisen kauerten sie sich zusammen. Was genau jedoch lässt die Spinnen hören?

Es ist die Machart ihres Netzes. Die hauchdünnen Fäden funktionieren wie hochgradig empfindliche Antennen und registrieren die Luftdruckschwankungen, die durch Schallwellen entstehen. Geraten Luftmoleküle aufgrund eines akustischen Signals in Bewegung, zum Beispiel durch den Flügelschlag eines herannahenden Insekts, fängt das Netz diese Regung auf. Die Spinne wiederum erfasst sie mit Rezeptoren an ihren Beinen. Die Brückenkreuzspinne besitzt also ein gigantisches Ohr außerhalb ihres eigentlichen Körpers. Eines, das sich auch noch in Windeseile reparieren lässt, sollte es einmal zerreißen.

217 | Können HUNDE vor FREUDE weinen?

Kommt der geliebte Mensch nach der Arbeit zurück nach Hause, rasten viele Hunde vor Freude beinahe aus. Sie jaulen, winseln, drehen sich im Kreis. Offenbar steigen ihnen dann sogar Tränen in die Augen. Mithilfe von Teststreifen maß ein Forschungsteam die Menge an Tränenflüssigkeit bei 22 Hunden. Das geschah zunächst im jeweiligen Zuhause der Tiere und im Beisein ihrer Halter. Anschließend maß das Team erneut, und zwar innerhalb der ersten fünf Minuten der Wiederbegegnung nach einer mehr als fünfstündigen Abwesenheit. Dabei spielte eine entscheidende Rolle, wer zurückkam: Handelte es sich um den Hundehalter, schoss den Hunden deutlich mehr Tränenflüssigkeit in die Augen, als wenn die Tiere lediglich einen Bekannten wiedersahen. Für dieses Phänomen ist offenbar das Bindungshormon Oxytocin verantwortlich. Die Forscher konnten nachweisen, dass oxytocinhaltige Augentropfen die Tränenproduktion ankurbelten, was bei Tropfen ohne das Hormon nicht der Fall war. Eine Studie aus Japan hatte bereits gezeigt, dass der Oxytocinspiegel sowohl bei Hunden als auch bei Menschen steigt, wenn beide intensiven Blickkontakt halten.

218 | Wie finden *Wanderfalter* ihren Weg?

Sie verfügen offenbar über einen inneren Kompass. Jedes Jahr im Herbst fliegen Totenkopfschwärmer aus Europa über die Alpen nach Afrika. Dabei gelingt es ihnen, auch über weite Strecken eine schnurgerade Linie einzuhalten. Zudem zeigte sich, dass die Insekten ihr Flugverhalten an die Windverhältnisse anpassen: Bei günstigem Wind fliegen sie hoch und lassen sich treiben, bei starkem Gegenwind hingegen niedrig und mit Eigenkraft, um auf ihrer Flugbahn zu bleiben.

Das Migrationsverhalten von Insekten war lange unbekannt, da es sehr schwierig ist, einzelne auf ihrem Weg zu verfolgen. Sie zu markieren und anderswo wiederzufinden, ist kaum möglich. Der 3,5 Gramm schwere Totenkopfschwärmer ist jedoch kräftig genug, um winzige Sender zu tragen. So statteten Forscher 14 Totenkopfschwärmer mit Funksendern aus und beschatteten ihren Flug in einer Cessna von Konstanz bis über die Alpen. Antennen auf dem Begleitflugzeug ermittelten alle paar Minuten den Standort der Insekten. Ein Exemplar konnte fast 90 Kilometer lang verfolgt werden – eine Premiere. Als Nächstes soll herausgefunden werden, wie genau die Nachtfalter mit ihrem internen Kompass navigieren.

219 | Warum wird der **GROTTENOLM** nie erwachsen?

Er ist eines der seltensten und vielleicht auch seltsamsten Tiere Europas. Der blasse und blinde Grottenolm bevorzugt es nass und dunkel. Man findet ihn daher in den überfluteten Zonen finsterer Karsthöhlen, oft östlich der Adria. Auch wenn die rund 30 Zentimeter lange Amphibie mit ihren rückgebildeten Augen (im Schwarz der Höhle wären Sehorgane nutzlos) nichts erblicken kann, meidet sie Helligkeit. Den Lichtschein einer Taschenlampe nimmt der Lurch über seine empfindliche Haut wahr und huscht dann davon. Im Höhlenwasser schnappt er hin und wieder nach kleinen Krebsen und Würmern, aber viel Nahrung braucht das Tier nicht. Grottenolme werden sehr alt, es wird von Exemplaren berichtet, die erst mit 100 Jahren das Zeitliche segneten. Vielleicht ist ja sein Geheimnis, dass er das Larvenstadium nie wirklich hinter sich lässt. Denn anders als die Salamander (mit denen er verwandt ist) vollzieht er keine vollständige Metamorphose zum erwachsenen Tier. Erkennbar ist das zum Beispiel an den für Larven typischen Kiemen, die er zeitlebens trägt. Gewissermaßen bewahrt sich die Amphibie einen Teil ihrer Jugend. So lassen sich die Tiere auch mit der Geschlechtsreife viel Zeit: Erst nach zehn Jahren werden die Weibchen fruchtbar. Und sie pflanzen sich nur alle 10 bis 15 Jahre fort. Und erst nach 140 Tagen schlüpfen die Kleinen aus den Eiern.

220 | Gärtnern **WÜHLMÄUSE** für ihr **ÜBERLEBEN?**

In der Inneren Mongolei gibt es ausgedehnte Graslandschaften, die ein nahezu ungestörtes Territorium für Wühlmäuse bilden – und ihre Feinde. Vor allem einige Vogelarten machen Jagd auf die Nager, wie die Raub- und Braunwürger. Sie sind kleiner als Amseln und mit ihren schwarzen Augenbinden so hübsch wie unsere Kleiber. Doch die harmlose Optik täuscht. Würger erbeuten kleine Säugetiere, Reptilien und manchmal auch andere Vögel. In der Inneren Mongolei haben sie es vor allem auf die Wühlmäuse abgesehen. Ihre bevorzugte Jagdtechnik ist dabei die Ansitzjagd, bei der hohe Grashalme in direkter Nähe zu Wühlmausbauen als Lauerposten genutzt werden. Dort hocken die Vögel und warten. Traut sich ein Nager aus seinem Bau, stürzen sich die Würger von ihrem Ansitz und schlagen zu. Doch Wühlmäuse wissen sich zu helfen. Dabei gehen sie nicht gegen die Vögel selbst vor, sondern gegen das Gras. Die Nager schädigen gezielt die strauchartige Grasart, die den Würgern als Lauerwarte dient. Sie nagen die Triebe ab und machen sich an den Wurzeln zu schaffen, bis die Halme absterben. Der Effekt dieser Gärtnerei ist beachtlich: Solche von Wühlmäusen »abgegrasten« Areale werden von den Vögeln verstärkt gemieden – und mehr Mäuse bleiben am Leben.

221 | Wie kurieren DELFINE ihre HAUTPROBLEME?

Eine Forschungsgruppe beobachtete im Roten Meer vor Hurghada wiederholt erstaunliche Szenen: Zunächst umkreisen mehrere Delfine einen Korallenstock. Dann gleitet einer nach dem anderen hindurch, schrubbt seine Haut an den Korallenästen, dreht sich manchmal noch um die eigene Achse, damit auch die Flanken etwas abkriegen, schwimmt anschließend einen Bogen und stellt sich wieder hinten bei der Gruppe an, um erneut an die Reihe zu kommen. Das geht einige Male so, bis die Delfine weiterziehen. Dabei steuern sie nur ganz bestimmte Arten an: eine Hornkoralle, eine Lederkoralle und einen Schwamm aus der Gattung Ircinia. Andere lassen sie links liegen. Einmal nahm auch ein Delfin eine Lederkoralle ins Maul und schüttelte sie immer wieder kräftig, bis eine gelbliche Substanz austrat und seinen Körper einnebelte.

Die Analyse der Korallen und Schwämme ergab, dass durch das Reiben bioaktive Substanzen aus den Stöcken gelöst werden, insgesamt wurden 17 verschiedene chemische Verbindungen entdeckt. Sie enthalten sowohl antibakterielle als auch antioxidative Wirkstoffe, die dem Mikrobiom der Delfinhaut zugutekommen. Es könnte sich bei dem Verhalten der Tiere also um Selbstmedikation handeln. Noch ist es eine Vermutung, aber dennoch möglich, dass die Delfine eine Art Riffapotheke aufsuchen und mithilfe der Korallen Hautprobleme kurieren. Oder sich vorbeugend davor schützen wollen.

222 | Schrumpft das **GEHIRN** von **MAULWÜRFEN** im Winter?

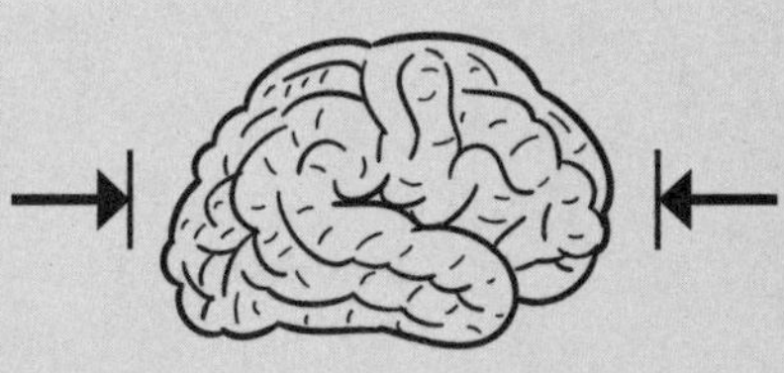

Energie ist im Winter ein kostbares Gut. Daher gibt es im Tierreich zahlreiche Methoden, Kräfte zu sparen, etwa den Winterschlaf oder die Winterstarre. Was aber macht ein Tier, das rund ums Jahr aktiv ist? Der Europäische Maulwurf kennt weder Winterruhe, noch frisst er sich Fettreserven an. Stattdessen schrumpft er zu Winterbeginn sein Gehirn um etwa elf Prozent, reduziert sogar die Größe seines Schädels. Da Säugetiergehirne enorme Energiefresser sind, ist diese Methode ziemlich effektiv. So werden Kräfte frei, zum Beispiel für die Tunnelbaue, die der Maulwurf auch im Winter vorantreibt. Im Frühling kann er den Schrumpfungsprozess rückgängig machen: Sein Schädel wächst wieder, das Hirn ebenfalls – allerdings nur um vier Prozent. Die Größe aus dem Vorjahr wird nicht mehr erreicht.

Auch Hermeline, Mauswiesel und eine Spitzmausart verändern die Größe ihres Gehirns. Dieses Phänomen nennt sich Dehnel-Effekt, benannt nach dem polnischen Zoologen August Dehnel, dem schon in den 1950er-Jahren aufgefallen war, dass er im Winter deutlich kleinere Spitzmäuse fing als im Sommer. Der Dehnel-Effekt konnte nur beim Bewohner der kälteren Regionen, dem Europäischen Maulwurf, nachgewiesen werden, nicht aber beim Iberischen Maulwurf, der in Spanien und Portugal lebt. Dessen Schädel verändert sich das ganze Jahr über nicht. Das lässt den Schluss zu, dass es vor allem die Winterkälte ist, die den Schrumpfungsprozess einleitet, nicht der Nahrungsmangel. Denn Iberische Maulwürfe haben ihre karge Zeit im Sommer, wenn Dürre und Hitze für Futtermangel sorgen.

223 | Ist das **WALDSTERBEN** in **DEUTSCHLAND** schlimmer als gedacht?

Innerhalb von nur knapp dreieinhalb Jahren, von Januar 2018 bis April 2021, gingen fast fünf Prozent der gesamten deutschen Waldfläche verloren: rund 501 000 Hektar. Das ist fast anderthalbmal die Fläche von Mallorca. Die Daten stammten vom Deutschen Zentrum für Luft- und Raumfahrt (DLR), das auf die Erhebungen zweier Erdbeobachtungssatelliten zurückgriff, die auch Baumschäden auf kleinen Flächen sichtbar machen. Vor allem die Mitte Deutschlands ist vom Waldsterben betroffen: Regionen in der Eifel, im Sauerland, im Harz sowie in Thüringen und der Sächsischen Schweiz. Vor allem die Fichten-Monokulturen erweisen sich als wenig resistent gegen die Dürre – zur Freude des Borkenkäfers, eines der Hauptbaumschädlinge. Aber auch Laubbäume wie Eiche, Buche und Bergahorn sind massiv geschädigt. Das DLR schätzt, dass das Ökosystem Wald noch Jahrzehnte brauchen wird, bis es sich wieder regeneriert. Was auch nur dann gelingen kann, wenn rasche und effektive Schutzmaßnahmen ergriffen werden. Die Waldzustandserhebungen der Jahre 2023 und 2024 zeigen, dass die deutschen Wälder weiterhin unter erheblichem Stress stehen. Zwar gab es 2024 leichte Verbesserungen in einigen Bereichen, doch der allgemeine Gesundheitszustand der Wälder bleibt besorgniserregend. Und die Prognosen für heiße und trockene Sommer steigen.

224 | Wie **KOMMUNIZIEREN** Pflanzen von **BLATT** zu **BLATT**?

Fügt man einer Pflanze eine Verletzung zu, etwa indem man ein Stück von ihr abschneidet, verbreitet sich die Information darüber im ganzen Gewächs. Pflanzen übertragen Information mit einer Art chemischer Kettenreaktion. Unmittelbar nach der Verletzung, so kann man messen und beobachten, breitet sich im Organismus eine Welle von Kalziumionen aus. Dadurch, so die bisherige Annahme, erfährt die ganze Pflanze, dass etwas nicht in Ordnung ist, und kann entsprechend reagieren – zum Beispiel, indem sie Nährstoffe zur betroffenen

Stelle schickt, um die Wunde zu schließen, oder indem sie ihren Wuchs ändert. Nach neuen Erkenntnissen ist es aber nicht das Kalzium, sondern vielmehr die Aminosäure Glutamat, die an der verletzten Stelle ausgeschüttet wird und so die chemische Kettenreaktion auslöst. Zudem wandert die Information auf ihrem Weg durch die Pflanze auch nicht von Zelle zu Zelle, sondern breitet sich in den Räumen zwischen den Zellen aus. Die beobachtbare Kalziumwelle ist demnach nur ein Nebeneffekt – ob sie für die Verbreitung der Information innerhalb des Gewächses überhaupt eine Rolle spielt, ist nach den neuen Forschungen unklar.

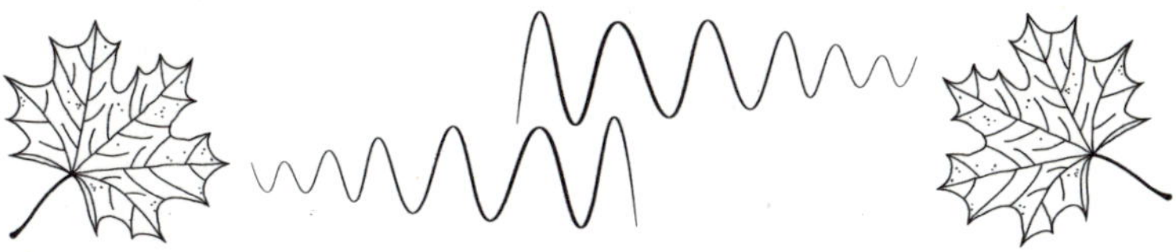

225 | Fühlen TIERE den RHYTHMUS von Musik?

Ratten jedenfalls bewegen die Köpfe instinktiv in ihrem Takt. Als japanische Wissenschaftler ihnen »Beat It« von Michael Jackson vorspielten, wippten die Nager mit. Drahtlose Sensoren am Kopf und am Körper der Tiere zeichneten die mit bloßen Augen nicht sichtbaren kleinen Bewegungen auf. Sich im Takt von Musik zu bewegen, galt lange als einzigartig menschliche Fähigkeit. Die Forschungsteam von der Universität Tokio spielte den Ratten fünf Lieder vor, darunter eine Sonate von Mozart, Lady Gagas »Born This Way« und »Another One Bites the Dust« von Queen. Dabei veränderten sie die Geschwindigkeit, um die rhythmischen Vorlieben der Nager möglichst genau zu erkennen. Am besten wippten die Ratten in einem Tempo zwischen 120 und 140 Schlägen pro Minute mit – ähnlich wie Menschen. Dass Tiere auf Musik reagieren können, zeigten bereits Videos tanzender Kakadus im Netz. Die japanische Studie ist eine der ersten wissenschaftlichen Untersuchungen des Phänomens. Nun sollen auch die Wirkung von Melodien oder Harmonien auf das Gehirn untersucht werden, um zu klären, weshalb Musik einen so faszinierenden Effekt auf viele Lebewesen hat.

226 | Wie finden **SCHILDKRÖTEN** ihren **WEG** durch den **OZEAN**?

Die Schildkröte Crush kennt sich im Animationsfilmklassiker »Findet Nemo« bestens im Meer aus – und weist Nemos verzweifeltem Vater Marlin gelassen den Weg über den Ostaustralstrom nach Sydney. Die Frage, wie Schildkröten ihre oft Tausende Kilometer entfernten Eiablageplätze finden, beschäftigte schon Charles Darwin. Nun hat sich damit ein australisches Wissenschaftsteam befasst. Um die Wanderwege der Tiere präzise nachverfolgen zu können, wurden Echte Karettschildkröten (Eretmochelys imbricata) mit GPS-Sendern versehen. Das Ergebnis verblüffte: Die meisten der Schildkröten erreichten ihr Ziel erst nach gewaltigen Umwegen. Offensichtlich haben die Tiere Probleme mit der Navigation im offenen Meer und müssen ihren Weg während der Reise immer wieder neu anpassen und korrigieren, womit sich die Wegstrecke vervielfachte. Eines der Tiere erreichte sein Ziel so erst nach 1306 Kilometern – der kürzeste Weg wäre gerade einmal 176 Kilometer lang gewesen. Für das Überleben der Schildkröten scheint dadurch aber kein Nachteil zu entstehen, offenbar genügt es, dass die Tiere letztlich ihre Eiablageplätze erreichen. Was angesichts der Ausmaße der Ozeane und der zum Teil winzigen Inseln, die es anzusteuern gilt, dann doch wieder eine filmreife Leistung ist.

227 | Achten KATZEN auf den Klang einer menschlichen Stimme?

Haben Katzen ein Ohr dafür, wie man sie anspricht? Und spielt es für sie eine Rolle, wem die Stimme gehört? In beiden Fällen lautet die Antwort Ja. Das liegt zum einen an der Sprechweise, die viele Menschen im Umgang mit ihren Haustieren an den Tag legen. Sie unterscheidet sich deutlich von dem Tonfall, den Erwachsene untereinander nutzen, und ähnelt stark der sogenannten Babysprache. Forscher aus Frankreich wollten nun herausfinden, ob Katzen diese Art der Ansprache auch tatsächlich erkennen. Die spezielle Form der Babysprache nannten sie CDS (»cat-directed speech«). Sie spielten 16 Wohnungskatzen ein Tonband vor, auf dem die Stimme einer Frau zu hören war. Sie sagte stets denselben Satz, zum Beispiel: »Wie geht es dir?« Dreimal erklang der Satz so, als gälte er einem erwachsenen Menschen, beim vierten Mal änderte sich der Tonfall zur CDS-Sprechweise. 10 der 16 Katzen hörten schon beim dritten Mal gar nicht mehr recht hin. Auch auf die Sprechweise CDS reagierten die Katzenprobanden gleichgültig – solange sie die Stimme nicht kannten.

Ganz anders fiel die Reaktion aber aus, wenn ihre Halterin zu ihnen sprach und dabei in CDS verfiel. Dann wurden die Tiere lebhaft, drehten ihre Ohren zum Lautsprecher oder bewegten sich durch den Raum. Auch weiteten sich ihre Pupillen beim Klang der vertrauten Stimme. Trotz der geringen Probandenzahl wertete das Forschungsteam dies als Hinweis, dass Katzen durchaus menschliche Stimmen voneinander unterscheiden können und auch ein Ohr dafür haben, ob sie gemeint sind.

228 | Warum suchen **THUNFISCHE** die Nähe von **HAIEN**?

Sind Thunfische tollkühn? Oder wissen sie nicht um die Gefahr, wenn sie Haien zu nahe kommen? Das wäre ungewöhnlich, weil die Natur jedem Beutetier eine instinktive Vorsicht vor seinen Fressfeinden mitgegeben hat. Doch Thunfische suchen tatsächlich gezielt die Nähe von Haien, auf deren Speisezettel sie stehen. Das liegt an der Haut der Räuber, die rau ist wie Schmirgelpapier. Wer sich an einer solchen Reibefläche kratzt, kann Hautparasiten auf effektive Weise loswerden. Und genau darum scheint es den Thunfischen zu gehen. Dabei schwimmen sie vorwiegend zum hinteren Teil des Raubfisches, oftmals reiben sie sich am Schwanz. Die Flucht ergreifen sie erst, wenn die Haie sich ihnen zuwenden.

Parasitenbefall ist für viele Arten ein gravierendes Gesundheitsproblem, ein schmerzhaftes noch dazu. Wenn Würmer und Kleinstkrebse sich in Sinnesorgane hineinfressen, Augen, Kiemen und Nasenhöhlen befallen, steht mitunter sogar das Überleben auf dem Spiel. Grund genug also, sich einem Hai zu nähern, selbst als Beutetier. Vor allem groß gewachsene Thunfische gehen das Risiko einer Attacke ein. Kleinere Tiere halten Abstand und suchen eher untereinander Hilfe.

229 | Werden **KÜHE** zu Unrecht als **KLIMAKILLER** bezeichnet?

Nicht ganz, denn der Methangas-Ausstoß von Rindern ist weiterhin erheblich. Aber früher lag er offenbar noch höher als heute. Verglichen mit der Zeit des Kaiserreichs hat sich die Klimabilanz gegenwärtiger Nutztierbestände hierzulande verbessert, allen voran die der Kühe. Eine Studie des Forschungsinstituts für Nutztierbiologie griff auf historische Daten zurück, etwa zur Fütterung der Tiere, zu ihrem Körpergewicht sowie zur Fleisch- und Milchproduktion der damaligen Zeit. Für die Berechnungen wurde das Gebiet der heutigen Bundesrepublik herangezogen, um die Daten miteinander vergleichen zu können. Für das Jahr 1892 wurde ein Methangas-Ausstoß der Viehbestände von etwa 1,06 Millionen Tonnen ermittelt, seit 1990 gehen diese Werte zurück. Im Jahr 2023 erreichten sie den Wert von 900 000 Tonnen, Tendenz fallend. Das ist zwar immer noch deutlich zu hoch, um Deutschlands Klimaziele zu erreichen, aber immerhin sinken die Emissionen. Das liegt hauptsächlich an der Reduktion des Nutztierbestandes. Um den Methangas-Ausstoß weiter zu verringern, ist folglich das Mittel der Wahl ein weiterer Rückgang des Viehbestands. Das wäre hierzulande auch durchaus möglich, ohne die Ernährungssicherheit der Bevölkerung zu gefährden.

230 | Warum findet man im WALD keine TANNENZAPFEN?

Kaum ein heimischer Baum ist so beliebt und gleichzeitig so unbekannt wie die Weißtanne (Abies alba). In der Romantik überhöht, beim Weihnachtsfest besungen, von der Forstwirtschaft verdrängt, scheint sie es dem Laien nicht leicht zu machen, sie zwischen all den anderen immergrünen und Zapfen tragenden Nadelgewächsen zu erkennen. Jedenfalls wird sie landläufig mit der Rotfichte verwechselt, die als Allerweltsbaum seit dem 18. und 19. Jahrhundert flächendeckend in unseren Wäldern angepflanzt wurde.

Dabei ist es gar nicht so kompliziert, die beiden Koniferen botanisch zu unterscheiden. Denn die Zapfen der Weißtanne stehen aufrecht auf den Zweigen und hängen nicht herab; ihre Nadeln sind weich und flach, nicht vierkantig und stachelig wie die der Fichte. Auch die Silhouette einer alten Tanne ist charakteristisch, bildet sie doch als einziger Nadelbaum eine typische Storchennestkrone, während sich die Fichte immer weiter zuspitzt.

Trotzdem schicken immer noch Autoren von Kinderbüchern ihre Leserschaft zum Sammeln von Tannenzapfen in den Winterwald. Undenkbar! Denn Tannenzapfen liegen nicht einfach herum. Ihre Samenschuppen lösen sich nach der Samenreife und hinterlassen nur gerupfte Spindeln. Und nicht einmal die fallen vom Baum, sie zersetzen sich allmählich am Zweig.

231 | Womit spielen INSEKTEN?

Eine finnisch-britische Studie aus dem Jahr 2022 zeigte, dass Hummeln offenbar Spaß am Murmelspiel hatten: Sie rollten Holzkugeln durch die Gegend. Das Verhalten erfüllt alle Kriterien eines Spiels: Es dient keiner Überlebensstrategie, zeigt keine Anzeichen von Paarungs- oder Futtersuchverhalten, wirkt selbstbelohnend, erfüllt keine Funktion und vollzieht sich unter stressfreien Bedingungen. Kurz: Den Hummeln scheint das Ganze einfach nur Freude zu machen und sonst nichts.

Laborhummeln aus einem Volk wurden in Nestern untergebracht, die ihrer natürlichen Umgebung ähnelten. Davor befanden sich Zuckerlösungen und Pollen als Nahrung. Hinzu kamen nun 18 nahezu hummelgroße Holzkugeln in einem gesonderten Bereich. Spielzeug und Futterschüsseln ließen sich aus dem Hummelnest über einen durchsichtigen Tunnel erreichen. Machten sich die Hummeln nun auf den Weg, um Nahrung zu sammeln, konnten sie das auf direktem Weg tun – oder eine Abzweigung nehmen: in den Spielbereich.

Alle 45 Hummeln rollten im Verlauf der Studie die Holzkugeln über den Spielplatz. Manche sogar bis zu 44-mal an einem Versuchstag. Sie krabbelten auf eine Murmel zu, stellten sich auf die Hinterbeine und bewegten die Kugel durch den Raum. Dabei zeigte sich auch, dass jüngere Hummeln verspielter waren als ältere. Und Männchen verspielter als Weibchen. Während sich die weiblichen Hummeln mit zunehmendem Alter auf die Futtersuche konzentrierten, waren die männlichen vom Murmelspiel kaum wegzubekommen.

232 | Warum ist der VIERBLÄTTRIGE KLEE so SELTEN?

Vierblättriger Klee als Zeichen des Glücks: Was selten ist, hat eben einen besonderen Wert. Auch etliche Legenden tragen zu seinem Nimbus bei. So soll etwa die biblische Eva bei der Vertreibung aus dem Paradies ein Vierblatt mitgenommen haben, um sich an den Garten Eden zu erinnern. Wie selten das Fundstück tatsächlich ist, dazu gibt es keine gesicherten Untersuchungen. Sammler berichten von einer Quote von circa 1 zu 10 000, andere Quellen nennen eine Häufigkeit von 1 zu 5000. Üblicherweise bildet der bei uns heimische Weißklee drei Blätter aus (oder, botanisch gesehen, ein Blatt mit drei Blattfiedern). Das Vierblatt scheint eine genetische Fehlbildung, eine Mutation zu sein. Dafür könnten Umweltbedingungen eine Rolle spielen. Klar ist: Die Abweichung kann nicht nur vier Blattfiedern hervorbringen, auch Exemplare mit fünf, sechs oder noch viel mehr sind bekannt.

Weniger beeindrucken lassen sollte man sich vom vierblättrigen Glücksklee, der in kleinen Töpfchen häufig zum Jahreswechsel die Runde macht. Dabei handelt es sich um eine gewöhnliche Sauerkleeart aus Mexiko, die in Gärtnereien passend zur Saison kultiviert wird. Wahre Glückspilze sind eben doch eine Seltenheit.

233 | Warum kommt der GOLDSCHAKAL zu uns?

Seine Ankunft in Deutschland ist an den meisten von uns vorbeigegangen. Das mag an seiner Heimlichtuerei liegen – er ist ein äußerst scheues Tier, das mit Vorliebe in der Dämmerung und nachts umherschleicht. Oder schlicht daran, dass er nicht so polarisiert wie sein größerer Bruder, der Wolf. Schon 1997 wurde der erste Goldschakal in Brandenburg gesichtet. Seither hat er sich immer mal wieder vereinzelt gezeigt, von Bayern bis nach Schleswig-Holstein. Und 2022 dann: der erste bestätigte Nachwuchs in Baden-Württemberg. Es scheint, als würde Canis aureus hierzulande mehr und mehr Fuß fassen.

Dabei ist der Goldschakal in Mitteleuropa kein Rückkehrer. Sein ursprüngliches Verbreitungsgebiet erstreckte sich vielmehr von Südasien über den Nahen Osten bis zur Balkanhalbinsel. Im vergangenen Jahrhundert stellte man dem Wildhund mit dem edel schimmernden Fell erbittert nach, bis die Bestände weitgehend eingebrochen waren. Erst seit den späten 1960er-Jahren, als die Bejagung deutlich zurückging, konnten die Tiere nach und nach Lebensraum zurückgewinnen. Und sind auf dem Vormarsch in bislang unbekanntes Terrain. Warum es sie nun auch in nördlichere Gefilde verschlägt, ist nicht geklärt. Wahrscheinlich kommen dem einzigen europäischen Schakal, der seine Tatzen ungern auf Schnee setzt, die milderen Winter entgegen. Und sein Feind, der Wolf, ist hierzulande eher selten anzutreffen.

234 | Weshalb **VERBREITET** sich **LÖWENZAHN** so erfolgreich?

Wer »Löwenzahn« und »Garten« in eine Suchmaschine eingibt, stößt auf viele Websites, die der gelben Blühpflanze den Kampf ansagen. Dabei hat der Löwenzahn Bewunderung verdient. Seine Verbreitungsstrategie ist nicht nur höchst effektiv, sondern auch ausgeklügelt. Er entlässt per Windstoß seine Samen in die Welt – das sind die fluffigen Schirmchen, die nach der Blüte entstehen – und nutzt dabei die Windrichtung. Denn die Löwenzahn-Schirmchen reagieren unterschiedlich: Kommt ein Luftzug beispielsweise aus Süden, werden nur die Samen der windzugewandten Seite fortgeweht. Die im Windschatten halten sich weiter am Blütenkopf fest. Dreht sich aber der Wind und bläst etwa aus Osten, lösen sich diejenigen Samen, die nun im Wind stehen und gerade noch so fest verankert schienen. Auf diese Weise kann der Löwenzahn seine Schirmchen in jede beliebige Richtung schicken und so nach und nach die gesamte Umgebung für seine Verbreitung nutzen. Bei Sturm versagt das System jedoch. Dann lösen sich sämtliche Samen vom Blütenkopf, treiben auf Windkanälen durch die Welt – und den nächsten Gärtner zur Verzweiflung.

235 | Warum ist der **BERGMOLCH** so **EXTRAVAGANT?**

Im Frühling kommt es in manchem Tümpel zu einer großen Aufführung: Männliche Bergmolche werben um Partnerinnen und zeigen, dass Ichthyosaura alpestris in puncto Extravaganz locker sogar mit tropischen Lurchen mithalten kann. Orangerot leuchtet der Bauch, ein Seitenstreifen schillert im Leopardenlook, der Rücken ist tiefblau, kontrastiert von einem schwarzgelblich gemaserten Saum. Um die Show zu vollenden, wedelt der Wasserdrache kraftvoll mit seinem ebenfalls künstlerisch gefärbten Schwanz. Ist das schlichtere, aber deutlich größere Weibchen überzeugt, darf er ran – und Eier befruchten. Bis zu 250 davon produziert die Molchin in einer Saison und klebt den Nachwuchs einzeln an Wasserpflanzen.

Nach zwei bis vier Wochen schlüpfen die Molchlarven, die zunächst noch Algen vertilgen, dann zunehmend Wasserasseln, Wasserflöhe und teils auch ihresgleichen erbeuten. Die Alten steigen nach der Laichzeit im Mai aus den Gewässern und legen ihre Landtracht an: Die Tiere krabbeln nun (bis auf den weiterhin orangeroten Bauch) in dunkel-stumpfem Farbton getarnt durch Waldwiesen und Laub. Die Larven brauchen etliche Monate, bis sie die Metamorphose zum geschlechtsreifen Molch vollziehen können. Manche schaffen es noch vor dem Winter, die anderen überdauern als Larve kältestarr die dunkle Zeit. Und verwandeln sich erst im darauffolgenden Jahr, dann sprenkeln sie als Jungspunde manchen Tümpel mit ihrer Farbenpracht.

236 | Warum ist *die Rohrdommel* meist unsichtbar?

Sie ist das »hässliche Entlein« in der Vogelfamilie der Reiher: Während die Verwandten meist vornehm rank und aufrecht schreiten, kommt sie etwas plump daher. Ihr Körper ist rundlich, und selbst die Beine wirken stampfig. Dunkle Kappe, braun-schwarze Streifen – die Rohrdommel (Botaurus stellaris) ist kein Hingucker. Üblicherweise kehrt sie Ende März aus ihren Winterquartieren am Nil nach Europa zurück. Im Flug hält sie Ausschau nach schilfgesäumten Seen, Flüssen und Mooren, wo sie Wasserkäfer, Würmer und kleine Fische findet – und einen heimlichen Brutplatz.

Doch viele dieser Lebensräume wurden trockengelegt und von Forst- und Landwirtschaft gekapert. Auenlandschaften werden von Touristen belagert oder durch Chemikalien belastet. So hat sich die Rohrdommel rargemacht. Höchstens 1000 Paare brüten noch, vor allem im Osten Deutschlands. Und selbst dort bekommt man den Vogel kaum zu Gesicht, denn er ist ein Meister der Tarnung. Wittert die Rohrdommel nämlich Gefahr – etwa durch einen Marder oder Fuchs –, macht sie sich auf einmal schilfschlank. Im Nu streckt sie ihren dicklichen Körper, reckt den Schnabel empor und tarnt sich so als Pfahl. Eine junge Rohrdommel ahmt sogar das Wiegen der Gräser im Wind nach und verschmilzt dank ihres unauffälligen Gefieders vollkommen mit dem Dickicht. Besser noch stehen da die Chancen, den Vogel zu hören. Zur Balzzeit im Frühjahr brummen die Männchen einen dumpfen, weithin hörbaren Ton. Wer ihn nicht kennt, denkt an ein brüllendes Rind. Das brachte der Rohrdommel einen unvorteilhaften Spitznamen ein: »Wasserochse«.

237 | Weshalb beißt die GOTTESANBETERIN ihrem MANN den KOPF ab?

Die Gottesanbeterin gilt in Deutschland als gefährdete Art. Doppelt gefährdet sind dabei die Männchen. Und das kommt so: In der Regel verzehrt eine weibliche Gottesanbeterin Käfer, Heuschrecken, Spinnen oder Bienen. Die dornenbewehrten Fangbeine, die das Insekt in Ruheposition aussehen lassen, als würde es beten, stoßen dann in Millisekunden auf die Beute vor. Doch wenn die bis zu acht Zentimeter langen Weibchen sehr hungrig sind, locken manche von ihnen die deutlich kleineren Männchen mit Duftstoff an. Nicht, um sich zu paaren, sondern um die Männchen zu verspeisen. Doch auch der Sex ist für die Männchen riskant. Denn das Weibchen kann seinen Schädel um 180 Grad drehen – und das nutzt es mitunter, um dem Begatter den Kopf abzubeißen. Für das Weibchen hat das gleich drei Vorteile: Die Paarung kann auch kopflos zu Ende geführt werden, das Haupt des Männchens ist eine eiweißreiche Nahrungsquelle, und das Weibchen hat fortan einen Nahrungskonkurrenten weniger.

Fast also könnte man das Verhalten der Männchen als selbstlos bezeichnen. Aber womöglich sind sie einfach nur nicht so pfiffig wie Männchen anderer Fangschreckenarten: Die führen zuvor einen Balztanz auf, um vom Weibchen nicht als Beute betrachtet zu werden. Das Gottesanbeterinnen-Männchen springt dagegen lieber unvermittelt auf den Rücken des Weibchens, kann es dann aber oft nicht richtig festhalten. Und so kommt es vor, dass sein Kopf zu nah an die tödlichen Kiefer gerät.

238 | Stranden DELFINE, weil sie an ALZHEIMER leiden?

Bis heute ist es ein Rätsel, warum immer wieder ganze Schulen von Walen und Delfinen an Küsten stranden. Vermutungen, was da passiert, gibt es zuhauf. Etwa dass der menschengemachte Unterwasserlärm die Echo-Orientierung der Tiere beeinträchtigt. Aber auch Parasitenbefall oder Sonnenstürme stehen im Verdacht, Massenstrandungen auszulösen.

Vor wenigen Jahren wurden auch alzheimerähnliche Veränderungen im Gehirn der Tiere entdeckt, die wie beim Menschen zum Verlust des Ortssinns führen könnten. 22 Gehirne von gestrandeten Zahnwalen wurden untersucht, darunter hauptsächlich Schweinswale, Weißschnauzendelfine und Grindwale. Davon gehörten 18 zu Tieren im fortgeschrittenen Alter. Jedes Einzelne wies mindestens ein alzheimerverdächtiges Merkmal auf: die sogenannten Beta-Amyloid-Plaques. Das sind Eiweißablagerungen, die die Kommunikation zwischen den Nervenzellen stören und schließlich zum Absterben von Nervenzellverbindungen führen. Das lässt in der Tat auf eine alzheimerähnliche Erkrankung dieser Tiere schließen. Und es könnte erklären, warum sie ihre Familien ins Verderben führten. Denn die hochgradig sozialen Meeressäuger folgen ihrem Leittier und lassen es auch dann nicht allein, wenn es seinen Orientierungssinn eingebüßt hat. Aus den untersuchten Gehirnen lässt sich jedoch nicht ablesen, ob die Tiere zu Lebzeiten auch kognitiv beeinträchtigt waren.

239 | Können MURMELTIERE den ALTERUNGSPROZESS aufhalten?

Dass der Winterschlaf die Lebenserwartung von Tieren verlängert, weiß man bereits. Wer auf diese Weise überwintert, fährt seinen Stoffwechsel herunter, senkt die Körpertemperatur, verlangsamt den Herzschlag und zehrt von seinen Fettreserven. All das hat eine lebensverlängernde Wirkung. Aber im Fall der Gelbbauchmurmeltiere ist das noch nicht alles. 14 Jahre lang hielten sich Forscher bei einer Murmeltierkolonie auf und entnahmen den Tieren regelmäßig DNA-Proben, immer in der kurzen Zeit des Sommers. Insgesamt kamen sie so auf 149 Proben von 73 Weibchen, die im Gegensatz zu den Männchen stets in der Nähe ihrer Geburtshöhlen bleiben.

Es zeigte sich, dass das biologische Alter der Tiere von ihrem chronologischen abwich. Wenn Zellen altern, mehren sich Zellschäden. Es treten epigenetische Veränderungen auf, die das biologische Alter markieren. Normalerweise. Nicht aber bei den Murmeltieren während ihrer Schlafphase. Da konnten die Forschenden in den Gewebeproben eine erhebliche Verlangsamung der epigenetischen Alterung beobachten, so, als stünde die Zeit für die Murmeltiere einfach still. Erst als sie wieder aufwachten und ihre Höhlen verließen, begann auch ihre biologische Uhr wieder zu ticken. Ganze acht Monate verbringen Murmeltiere in tiefem Schlummer in ihren Höhlen.

So erreichen sie ein wahrhaft biblisches Alter – trotz ihrer geringen Körpergröße. Sie können in freier Wildbahn bis 18 Jahre alt werden. Dieser einzigartige Mechanismus könnte wertvolle Erkenntnisse für die medizinische Forschung liefern, insbesondere im Hinblick auf das Verständnis der Alterung und möglicher Therapien zur Verlängerung der Lebensspanne.

240 | Warum hat der **WIEDEHOPF** eine **HAUBE**?

Schon im Flug wirkt der drosselgroße Wiedehopf mit seinem rostbraunen Gefieder und den schwarz-weiß gemusterten Flügeln einzigartig: Gaukelnd flattert er durch die Lüfte, wie ein überdimensionierter Schmetterling. Sobald er landet, stellt er meist kurz seine hübsche Federhaube auf. Wenn sich der Wiedehopf freut, wenn er Angst hat oder auch wenn er wütend ist: Sein Kopfputz signalisiert Artgenossen, dass Erregung im Spiel ist. Und nicht nur ihnen: Macht ihm ein anderer Vogel eine Nistgelegenheit streitig, fächert er in Rage seinen Schopf auf. Und wirkt dadurch optisch größer.

Den Winter verbringt der Vogel im westlichen Mittelmeerraum oder im Savannengürtel südlich der Sahara. Anfang April verschlägt es ihn dann teils wieder in unsere Gefilde, in offene Landschaften mit lockerem Baumbestand oder zu extensiv genutzten Wein- und Obstkulturen. Die Männchen suchen nun Brutplätze – zum Beispiel alte Spechthöhlen – und locken Weibchen mit einem dumpfen, an Rohrflöten erinnernden »Hup-hup-hup« an. Und natürlich auch wieder mit voll ausgefahrener Haube und zusätzlich aufgeplusterter Kehle. Schlüpft die Angebetete in eines der Brutgemächer, sind die Bande zwischen Hopf und Höpfin für eine Saison geknüpft. Die Küken können schon nach wenigen Wochen ebenfalls ihre kleinen Federkrönchen aufstellen.

241 | Sprechen MENSCHENAFFEN und MENSCHEN eine GEMEINSAME Sprache?

Vor über fünf Millionen Jahren trennten sich die Wege von Schimpansen und Menschen – doch Reste einer gemeinsamen Sprache verstehen wir offenbar noch heute. 5500 menschliche Probanden sahen kurze Videos von Gemeinen Schimpansen und Bonobos. In den Aufnahmen kommunizierten die Menschenaffen mit ihren zehn häufigsten Gesten, darunter »Gib mir das Essen«, »Kraul mich«, »Rück doch näher« oder »Lass das sein«. Keiner der Zuschauer hatte zuvor engeren Kontakt zu Menschenaffen gehabt. Und doch verstanden sie die Gesten besser als erwartet. Sie errieten die korrekte Bedeutung aus vier vorgegebenen Antworten zu rund 52 Prozent. Ob sie zusätzlich den Kontext der Gesten sahen, machte dabei kaum einen Unterschied. Sich an der Brust zu kratzen, bedeutet beispielsweise »Laus mir das Fell«. Insgesamt sind rund 80 Vokabeln bekannt, mit denen Menschenaffen in der Wildnis kommunizieren. Auch Kleinkinder zwischen ein und zwei Jahren nutzen und verstehen noch rund 50 dieser Gesten. Danach allerdings werden die menschlichen Handbewegungen individuell und auch kulturell geprägt, und der alte »Wortschatz« gerät in Vergessenheit.

242 | Haben INSEKTEN Gefühle?

Wenn Kerbtiere ein Bein verlieren und scheinbar unbeeindruckt weiterlaufen – dann könnte man meinen, diese Tiere spürten keinen Schmerz. Doch inzwischen gibt es zahlreiche Studien, die zumindest einigen Insektenarten sehr wohl Gefühle zuschreiben. Schmerz ist das am besten erforschte Gefühl bei Tieren. Um es empfinden zu können, gelten ein zentrales Nervensystem und Schmerzrezeptoren heute als Voraussetzung. Manche Insekten haben solchen Rezeptoren: Fruchtfliegen etwa, die am Bein verletzt sind, reagieren überempfindlich auf erhöhte Temperaturen. Und auch bei Kakerlaken wurden Schmerzreaktionen nachgewiesen.

Doch Insekten scheinen noch zu ganz anderen Emotionen fähig zu sein: Hummeln etwa freuen sich bei angenehmen Überraschungen. Bienen haben Angst vor gewissen Gerüchen, wenn ihnen beigebracht wurde, dass sie mit unangenehmen Schüttelbewegungen einhergehen. Und auch Fliegen werden skeptisch, wenn sie mit bestimmten Situationen schlechte Erfahrungen gemacht haben. Und die Farbe des Goldenen Schildkrötenkäfers wechselt zu einem grellen Rubinrot, wenn er in Stress gerät. Gestützt werden die Studien durch Messungen von Glücks- und Stresshormonen, deren Ausschüttung wir auch bei Menschen beobachten. Die Architektur der Insektengehirne verfügt oft über ähnliche Rezeptoren, Ionenkanäle und Neurotransmitter. Immer mehr spricht also dafür, dass auch sie Gefühle haben.

243 | Können **KÜHE STUBENREIN** werden?

Was witzig klingt, könnte ein Klimaproblem lösen: Wenn Kühe lernen, sich gezielt auf einer Toilette zu erleichtern, lassen sich Kot und Urin voneinander trennen. Das verringert die Entstehung von klimaschädlichem Ammoniak erheblich: Fängt man etwa 80 Prozent des Rinderurins in einer Latrine auf, reduzieren sich die Ammoniakemissionen um bis zu 56 Prozent. Doch wie bringt man Kühen das bei? Elf von 16 Kälbern lernten, stubenrein zu werden – mithilfe von Belohnungen. Zunächst wurden die Tiere in einem begrenzten Raum gehalten, der sogenannten Latrine. Immer wenn sie urinierten, fielen ein paar Futterstücke aus einem Spender. Sie lernten rasch die Verknüpfung von Wasserlassen und Futterbelohnung. Im nächsten Schritt wurde das Areal erweitert, sodass die Tiere zwischen der Latrine und einem zweiten Bereich wechseln konnten: Sie sollten lernen, ihre Toilette selbstständig aufzusuchen. Urinierten sie dort weiterhin, bekamen sie ihre Belohnung. Verrichteten sie ihr Geschäft jedoch außerhalb, folgte ein unangenehmer Reiz: sekundenlange Spritzer aus einer Wasserdüse. Im dritten Schritt bekamen die Kälber noch mehr Freiraum, um zu testen, ob sie sich auch rechtzeitig auf den Weg machen konnten, bevor der Harndrang sie überkam. Zehn Kälber schlossen das gesamte Training erfolgreich ab, für sie wurde der Toilettengang zur Gewohnheit. Das optimistische Fazit: Die kognitiven Fähigkeiten von Tieren lassen sich nutzen, um ein Umweltproblem zu lösen.

244 | Können jagende FLEDERMÄUSE den WALD schützen?

Um den Einfluss von Fledermäusen auf Bäume zu testen, behandelten zwei Forscher 20 kleine Waldareale im US-Bundesstaat Indiana wie Obstbaumplantagen: Sie umhüllten sie mit Netzen. Immer abends ab 19 Uhr, wenn Fledermäuse sich zur Jagd aufmachen. Am frühen Morgen wurden die Netze wieder geöffnet, um Vögel nicht zu behindern. Die Maschenbreite der Netze ließ Insekten hindurch, aber keine Fledermäuse. Neben jedem umhüllten Areal befand sich ein Kontrollgebiet, in dem keine Netze hingen. Im Verlauf dreier Jahre untersuchten sie die Setzlinge von Eichen und Hickory-Bäumen. Es zeigte sich ein klarer Befund: Überall dort, wo Batman nicht hinkam, war die Insektendichte dreimal so hoch. Der Blattverlust bei den Setzlingen betrug sogar das Fünffache, verglichen mit den Fledermaus-Jagdgründen. Dabei profitierten besonders die Eichen von der Effizienz der Insektenjäger. Was wiederum erklären könnte, warum im Osten der USA die Zahl der Eichen abnimmt: Dort geht auch der Bestand der Fledermäuse seit einigen Jahren stark zurück.

245 | Welche TIERE erkennen ihr eigenes SPIEGELBILD?

Diese Frage untersuchen Forschende bereits seit mehr als 50 Jahren. Im Detail sieht so ein »Spiegeltest« natürlich von Tierart zu Tierart unterschiedlich aus. Kleinen Menschenkindern reibt man zum Beispiel – möglichst im Schlaf – ein wenig Rouge ins Gesicht. Nach dem Erwachen setzt man sie vor einen Spiegel. Ab etwa zwei Jahren fassen die Kinder sich dann ins eigene Gesicht, um den Fleck wegzuwischen. Sie wissen also: Dieser kleine Mensch dort im Spiegel, das bin ich! Zwei unserer nächsten Verwandten, Schimpansen und Orang-Utans, bestehen den Test ebenfalls mit hoher Zuverlässigkeit. Auch bei anderen Arten hat man an mehreren Einzeltieren nachgewiesen, dass sie sich selbst erkennen. Etwa der Große Tümmler, Orcas

und Bonobos, aber auch ein paar Überraschungskandidaten wie die Elster, die Waldknotenameise oder der Putzerlippfisch. Ebenfalls verblüffend: Einige Tierarten scheitern, denen man die Sache locker zugetraut hätte. Gorillas zum Beispiel und Rhesusaffen sind berüchtigte Spiegeltest-Versager. Auch wilde Turteltauben, Seelöwen und der sehr intelligente Oktopus erkennen sich im Spiegel nicht.

Warum aber ist das so unterschiedlich? Selbsterkennung konnte man bisher sicher nur bei solchen Tieren nachweisen, die zumindest in kleinen Gruppen zusammenleben, bei einzelgängerischen Arten aber noch nie. Womöglich bedarf es also eines täglichen Gegenübers, das einem ähnelt, um zu verstehen, wer man selbst ist.

246 | Gibt es VÖGEL, die GIFTIG sind?

Die Gruppe der toxischen Vogelarten ist verschwindend klein, aber es gibt sie. Vor wenigen Jahren wurden zwei weitere Arten identifiziert: der Oliv-Haubendickkopf und der Bergdickkopf. Beide leben, wie die meisten anderen Giftvögel auch, auf Neuguinea. Das Toxin befindet sich im Federkleid und ist dasselbe, das auch in der Haut der Pfeilgiftfrösche steckt: Batrachotoxin, eines der stärksten Nervengifte der Tierwelt. Entnimmt man es der Haut von Pfeilgiftfröschen, wirkt es schon in Kleinstmengen tödlich. Bei den beiden Giftmischern von Neuguinea kommt es jedoch in sehr geringer Konzentration vor. Nach einer Berührung kann man die Giftwirkung zwar in den Händen spüren, aber stärkere Beeinträchtigungen stellen sich nicht ein. Das lässt vermuten, dass das toxische Gefieder der Abwehr dient, dem Schutz vor Fressfeinden. Wie die Pfeilgiftfrösche auch nehmen die Vögel das Toxin über die Nahrung auf, etwa indem sie giftige Käfer fressen. Doch warum vergiften sie sich dabei nicht selbst? Das liegt an einigen Genmutationen, die die Vögel vor den Muskellähmungen schützen.

Auch außerhalb von Neuguinea gibt es ein paar toxische Vogelarten, zumindest zeitweise: Da ist die Sporngans, eine afrikanische Gänseart. Sie ernährt sich von giftigen Ölkäfern und wird dadurch selbst zum Giftcocktail. Aber auch – erstaunlicherweise – die Wachtel. Möglicherweise ernährt sich der Zugvogel auf seinen Flugrouten von giftigen Samen. Daher kann es während der Flugsaison zu Vergiftungserscheinungen bei Menschen kommen, die Wachtelfleisch essen.

247 | Was sind EH-DA-FLÄCHEN, und warum sind sie so WERTVOLL?

Wir beachten sie kaum: Grünflächen im Rücken von Brücken und Bahnhöfen oder auch Böschungen entlang von Straßen, Kanälen und Parkplätzen. Sie sind in der Regel ungenutzt und »eh da« – was diesen Arealen ihren Namen gibt. In Deutschland summieren sich die kleinen Gebiete zu einer Fläche von bis zu sechs Prozent des Bodens. In unserer dicht besiedelten Landschaft können sie vielen Tieren und Pflanzen ein Refugium bieten. So wie Bahngleise: Die Schotterflächen locken kleinere Arten, die Wärme und Trockenheit lieben. Der Zugverkehr beeinträchtigt sie kaum. Oder Verkehrsinseln: Von Fußgängern werden sie kaum je betreten – was sie attraktiv macht für Orchideen, Wildbienen und Schmetterlinge. Grünstreifen entlang von Autobahnen und Gleistrassen sind zwar nur schmal, sie verbinden aber über Kilometer hinweg vereinzelt liegende Habitate. Auf ihnen bewegen sich deshalb zahlreiche Kleintiere, auch Zugvögel rasten hier gerne.

Damit die Eh-da-Flächen die Artenvielfalt schützen können, müssen die Areale allerdings klug bepflanzt und gepflegt werden: mit heimischen Arten und blühenden Sorten, gemäht werden sie nur ein- bis zweimal im Jahr. So können Insekten das ganze Jahr über Nahrung finden. Vorangetrieben wird dies von der »Initiative Eh-da-Flächen«, einem Zusammenschluss von Biologen, Geografen und Landschaftsgärtnern. Zahlreiche Gemeinden unterstützen die Initiative, mehr als 200 Orte in Deutschland sind bereits aktiv.

248 | Können SCHNECKEN hören?

Ohren haben Schnecken nicht. Aber Laute wahrnehmen können sie dennoch. Dafür nutzen sie feine Sinneshärchen, die an ihrem ganzen Körper auf der Haut verteilt sind. Die ähneln jenen Härchen in unserem Innenohr. Beim Menschen werden sie durch Schallwellen, die das Trommelfell empfangen hat und die durch Gehörknöchelchen verstärkt wurden, in Bewegung versetzt – und reizen damit den Hörnerv, der das Signal ans Gehirn weitergibt. Die Schnecken dagegen nehmen den Schall gleich direkt mit den feinen Härchen wahr.

Das Schnecken-Hörorgan löst allerdings die verschiedenen Merkmale eines Klangs weniger fein auf. Für Menschen, die sich mit Sprache verständigen, ist es wichtig, Laute in vielen Nuancen sehr fein zu unterscheiden. Schnecken dagegen produzieren selbst keine Laute zur Kommunikation. Sie brauchen also nicht so detaillierte Hörinformationen. In ihrer Welt ist es nur wichtig zu erfahren, ob ein Artgenosse oder ein Fressfeind in der Nähe ist, ob sich die Pflanze, auf der sie gerade kriechen, im Wind bewegt oder ein Ast knackt und womöglich bald abbricht. All das können sie über die einfache Wahrnehmung verschiedener Vibrationen unterscheiden. Und dafür reichen die Sinneshärchen auf der Haut vollkommen aus.

249 | Helfen GENVERÄNDERTE Bäume dem KLIMA?

Das verspricht das Biotech-Unternehmen Living Carbon aus den USA: Damit Pappeln schneller wachsen und mehr Biomasse aufbauen, fügt die Firma den Zellen der Bäume Erbmaterial aus Grünalgen und Kürbissen hinzu. Die Gene sollen den Ablauf der Fotosynthese in den Blättern optimieren, indem sie biochemische Prozesse verhindern, bei denen neben den gewünschten Kohlenhydraten auch giftige Nebenprodukte entstehen. Für deren Abbau setzen gentechnisch unveränderte Pappeln wertvolle Energie ein und geben dabei auch etwas vom zuvor aufgenommenen Kohlendioxid wieder an die Umgebungsluft ab. In Treibhausversuchen mit genveränderten Setzlingen wurden die Pflanzen um 53 Prozent größer und speicherten 27 Prozent mehr Kohlendioxid als unbehandelte Pappeln. Im Jahr 2023 startete die Firma eine erste Freilandstudie mit 5000 »Gen-Pappeln«, 2024 stieg die Zahl der Versuchsbäume auf vier Millionen. Bewähren sich die Gewächse auch im Freiland, könnten die schnell wachsenden genveränderten Pappeln in Zukunft dabei helfen, der Atmosphäre nennenswerte Mengen an klimaschädlichem CO_2 zu entziehen.

250 | Eignen sich **QUALLEN** als **NAHRUNGSMITTEL?**

Quallen bestehen zu 97 Prozent aus Wasser, sind fettarm und enthalten Proteine, Mineralstoffe, essenzielle Aminosäuren und mehrfach ungesättigte Fettsäuren. Auch kommen die Nesseltiere überall in den Weltmeeren vor, oftmals entwickeln sie sich zur regelrechten Plage. Was liegt da näher, als sie auf ihre Eignung als Nahrungsmittel zu testen? Forscher des Leibniz-Zentrums für Marine Tropenforschung suchten nach neuen Antworten auf die Frage, wie sich bald zehn Milliarden Menschen nachhaltig ernähren lassen. Und stießen dabei auf die Mangrovenqualle (Cassiopeia andromeda). Dieses Nesseltier lebt im flachen Wasser auf dem Meeresgrund und streckt seine Tentakel in Richtung Wasseroberfläche. Es geht eine Symbiose mit Mikroalgen ein, die offenbar den Nährwert der Qualle noch steigern. Denn sie enthalten gesundheitsfördernde Substanzen, darunter Carotinoide und Antioxidantien, aber auch Substanzen, die den Blutdruck senken.

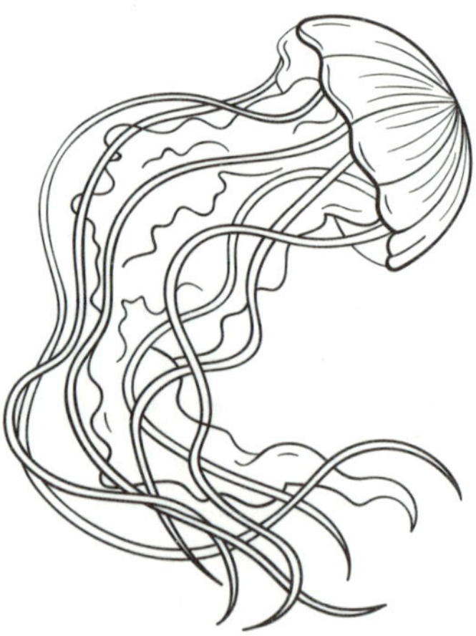

Nun geht es darum, Mangrovenquallen und andere Arten in Aquakultur zu züchten und dabei auch zu testen, wie sich ihr Nährwert noch weiter verbessern lässt. Bleibt die Frage: Ist das Ganze lecker? Einer der Beteiligten hat bereits rohen Quallensalat getestet. Sein Urteil: »Hat wirklich gut geschmeckt.«

251 | Welches TIER hat ZWEI Genome?

Die Gelbe Spinnerameise zählt zu den schlimmsten invasiven Tierarten auf dem Globus. Sie hat sich in Tropenregionen breitgemacht und dezimiert dort die Bestände von Krabben, Reptilien und Vögeln. Aber auch inwendig sorgt das Tier für Aufsehen. Denn sie ist ein Mischwesen, eine sogenannte Chimäre. Sie besitzt also zweimal ein Erbgut unterschiedlicher Art. Normalerweise entwickeln sich Ameisen aus unbefruchteten Eiern, ohne geschlechtliche Vermehrung. Die Tiere tragen lediglich die Kopien der mütterlichen Chromosomen in sich. Bei der geschlechtlichen Fortpflanzung, die die meisten Tierarten praktizieren, verschmelzen dagegen die Chromosomensätze beider Elternteile miteinander. Dadurch entsteht ein diploider Chromosomensatz aus mütterlichen und väterlichen Chromosomen-Kopien.

Die Gelbe Spinnerameise hat dagegen einen dritten Weg eingeschlagen. Ihre Männchen schlüpfen aus befruchteten Eiern, nicht aus unbefruchteten. Trotzdem fand keine Verschmelzung der väterlichen und mütterlichen Anteile statt. Das bedeutet: In den Individuen existieren zwei unterschiedliche Genome parallel nebeneinander, in verschiedenen Zellen. Für die Forschenden war das ein höchst ungewöhnlicher Fund. Möglicherweise zeigt sich darin ein Konflikt zwischen zwei Abstammungslinien, der evolutiv noch nicht entschieden ist.

252 | Kann man PFLANZEN Stress ANHÖREN?

Töne oberhalb einer Frequenz von 20 Kilohertz nimmt das menschliche Ohr nicht wahr. Deshalb halten wir Pflanzen für stumm: Schließlich hören wir nichts, wenn wir im Garten etwa die Triebe einer Tomatenpflanze beschneiden. Hätten wir die Ohren einer Maus, könnten wir hohe Klicklaute wahrnehmen, sobald wir das Messer ansetzen. Das sind die Geräusche, die eine Pflanze unter Stress erzeugt, wie eine Studie aus Israel im Jahr 2023 gezeigt hat. Und die Gewächse sind dabei keineswegs leise: Eine Maus kann das Klicken noch in drei bis fünf Meter Entfernung wahrnehmen.

Um das zu untersuchen, experimentierten Forscher mit Tomaten- und Tabakpflanzen. Sie ließen die Pflanzen halb vertrocknen oder brachten ihnen Schnitte mit einer Schere bei. Ultraschallmikrofone zeichneten dabei auf, was sich abspielte. Wurden die Pflanzen in Ruhe gelassen, sendeten sie etwa einen Klicklaut pro Stunde aus, in einer Frequenz von 50 bis 60 Kilohertz. Setzte man sie jedoch unter Stress, steigerte sich die Klickrate auf 30- bis 50-mal pro Stunde. Auch Kakteen, Wein, Weizen und Mais gaben Töne von sich. Wie genau die Laute entstehen, ist noch nicht geklärt. Vermutlich platzen dabei Luftblasen in den Gefäßsystemen der Pflanzen, im sogenannten Xylem. Mithilfe künstlicher Intelligenz gelang es auch, zwischen den Geräuschen zu unterscheiden. Verletzungen mit der Schere lösten andere Klickmuster aus als der Entzug von Wasser. Ihre Studie könnte der Landwirtschaft nutzen, glauben die Wissenschaftler.

253 | Werden HONIGBIENEN für WILDBIENEN zur GEFAHR?

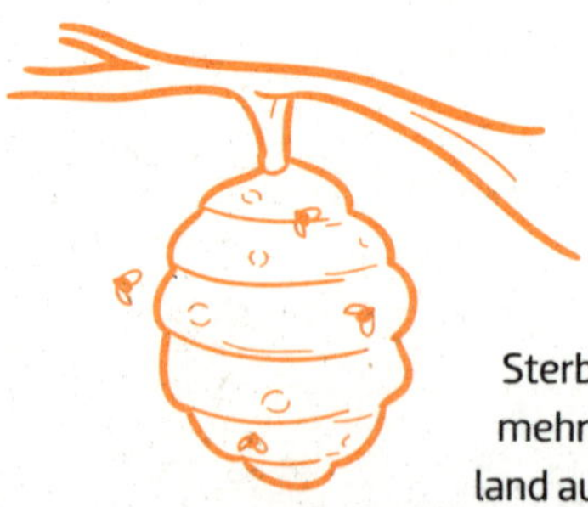

Die Honigbiene ist ein Nutztier und kann millionenfach gezüchtet werden. Die Wildbiene nicht. Von den etwa 580 Wildbienenarten hierzulande leben die meisten nicht in Stöcken, sondern einzelgängerisch. Ihr Sterben fällt daher niemandem auf. Mittlerweile steht mehr als die Hälfte der Wildbienenarten in Deutschland auf der Roten Liste.

Und nun machen auch noch die domestizierten Schwestern den Wildbienen das Leben schwer. Nach einer Studie aus dem Jahr 2023 verdrängen Honigbienenvölker die solitären Wildbienen, wenn beide denselben Lebensraum bevölkern und Futterressourcen knapp sind. Besonders in Naturschutzgebieten oder dort, wo viele Stöcke von Honigbienen aufgestellt wurden. Denn Wildbienen sind vielfach im Nachteil: Ihr Flugradius ist mit mehreren Hundert Metern weit geringer als der der Honigbienen, die sich bis zu zehn Kilometer von ihrem Stock entfernen können. Etwa 30 Prozent der Wildbienenarten sind Nahrungsspezialisten und von bestimmten Futterpflanzen abhängig. Einen Verlust können sie nicht kompensieren. Honigbienen dagegen sind Generalisten und können aus vielen Pflanzen auswählen. Zudem füttern bei Honigbienenvölkern die Imker in mageren Zeiten zu, Wildbienen dagegen verhungern. Doch trotz des Drucks von Honigbienen auf die Wildarten: Das eigentliche Problem liegt nach wie vor in der intensiven Landwirtschaft mit ihrem Spritzmitteleinsatz und im großflächigen Verlust von Lebensraum. Für Wildbienen ist das alles einfach zu viel.

254 | Helfen WALE im KAMPF gegen den KLIMAWANDEL?

Schwimmen mehr der Giganten durch die Ozeane, geraten weniger Treibhausgase in die Atmosphäre. So könnte man die Ende 2022 erschienene Studie eines US-amerikanischen Forschungsteams zusammenfassen: Es hatte aufgelistet, wie und wodurch Wale dazu beitragen, Kohlenstoff aus der Atmosphäre zu nehmen.

Der erste Faktor ist der gewaltige Appetit der Kolosse. Große Bartenwale nehmen täglich tonnenweise Nahrung zu sich, vorwiegend Krill und Plankton. So viel Input erzeugt auch viel Output: Ausscheidungen von Walen stecken voller Nährstoffe, die auf pflanzliches Plankton wie Dünger wirken. Dieses sogenannte Phytoplankton wächst nah an der Wasseroberfläche und bindet Kohlenstoff aus der Luft an sich. Damit wird es zur Kohlenstoffsenke, weil es die CO_2-Belastung der Atmosphäre mindert.

Ein weiterer Faktor ist die Langlebigkeit der Tiere. Blauwale werden bis zu 90 Jahre alt, sie produzieren ihren Planktondünger also viele Jahrzehnte lang. Die Forscher schreiben, dass die offene See fernab der Küsten rund 22 Prozent des gesamten Kohlenstoffs der Erde aufnimmt. Ein Teil dieser Speicherkapazität entfällt auf die großen Meeressäuger. Und das nicht nur zu Lebzeiten:

Tote Wale sinken bis zum Meeresboden. Der in der Körpermasse gespeicherte Kohlenstoff entweicht dort nicht wieder in die Atmosphäre, sondern wird von Aasfressern zersetzt. Dass Wale kaum noch bejagt werden, darf daher auch als Klimaschutzmaßnahme betrachtet werden.

255 | Gibt es MÄUSE ohne MÜTTER?

Es ist ein gewaltiger Schritt nach vorn in der Reproduktionsmedizin, zumindest in der Welt der Nagetiere. Japanische Forscher haben im Labor Mäusebabys gezüchtet, die von zwei Männchen stammen, ohne dass eine biologische Mutter mitgemischt hat. Zwar konnte auch in diesem Experiment nicht ganz auf weibliche Tiere verzichtet werden, denn die Embryonen wurden von Leihmüttern ausgetragen. Aber zum ersten Mal war ohne die genetische Zugabe eines Weibchens die Zeugung von Mäusebabys geglückt, die auch am Leben blieben.

Fünf Jahre zuvor, 2018, war es chinesischen Wissenschaftlerinnen und Wissenschaftlern bereits gelungen, Mäusenachwuchs von zwei weiblichen Tieren zu züchten, also Jungtiere ohne Väter auf die Welt kommen zu lassen. Diese Tiere waren gesund und zeugten später selbst Nachwuchs auf natürlichem Weg.

Die japanischen Forschenden entnahmen männlichen Mäusen Hautzellen aus dem Schwanz und verwandelten sie zurück in Stammzellen, sogenannte iPS-Zellen (induzierte pluripotente Stammzellen). Solche Stammzellen lassen sich in jeden beliebigen Typ von Körperzellen verwandeln. Also auch in Ei- oder Spermienzellen, da sie sowohl ein X- als auch ein Y-Chromosom in sich tragen. Und genau das war der nächste Schritt: Aus den Stammzellen schuf das Team Eizellen, die statt des Y-Chromosoms ein zweites X-Chromosom erhielten. So entstanden befruchtungsfähige Eizellen, die mit Spermien verschmolzen und sich schließlich zu Embryonen entwickelten. Eine mögliche Übertragung der Technik auf den Menschen liegt allerdings noch in weiter Ferne.

256 | Was ist eine BLUMENUHR?

Wenn der Naturforscher Carl von Linné (1707–1778) wissen wollte, wie spät es war, soll er einen Blick in seinen Garten geworfen haben. Er hatte nämlich beobachtet, dass verschiedene Blumen immer zu unterschiedlichen Zeiten ihre Blüten öffnen und man danach die Uhr stellen kann. 1745 legte er in Uppsala die erste Blumenuhr an. Tatsächlich haben auch Pflanzen ihren eigenen Biorhythmus mit eigenen Blühzeiten. Davon haben auch Insekten etwas: Die Natur lindert so Konkurrenzkämpfe ums Futter. Nicht immer sind alle Blüten pünktlich, aber grob funktioniert die botanische Uhr so: Um 5 Uhr morgens öffnen Wegwarte, Mohn und Kürbis ihre Blüten. Um 6 Uhr folgt die Zaunwinde. Eine Stunde später wachen Huflattich, Seerosen und Ringelblumen auf und ab 8 Uhr die Sumpfdotterblume. Die Stunde der Margeritenblüte schlägt um 9 Uhr, eine Stunde später folgt der Sauerklee. Die Mittagsblume öffnet natürlich um 12 Uhr ihre Blüten, allerdings nur, wenn die Sonne scheint. Die Wunderblume lädt die Insekten ab 16 Uhr zum Futtern ein. Die Nachtkerze lockt erst um 20 Uhr mit ihrem Duft.

257 | Warum grasen SCHAFE oft auf DEICHEN?

Schafe auf dem saftig grünen Deich gehören zur typischen Küstenidylle an Nord- und Ostsee. Die Tiere erledigen beim Grasen einen wichtigen Job: Deichpflege. Darum spricht man hier auch von »Deichschafen«. Sie unterstützen die Stabilität der Deiche, indem sie einfach nur grasen. Denn das konstante Geknabbere hält das Gras immer schön kurz und damit die Grasnarbe dicht und kräftig, mit ausgeprägten Wurzeln, die eine fest verflochtene Schicht bilden – zu dicht für Maulwürfe und Wühlmäuse, die den Deich beschädigen könnten. Außerdem besitzen Schafe den »goldenen Tritt«: Körpergewicht und Klauengröße stehen in einem bestmöglichen Verhältnis zueinander, die Tiere sinken nicht ein, sondern treten den Boden behutsam fest. So sorgen sie dafür, dass das Bauwerk vor Erosion durch Wind, Wetter und Wasser geschützt wird.

258 | Welche SÄUGETIERE legen EIER?

Es gibt nur zwei Familien, die das tun. Sie leben in Australien oder Neuguinea, sie sind Fleischfresser, abseits der Paarungszeit eher Einzelgänger – und haben Stacheln. Sie leben allerdings sehr unterschiedlich. Denn die eine Familie – die Schnabeltiere – schwimmt gern durch Süßwasserflüsse. Sie hat Schwimmhäute und einen Paddelschwanz.

Die andere Familie ist noch stacheliger: Es sind die Ameisenigel. Sie findet man in Wüsten, in Regenwäldern oder sogar hoch im Gebirge. Und einer dieser scheuen Ameisenigel hat es im Jahr 2023 zu einiger Prominenz gebracht. Er ist nämlich ein Albino, und das ist nicht nur äußerst selten, sondern sieht in diesem Fall auch sehr süß aus. Sein Entdecker hatte dem weißen Igel nur sicher über eine Straße geholfen (und ein Foto gemacht), dann aber meldete er seinen Fund der Stadtverwaltung – und die postete den Ameisenigel prompt auf Facebook: »Das ist Raffie, unser seltener Albino-Ameisenigel! Falls Sie Raffie draußen sehen, nähern Sie sich ihm nicht, berühren Sie ihn nicht und versuchen Sie nicht, ihn aufzuhalten.« Kurze Zeit später wurde ein weiterer weißer Ameisenigel entdeckt – nachdem er von einem Auto angefahren worden war. »Mr. Spike« erlitt zum Glück nur ein paar Schürfwunden und wurde schnell wieder in das Buschland in der Nähe seines Fundorts entlassen.

259 | Wie HOCH ist der SCHADEN durch invasive ARTEN?

Höher als der Schaden durch Naturkatastrophen wie Erdbeben, Überschwemmungen oder Feuer! Nur Stürme verursachen – global betrachtet – noch mehr Kosten als die unkontrollierte Ausbreitung von Tier- und Pflanzenarten. Eine Studie zeichnet das Bild einer lautlosen Katastrophe, die durch die Verbreitung von Arten wie der Asiatischen Tigermücke, dem Waschbären oder der Zebramuschel ausgelöst wurde. Besonders betroffen sei der asiatisch-pazifische Raum. In Deutschland werden derzeit rund 100 Tier- und Pflanzenarten als invasiv bewertet. Die Schäden belaufen sich allein im Zeitraum zwischen 1980 und 2019 auf weltweit 1,208 Billionen US-Dollar (rund 1,10 Billionen Euro). Tendenz stark steigend. Die Zahlen beruhen auf einer Auswertung der Invacost-Datenbank, in der mehr als 13 500 Ausgabeposten gelistet sind. Dazu gehören Schäden, die durch die Vernichtung von Anpflanzungen, Ernten, Wäldern und Fischgründen entstanden sind, aber auch gesundheitliche Auswirkungen auf den Menschen, zum Beispiel Allergien oder durch invasive Insekten verursachte Todesfälle.

260 | Was erhöht die ARTENVIELFALT auf PALMÖLPLANTAGEN?

Weltweit wird auf 21 Millionen Hektar Land Palmöl angebaut, zumeist in Form von Monokulturen. Oft werden in den Hauptexportländern Indonesien und Malaysia für Palmölplantagen sogar Regenwälder abgeholzt. Sie sind also schädlich für die Artenvielfalt und haben daher einen schlechten Ruf. Doch man könnte den nachteiligen Effekt etwas lindern.

In einem fünfjährigen Experiment legten Forscher auf einer Plantage auf Sumatra Bauminseln an. Auf 52 quadratischen, unterschiedlich großen Flächen wurden die Ölpalmen entnommen und stattdessen heimische Baumarten gepflanzt. Einige Flächen überließ man auch einfach sich selbst, ohne etwas anzupflanzen. Über die Jahre analysierten die Forschenden auf der Plantage dann die Artenvielfalt von Pflanzen, Bodenorganismen, Insekten, Vögeln und Fledermäusen. Dazu ermittelten sie die Effekte der Bauminseln auf Wasser-, Kohlenstoff- und Nährstoffkreisläufe, auf Mikroklima, Bodenqualität, Bestäubungsleistung und biologische Gemeinschaften. Außerdem verfolgten sie die Auswirkungen auf die Palmölerträge. Die Erwartung war, dass die Erträge zurückgehen würden, weil die Bauminseln Nährstoffe auf Kosten der Ölpalmen für sich beanspruchen. Doch die Erträge blieben bezogen auf die Fläche gleich hoch. Gleichzeitig stieg die Artenvielfalt deutlich. Eine Erhöhung der Artenvielfalt auf Palmölplantagen ohne Ertragseinbußen wäre demnach möglich.

261 | Wohin zieht der **KUCKUCK** im **WINTER?**

Schon ab Anfang August verlassen Kuckucke ihre Brutreviere in Mitteleuropa und machen sich auf den Weg nach Süden. Doch obwohl der Kuckuck zu den bekanntesten Vogelarten in unseren Breiten zählt, umrankte ihn lange Zeit ein großes Rätsel: Selbst Fachleute hatten kaum eine Ahnung, wo genau die Tiere eigentlich hinfliegen, um zu überwintern. Von rund 20 000 Jungkuckucken, die man im Laufe der Jahrzehnte in Europa beringt hatte, gab es nur zwei Wiederfunde: in Afrika. Sie waren – zusammen mit der Tatsache, dass man den Kuckuck von Europa immer Richtung Süden abziehen sah – die einzigen Anhaltspunkte dafür, dass der Kuckuck wohl in Afrika überwintert. Die moderne Telemetrie mit nur fünf Gramm leichten Sendern hat das Rätsel gelöst. Im Laufe der vergangenen zwölf Jahre haben Forschende Dutzende europäische Kuckucke besendert. Ergebnis: Die meisten von ihnen – ob aus Deutschland, Weißrussland oder England – überwintern mitten im tropischen Regenwald des Kongobeckens in Zentralafrika – sehr zum Erstaunen der Wissenschaftler: »Der Regenwald ist eigentlich kein guter Lebensraum für Zugvögel. Dort herrschen ganzjährig konstante Bedingungen, und die ökologischen Nischen sind von den einheimischen ortsfesten Vogelarten besetzt.« Bis heute kennt man keine andere Zugvogelart, die dort überwintert.

262 | Wie schützen sich **PFLANZEN** vor **FROST?**

Dass sich winterharte Pflanzen vor allem innerlich gegen Eiseskälte wappnen, ist bekannt: Sie nutzen Frostschutzmittel in ihren Zellsäften, etwa Glycerin oder Zucker. Manchen Gewächsen reicht das aber nicht. Sie setzen auch auf äußere Hilfsmittel. Ein effektiver äußerer Kälteschutz besteht zum Beispiel aus feinen Härchen auf der Blattoberfläche. Sie wirken wie ein Teppich, der Eiskristalle auffängt und festhält. Dadurch bildet sich die eisige Schicht oberhalb des eigentlichen Blattes und lässt es unversehrt. Diese Strategie nutzt etwa das Gänseblümchen. Einige Tulpenarten setzen dagegen auf den Lotuseffekt. Auf ihren Blättern befindet sich eine wachsartige Schicht, die Wassertropfen abperlen lässt. Wo sich kein Wasser halten kann, bilden sich auch keine Eiskristalle. Und die wenigen Tropfen, die dennoch übrig bleiben, vereisen dann auf der Wachsschicht statt auf dem

Blatt. Die Strategie mit der Wachsschicht scheint so gut zu funktionieren, dass sie sogar in der Antarktis zum Einsatz kommt. Die Antarktische Schmiele ist ein Süßgras und eine der einzigen beiden Blütenpflanzen, die in der Antarktis vorkommen. Sie umhüllt sich auf beiden Blattseiten mit einer doppelt aufgelegten Wachsschicht: einer eher locker strukturierten innen und einer sehr dicht gepackten außen. Ein regelrechter Isolieranzug. Auf diese Weise kann sie auch in einer extrem frostigen Welt blühen, wachsen und sich fortpflanzen.

263 | Wo kann man selbst WÄLDER pflanzen?

Hitzestress und Trockenheit, Borkenkäfer- und Brandgefahr: Der Klimawandel setzt den deutschen Wäldern heftig zu. Viele ehemals üppig bewaldete Hügel zeigen heute zahllose abgestorbene Fichten und Baumstümpfe. Eine wichtige Verbesserung kann Aufforstung bringen. Im Prinzip können dabei alle mitmachen. Was man braucht: Neben Interesse für den Wald helfen eine gewisse Grundfitness sowie eine gute Anleitung. Um Letztere bemüht sich das »Bergwaldprojekt« – ein Verein, der sich der freiwillig-gemeinschaftlichen Waldpflege und -pflanzerei verschrieben hat. Das deutsch-schweizerische Projekt existiert schon seit 1987. Der deutsche Ableger hat seinen Sitz in Würzburg und organisiert Freiwilligenprojekte landauf, landab – vom Alpenvorland bis in die Norddeutsche Tiefebene. Je nach Bedarf werden nicht nur Bäume gepflanzt, sondern auch Hochsitze gebaut, Wege befestigt, Borkenkäfer ausspioniert oder Moorunke und Auerhuhn unterstützt. Dabei kann man eine knappe Woche vor Ort verbringen oder – bei den beliebten »Neihaufeschten« – einen Tag lang mal so richtig »reinhauen«.

264 | Warum wird der GRÖNLANDWAL so ALT?

Mit einer Lebensdauer von mehr als 200 Jahren gehören die Grönlandwale zu den langlebigsten Tieren der Erde. Das macht sie für die Forschung besonders interessant – etwa wenn es um Krebs geht. Denn grundsätzlich gilt, dass jede

Körperzelle ein prinzipielles Risiko in sich trägt, irgendwann einmal Krebs zu entwickeln. Ein großes Tier besteht aus sehr vielen Zellen und müsste also in dieser Hinsicht stärker gefährdet sein als kleinere Lebewesen. Doch die Realität sieht anders aus: Wale und Elefanten leiden nicht öfter an Krebs als Mäuse oder Hunde. Wie es zum Beispiel der 80 Tonnen schwere Grönlandwal schafft, gleichzeitig eines der schwersten und ältesten Säugetiere überhaupt zu werden, wurde jetzt erforscht. Dabei kam heraus, dass die Wale eine besondere Strategie beim Beseitigen von Fehlern in ihrem Erbgut entwickelt haben. Sie stoßen Zellen mit beschädigter DNA nicht ab, sondern reparieren auftretende Fehler, wobei ein Protein namens CIRBP zum Einsatz kommt. Versuche im Labor zeigten, dass dieses Protein auch menschlichen Zellen helfen kann, kaputte DNA zu reparieren. Darum könnte die Wal-Analyse also zukünftig auch im Kampf gegen menschlichen Krebs hilfreich sein.

265 | Sollte man WILDTIEREN in Not HELFEN?

»Oje, der arme kleine Igel da auf der Straße, der hat sich bestimmt verlaufen! Den füttere ich zu Hause mal richtig durch und lasse ihn dann wieder frei.« So schwer es auch fällt, in der Regel sollte man es unterlassen, Wildtieren wie in diesem Fall zu helfen, raten Fachleute. Dadurch kann man die Tiere ihrer Freiheit berauben oder sie sogar töten. Zudem kann es negative Folgen für den Erhalt der Tierart insgesamt haben. Denn wenn ein Wildtier zu schwach oder zu ungeschickt ist, um sich selbst zu helfen, schlägt in der Natur nun mal die Selektion eiskalt zu. Im Idealfall solle man das Tier in der Notlage zunächst beobachten – ob zum Beispiel ein scheinbar einsames, hilfloses Jungtier doch noch von den Eltern versorgt wird. Wurde es einmal von Menschen angefasst, könnten sie es womöglich verstoßen. Außerdem gilt es abzuwägen, ob die Notsituation von einer schlechten Entscheidung des Tiers oder seiner Eltern herrührt – etwa wenn das Vogelnest zu leicht für die Hauskatze zu erreichen ist. Aber selbst dann ist es besser, die Finger davon zu lassen. In der Natur überleben diejenigen, die fit und geschickt sind – und sie sorgen dann auch am besten für den Erhalt der Art.

Doch es gibt Ausnahmen. Etwa wenn ein Tier zu einer akut gefährdeten Art gehört, bei der jedes überlebende Exemplar zählt. Oder wenn ein Vogel versehentlich ins Haus geflogen ist und nicht mehr herausfindet. Bei Igeln ist nur dann Hilfe angebracht, wenn sie bei Frost oder Schnee tagsüber unterwegs und erkennbar unterernährt, krank oder verletzt sind. Dann sollte man sie zum Tierarzt bringen.

266 | Welcher VOGEL fällt nicht auf KUCKUCKSEIER herein?

Der Kuckuck, das ist bekannt, schmuggelt seine Eier in die Nester anderer Vogelarten, die dann die mühevolle Brut und Aufzucht übernehmen. Viele Kuckucksarten haben sich auf bestimmte Wirtsvögel spezialisiert und legen Eier, die denen von Teichrohrsängern, Bachstelzen oder Zaunkönigen täuschend ähnlich sind. Dass daraus ein Kuckuck schlüpft, scheint die Adoptiveltern nicht zu stören: Sie füttern, was im Nest ist. Da das Kuckuckskind zuerst schlüpft, hat es genügend Zeit, die eigenen Eier der Pflegeeltern aus dem Nest zu wuchten.

Es gibt allerdings auch schlaue Vogelarten. Sie sortieren Eier aus, die ihnen fremd erscheinen. Oder legen gleich ein ganz neues Nest an. Im tropischen Afrika haben Ornithologen eine Vogelart beobachtet, die dabei effektiver ist als jede andere: den Trauerdrongo. Das sind mittelgroße, dunkle Vögel mit roten Augen, die laut der Studie 94 Prozent aller eingeschmuggelten Eier aus dem Nest werfen – und das, obwohl der Afrikakuckuck sie nahezu perfekt tarnt. Sie erkennen die fremden Eier offenbar an der Musterung. Aber Trauerdrongos sind selbst auch trickreich: Bei der Futtersuche imitieren sie Warnrufe von Raubvögeln oder Erdmännchen, schlagen so andere Vögel in die Flucht – und klauen dann deren Beute.

267 | Wundern sich HUNDE, wenn etwas UNLOGISCHES passiert?

Vor ein paar Jahren gab es im Netz die sogenannte »What the Fluff«-Challenge – für Hund und Herrchen respektive Frauchen: Man stellt sich vor den Augen seines Hundes in einen Türrahmen und versteckt sich hinter einer großen vorgehaltenen Decke. Dann lässt man die Decke fallen und springt im selben Moment zur Seite. Für die Hunde wirkt das, als hätte sich ihr Mensch in Luft aufgelöst, weshalb sie merklich ins Grübeln kommen: Sie stutzen, schauen sich verwundert um, rennen los. Das sieht putzig aus, ist aber auch ein interessantes Forschungsthema: Wie reagieren Hunde angesichts verletzter Logikregeln? Beim Menschen regt das Neugier und Forschungsgeist an – ein wichtiger Lernimpuls, schon im Babyalter. Aber ist das auch bei den Vierbeinern so?

Einige Versuchshunde unterschiedlichster Rassen sahen Videos, zum Beispiel rollende Kugeln, die an unpassenden Stellen plötzlich von der Bildfläche verschwanden – um kurz darauf wieder aufzutauchen, als sei alles in bester logischer Ordnung. Den Hunden bleiben solche Unstimmigkeiten nicht verborgen: Sie wundern sich ganz offensichtlich und machen große Augen. Bei den Versuchen konnte durch Messungen gezeigt werden, wie sich ihre Pupillen weiteten. Außerdem zeigten die Hunde nach irritierenden Szenen eher den Impuls, aufzuspringen und sich die Sache genauer anzuschauen. Ob da allerdings schon echter »Forschungsgeist« am Werk ist wie beim Menschen? Um das zu beantworten ist noch weitere Forschung nötig.

268 | Können HAIE in SÜSSWASSER überleben?

Die Geschichte von Haien im Golfteich an der Ostküste Australiens ist das vielleicht kurioseste Beispiel für eine Tatsache, die vielen Menschen nicht bewusst ist: Manche Haiarten können auch in Süßwasser überleben. Dazu gehören Bullenhaie, die schon flussaufwärts in Mississippi und Amazonas gesichtet wurden, und verschiedene Flusshaiarten wie Gangeshai oder Speerzahnhai. Denn sie können die sogenannte Osmoregulation an den Salzgehalt des Wassers anpassen. Die Nieren filtrieren im Süßwasser weniger Salze und stattdessen vermehrt Harnstoff aus dem Blut, um das osmotische Gleichgewicht zwischen der Konzentration gelöster Stoffe in den Körperflüssigkeiten und im umgebenden Wasser zu halten. Ohne diese Umstellung würden die Haie im Fluss zu viel Wasser im Körper einlagern. Diese Anpassung können sie über längere Zeit aufrechterhalten. Dennoch: 1996 erstmals beobachtet, wurden die Bullenhaie im Carbrook Golf Club seit 2015 nicht mehr gesichtet. Wahrscheinlich sind sie genauso zurück ins Meer gelangt, wie sie einst gekommen waren: durch eine Überschwemmung, die den Golfteich mit dem ins Meer fließenden Logan River verband.

269 | Kommt der **ALTE HUTEWALD** zurück?

Der Hutewald war ein lichtes, fast schon parkartiges Waldgebiet, in dem die Nutztiere der Bauern weideten. Schweine suchten sich Eicheln, Rinder fraßen Laub von den Bäumen, selbst Hühner pickten im Schutz der Kronen und waren einigermaßen sicher vor dem Habicht. Für die Bauern war die Huteweide praktisch, mussten sie ihren Tieren doch zumindest in den wärmeren Tagen kein Futter bereitstellen. Doch nach dem Mittelalter verschwand die alte Waldbeweidung über die Jahrhunderte fast vollständig und geriet in Vergessenheit.

Jetzt aber, in der Zeit des großen Artensterbens, kehrt die Erinnerung zurück. So hat 2022 die Forstliche Versuchs- und Forschungsanstalt Baden-Württemberg ein Konzept für eine moderne Waldbeweidung vorgelegt. Pferde, Rinder, Schafe und Ziegen sollen als Weidetiere lichte Waldlebensräume schaffen, die in halboffene Graslandschaften übergehen – typische Habitate für selten gewordene Arten wie das Auerhuhn. Mit ihren Hufen bearbeiten die Tiere den Boden, düngen ihn mit ihrem Kot und sorgen so für eine Vielzahl von Kleinstrukturen in der Landschaft, was wiederum der Artenvielfalt insgesamt zugutekommt. Ein paar praktische Beispiele gibt es bereits, heute heißt dies: moderne Waldweide.

270 | Welcher **VOGEL** kann **SCHLAGZEUG** spielen?

Auf der Kap-York-Halbinsel im Norden Australiens lebt der Palmkakadu, ein Vogel mit schwarzem Gefieder, schwarzem Federschopf und roten Wangen. Immer wieder wurden Männchen dieser Art beobachtet, wie sie mit Stöckchen oder Samenkapseln gegen Äste trommelten, um Weibchen anzulocken. Australische Forscher kamen aus dem Staunen nicht mehr heraus: Erstens: Die Männchen basteln sich ihre Trommelstöcke selbst und haben dabei individuelle Vorlieben. Ein kleiner Ast wird so lange gebrochen und zurechtgeknabbert, bis es dem Vogel passt. Das Design hat eine persönliche Note und wird von Generation zu Generation weitergegeben. Um das Handwerk zu lernen, bleiben die männlichen Nachkommen jahrelang in der Nähe ihrer Väter und schauen sich ab, wie die ihre Drumsticks schnitzen. Zweitens: Die Trommelsoli zeugen von hoher Musikalität. Es gibt echte Rhythmen und individuelle Vorlieben: Jeder Kakadu hat seinen eigenen Takt, sein Tempo und variiert auf typische Weise.

Wozu aber der Aufwand? Palmkakadus sind eine seltene Art, und das liegt nicht zuletzt an ihrer geringen Geburtenrate. Die Weibchen legen im Schnitt nur alle zwei Jahre ein Ei. Damit das kostbare Junge optimale Startvoraussetzungen und Überlebenschancen hat, muss es die besten Gene mitbekommen – von einem Vater also, der richtig was draufhat. Doch diese guten Gene muss dieser auch herzeigen, um die Weibchen zu locken. Mit dem richtigen Beat geht das auch auf Entfernung.

271 | Gibt es GIRAFFEN ohne FLECKEN?

Der letzte klare Beleg für eine Giraffe ohne das charakteristische Gitternetzmuster war schon über 50 Jahre alt, als im Mai 2023 eine Meldung die Runde machte: In einem kleinen privaten Tierpark in den USA war erneut eine solche Giraffe geboren worden. Es sei die einzige einfarbige Netzgiraffe der Welt, sagte Zoodirektor David Bright. Der Brights Zoo im US-Bundesstaat Tennessee wurde dadurch berühmt. Das Giraffenbaby erhielt den Namen Kipekee, was in der ostafrikanischen Sprache Swahili »einzigartig« bedeutet. Doch: Kipekee blieb nicht lange einzigartig. Denn schon im September wurde ein ähnlich musterloses Jungtier in freier Wildbahn in Namibia gesichtet. Die Giraffe Conservation Foundation (GCF), eine Stiftung zum Giraffenschutz, verkündete, es sei weltweit die erste Giraffe ohne Netzmuster, die in der Wildnis dokumentiert wurde. Man hofft – und bisher wurde nichts Gegenteiliges bekannt –, dass die Giraffe auch mit dieser ungewöhnlichen genetischen Mutation überleben wird. Denn vermutlich dient das Netzmuster der Tarnung in der Savanne.

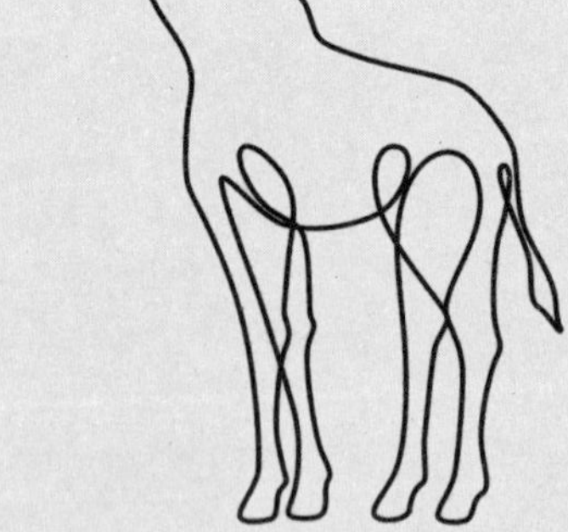

272 | Welches Tier ist KOMPLETT schwarz?

Wahrscheinlich gibt es kein zweites Tier, das so durch und durch schwarz ist wie das Cemani-Huhn. Schwarz glänzendes Gefieder oder Fell sind zwar keine Seltenheit. Aber bei den Cemanis: Augen, Haut, Fleisch, Knochen, Kamm und Krallen, alles pechschwarz. Selbst das Blut ist deutlich dunkler als bei anderen Tieren.

Diese durchgehend schwarze Färbung geht auf ein natürliches, aber sehr seltenes Genmerkmal zurück. Die Farbmutation tritt auch bei weiteren Hühnerrassen auf: Schwedische Schwarzhühner sind ebenfalls ziemlich schwarz. Doch beim Cemani-Huhn ist die Schwarzfärbung vollkommen, seine Form der Genmutation ist so speziell, dass sie möglicherweise auf ein einziges Tier zurückgeht, das vor Jahrtausenden gelebt haben könnte. Die zufällige Mutation bewirkte Folgendes: Ein bestimmtes Gen, das die Produktion des schwarzen Pigments steuert, wird nicht nur in typischen Bereichen wie der Haut oder dem Haar- beziehungsweise Federfollikel aktiv, sondern in jeder Körperzelle. Für den Organismus ist das unproblematisch. Der auffällige Vogel stammt von der indonesischen Insel Java, wo die Cemanis wahrscheinlich seit rund einem Jahrhundert gezüchtet werden. Dort werden ihnen sogar Zauberkräfte zugeschrieben. Inzwischen wird die Rasse aber auch im Rasseverzeichnis des deutschen Geflügelzüchter-Fachverbands geführt und ist unter Hühnerfans sehr beliebt.

273 | Haben PAPAGEIEN so INDIVIDUELLE STIMMEN wie wir?

Menschen verfügen über einen sogenannten Stimmabdruck. Damit ist die individuelle Signatur gemeint, die eine Stimme unverwechselbar macht, vergleichbar mit einem Fingerabdruck. Können sich auch Tiere an ihren Stimmen erkennen? Um das herauszufinden, wählten Forscher als Studienobjekt eine Papageienart, den Mönchssittich. Sie sind sehr sozial und kommunikativ, verfügen über ein riesiges Repertoire an Lauten und lernen ständig neue dazu. Zudem kommen sie in Barcelona in großer Zahl in den Parks vor und werden dort seit 20 Jahren markiert. Nach zwei Jahren waren fast 5600 Sittichlaute von 229 markierten Vögeln aufgenommen, darunter überwiegend Kontaktrufe, aber auch Warnschreie.

Die Forscher pickten sich fünf dieser Ruftypen heraus und stellten fest, dass drei davon nicht nur individuelle Signaturen aufwiesen, sie waren auch sehr variabel. Einem eigens trainierten Stimmerkennungstool gelang es, den jeweiligen Individuen noch weitere Ruftypen zuzuordnen, es erkannte die Papageien also tatsächlich an ihren persönlichen Lautäußerungen. Diese Studie liefert den ersten Beweis für einen individuellen Stimmabdruck bei Papageien über mehrere Rufarten hinweg. Allerdings muss sie noch durch weitere Forschung bestätigt werden.

274 | Wer baut VOGELHÄUSER in den OZEAN?

Im Jahr 2023 wurden rund einen Kilometer vor der Ostküste Englands drei riesige Vogelhäuser fertiggestellt mit Platz für je 500 Nester. Gedacht sind sie für einen in der Region heimischen gefährdeten Seevogel: die Dreizehenmöwe. Dass die Vogelhäuser errichtet wurden, ist Teil einer Vereinbarung für die Genehmigung des britischen Offshore-Windparks Hornsea 3 des Betreibers Ørsted, der im Jahr 2027 fertiggestellt sein soll. Windparks haben Auswirkungen auf die örtlichen Seevögel, etwa durch die Gefahr, dass die Tiere im Flug mit den Rotoren kollidieren. Die Nisthilfen auf See bieten künftigen

Vogelgenerationen die Gelegenheit, ihre Jungen fernab von Raubtieren und außerhalb der Stadtzentren aufzuziehen. Außerdem sollen sie ermöglichen, die Gesundheit der Vögel über die gesamte Betriebsdauer des Windparks zu überwachen.

275 | Wie finden ALBATROSSE den perfekten WIND?

Wanderalbatrosse können sich wochenlang ohne Rast in der Luft halten, den Erdball umrunden und Hunderte Kilometer weit im Wind gleiten, ohne auch nur ein einziges Mal mit den Flügeln zu schlagen. Sie sind wie geschaffen für den Langstrecken-Segelflug über Ozeane hinweg, auch dank ihrer Flügelspannweite von bis zu 3,5 Metern. Das ist Rekord im Tierreich. Doch um derart lange segeln zu können, braucht es den perfekten Wind. Wie die Vögel den aufspüren, ist noch immer ein Rätsel. Jetzt allerdings gibt es erste Hinweise: Möglicherweise richten sie sich nach dem Klang, den große Wellen hervorrufen. Das Geräusch dieser Wogen bewegt sich im Infraschallbereich unter 20 Hertz und wird von den Forschenden »Mikrobarom« genannt oder – sehr viel poetischer – die »Stimme des Meeres«.

Hohe Wogen schaukeln sich dort auf, wo stürmische Winde auftreten – Winde, die Albatrosse weit tragen können. Dass die Vögel tatsächlich auf die tiefen Frequenzen reagieren, die von großen Wellen verursacht werden, konnten Forscher dank GPS-Sendern nachweisen. Mithilfe weiterer Studien, die auch Soundaufnahmen umfassten, fanden sie einen Zusammenhang zwischen dem Auftreten von Infraschall und den Flugrouten der Vögel. So änderten die Albatrosse ihren Kurs, wenn sie auf laute Mikrobarome stießen – Infraschall also, der heftige Winde verriet. Dort schienen sich die Vögel bevorzugt zu bewegen. Es gibt also erste Hinweise darauf, dass die Meistersegler der Stimme des Meeres lauschen könnten, um ihren perfekten Wind zu finden.

276 | Stammen **DINGOS** von **HAUSHUNDEN** ab?

Dingos sind australische Wildhunde und unter den Australiern wegen ihrer Jagd auf Nutztiere ähnlich verhasst, wie es in Europa lange Zeit der Wolf war. Da sie äußerlich Haushunden ähnlicher erscheinen als dem Wolf, rätseln Zoologen schon lange, ob es sich nicht vielmehr um verwilderte ehemalige Haustiere handelt. Ähnlich den Mustangs in den USA, die keine eigene Wildpferdsorte darstellen, sondern auf die ausgebüxten Hauspferde der spanischen Konquistadoren im 16. Jahrhundert zurückgehen.

Archäologen haben nun einen Hinweis gefunden, dass Dingos vor langer Zeit einmal dem Menschen näher waren: In einer Fundstätte südlich von Sydney entdeckten sie etwa 2000 Jahre alte Gräber, in denen Dingos Seite an Seite mit Menschen begraben worden waren – als hätten sie zur Familie gehört. Außerdem zeugen frühe Berichte australischer Kolonialisten davon, dass die Aborigines damals gern Welpen aus der Wildnis einfingen, um sie als Wachhunde aufzuziehen. Allerdings deutet genetisch nichts darauf hin, dass Dingos gezüchtet worden wären. Eine internationale Studie von 2022 ergab: Evolutionsgeschichtlich ist der Dingo ein früher Ableger des Wolfs Richtung Haushund. Vor 5000 bis 8000 Jahren gelangte er nach Australien. Sein Genom wurden daraufhin aber von der australischen Umwelt geprägt – nicht vom Menschen.

277 | Wo hat der **SEESTERN** seinen **KOPF**?

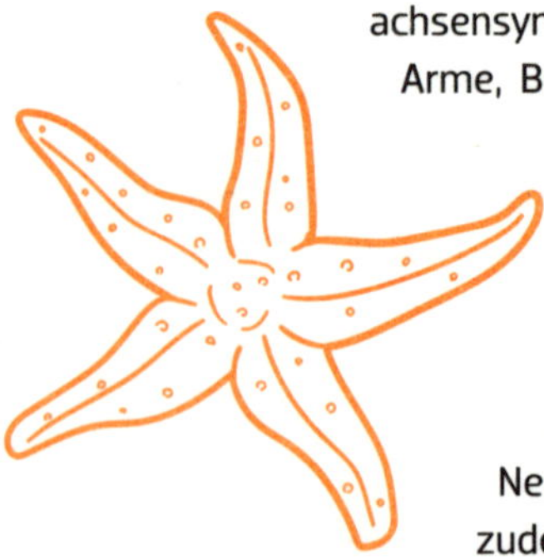

Anders als die meisten Tiere hat der Seestern keinen achsensymmetrischen Körperbau, also Ohren, Augen, Arme, Beine jeweils links und rechts der zentralen Körperachse. Stattdessen hat er fünf symmetrische Arme, eben wie ein gezeichneter Stern. Ist also der Kopf in der Mitte? Oder doch in einem der Arme? Die Lösung haben britische Forscher ermittelt, indem sie sich den Verlauf der Nerven im Innern des Seesterns ansahen und zudem eine RNA-Tomografie anfertigten: Sie prüften, wie typische Kopf- und Rumpfgene im Körper des Fledermaus-Seesterns verteilt sind. Und siehe da: Demnach ist eigentlich der gesamte Stern ein einziger Kopf. Sowohl im Zentrum des Sterns als auch mittig in den Armen fanden sich Signaturen von Genaktivität, wie sie für den Kopf typisch sind. Charakteristische Rumpfsignaturen dagegen waren nur an den äußersten Spitzen der Arme. Auch sonst ist der Seestern erstaunlich: Er hat kein Blut, kein Gehirn, und zum Fressen stülpt er seinen Magen nach außen. Wahrscheinlich ist innen vor lauter Kopf kein Platz dafür.

278 | Welche GESCHENKE machen sich TIERE?

Kleine Aufmerksamkeiten zur Festigung von Paarbeziehungen sind eine natürliche Angelegenheit. Selbst Tiere überreichen sich Präsente, genauer: Männchen beschenken Weibchen zur Balz, allen voran im Reich der Vögel. In den Brutkolonien der Adeliepinguine etwa erwärmen die Herren die Herzen der Damen mit Kieseln. Diese sind in der antarktischen Eislandschaft rare »Edelsteine« – und dringend benötigte Hardware zum Nestbau. Kein Wunder also, dass Weibchen auf steinreiche Typen stehen, die bisweilen weite Wege watscheln, um die besten Brocken aufzuschnabeln. Auch die Blaufußtölpel auf den Galapagosinseln setzen auf praktische Präsente wie Stöckchen, ergo: Nistmaterial. Eisvogelmännchen hingegen angeln sich die Dame ihres Vertrauens mit selbst erköppertem Frischfisch, den sie gentlebirdlike mit kleinen Verbeugungen überreichen. Liebe geht nun mal durch den Magen. Die Männchen der auch in Deutschland heimischen Gemeinen Skorpionsfliege bieten als Brautgeschenk selbst produzierte Sekretbonbons oder Futterstückchen an: Energiebooster für das Weibchen und die kräftezehrende Eiproduktion. Listspinnenmännchen verpacken ihre kulinarischen Mitbringsel sorgsam in Spinnfäden, damit das Weibchen zur Paarung gut beschäftigt ist – und darauf verzichtet, den Begatter zu vernaschen.

279 | Woran erkennen Pinguine in Kolonien ihren Partner?

Wie die meisten Pinguinarten leben auch die Brillenpinguine Afrikas in großen Kolonien von Tausenden Tieren. Sie wählen einen Partner auf Lebenszeit und wechseln sich beim Brüten ab. Der eine Vogel bleibt beim Nest, der andere geht jagen. Wie aber finden sie wieder zurück, zum eigenen Nest und zum eigenen Partner? Brillenpinguine blicken einander aufs Brustgefieder. Jedes Individuum trägt ein einzigartiges schwarzes Punktmuster auf seinem weißen Rumpf, das sich im Alter von drei bis fünf Monaten bildet und bis zum Lebensende bleibt. Und daran lassen sie sich zielsicher unterscheiden.

Das hat ein Forschungsteam mithilfe von Fotos herausgefunden. Es konfrontierte sechs Pinguinpaare aus einem Aquazoo mit den fast lebensgroßen Abbildungen von Artgenossen. Jedes Tier bekam zwei Fotos gezeigt: das seines langjährigen Partners und das eines fremden Vogels. Später sahen die Tiere nur die Bilder ihres Partners, einmal mit sichtbarem Punktmuster, einmal mit abgedecktem. Das Ergebnis: Bekamen die Pinguine den ganzen Körper oder zumindest das Punktmuster ihres Gefährten zu sehen, betrachteten sie die Bilder länger als die Aufnahmen anderer Vögel. Das Interesse nahm dagegen ab, wenn die Punkte abgedeckt waren. Offenbar sind also Brillenpinguine tatsächlich auf die charakteristischen Brustzeichnungen angewiesen, um einander zu erkennen. Allerdings muss das nicht ihr einziges Unterscheidungsmerkmal sein.

280 | Wo profitieren MANGROVEN vom ANSTIEG des MEERESSPIEGELS?

Mangrovenwälder gehören zu den wertvollsten Ökosystemen der Erde. Sie wachsen im Brackwasser tropischer Meeresküsten und im Gezeitenwechsel von Ebbe und Flut. Sie wurzeln im Schlamm, befestigen die Küstenzonen und beherbergen viele Tierarten. Weil sie enorme Mengen CO_2 speichern können, gelten sie als Klimaschützer ersten Ranges. Doch schwankende Wasserstände setzen ihnen zu. Wenn der Meeresspiegel abfällt, verdursten sie, aber auch der Anstieg bringt sie in Bedrängnis: Mangrovenbäume brauchen das Trockenfallen bei Ebbe. Sonst schaffen sie es nicht, ausreichend Sauerstoff zu ihren Wurzeln zu leiten, um die Flut zu überstehen.

Umso bemerkenswerter ist daher eine Untersuchung aus Australien. Das Forscherteam dokumentierte, wie sich Mangrovenwälder auf einem Riff ausbreiten, das zum Great Barrier Reef gehört, ein abgelegenes Gebiet auf den Howick-Inseln vor der nordaustralischen Küste. Mithilfe von Drohnenaufnahmen, Messungen und Rechenmodellen stellten die Wissenschaftler fest, dass die Biomasse des Mangrovenbestands seit den 1970er-Jahren um rund 10 000 Tonnen zugelegt hatte. Weil diese Zeitspanne kurz und die Wälderausdehnung groß ist, handelt es sich vermutlich um eine Reaktion auf veränderte Umweltbedingungen. Warum allerdings diese Mangroven von der Erderwärmung profitieren, während andere daran zugrunde gehen, müssen weitere Forschungen aufdecken.

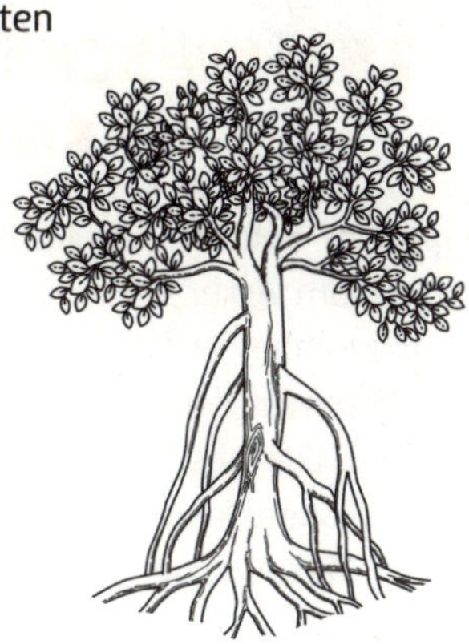

281 | Kann GENTECHNIK Hühner gegen VOGELGRIPPE immun machen?

Auch Säugetiere werden inzwischen von der Vogelgrippe, dem Virus H5N1 und seinen Subtypen, befallen, darunter Robben, Füchse und Katzen. Durch seine große Anpassungsfähigkeit könnte es sogar dem Menschen gefährlich werden. Das größte Potenzial für seine Verbreitung findet H5N1 aber in

Hühnerställen. Hühner sind mittlerweile die vorherrschende Vogelart auf diesem Planeten – ein ideales Betätigungsfeld für den Erreger, da die allermeisten Hühner dicht an dicht in Massentierhaltung leben. Sind Tiere eines Stalls einmal am Virus erkrankt, gibt es bislang kein anderes Mittel, als alle zu töten. Nun aber wurden mit der Genschere CRISPR/Cas erste Erfolge erzielt. Damit tauschten Forscher zwei Aminosäuren eines Wirtsproteins aus, das bei Hühnern entscheidend für die Vermehrung des Virus ist, und setzten anschließend die Vögel einer geringen Viruslast aus. Neun von zehn Tieren infizierten sich daraufhin nicht. Als die Virenlast gesteigert wurde, nahm der Infektionsschutz jedoch wieder ab. Unklar ist auch noch, welche Folgen der Eingriff für die Hühner haben könnte und wie massentauglich der Einsatz von Genscheren wäre. Dennoch könnte die Genom-Editierung helfen, einen Schutz für Menschen aufzubauen.

282 | Wie SCHÄDLICH ist GLYPHOSAT für AMPHIBIEN?

Glyphosat soll sich eigentlich nur gegen Pflanzen richten, um Äcker, Obstwiesen und Weinstöcke von unerwünschten Beikräutern frei zu halten. Aber auch Tiere kommen damit in Kontakt: Das Herbizid verteilt sich, es sickert ins Grundwasser und fließt in Gewässer. Ein Forschungsteam ließ 30 Embryonen des Afrikanischen Krallenfrosches in einer Wasserlösung aufwachsen, die verdünntes Glyphosat enthielt; reines Glyphosat, kein Herbizid mit Zusatzstoffen, um sicherzustellen, dass nur die Effekte des Wirkstoffs selbst getestet wurden. Die Lösung enthielt je nach Experiment unterschiedliche Konzentrationen, angelehnt an die Werte, wie sie auch in natürlichen Gewässern vorkommen. (So wurden in den USA etwa 1,7 Milligramm Glyphosat pro Liter nachgewiesen, in Argentinien sogar 105 mg/l, in Deutschland um 0,0025 mg/l.) Selbst bei einer niedrigen Konzentration (0,1 mg/l) traten erhebliche Schäden bei den Embryonen auf, die sich im Lauf der Untersuchung zu Kaulquappen entwickelten. Ihr Längenwachstum war reduziert, ihre Herzen blieben verkümmert, die Körper verkrümmt, Hirnnerven zeigten Fehlbildungen. »Die Ergebnisse könnten einen weiteren Grund für das weltweite Amphibiensterben darstellen«, heißt es im Fazit der Studie.

283 | Warum staunen **FACHLEUTE** über **KOOPERIERENDE** Bonobos?

Die Fähigkeit, mit Fremden zusammenzuarbeiten, galt bislang als zutiefst menschliche Eigenschaft: Wir treffen mit anderen zusammen, um Handel zu treiben und Ideen auszutauschen. Wir helfen Nachbarn und warnen einander vor Gefahr, oft ohne sofort eine Gegenleistung zu erwarten. Nun wurden einfache Formen derartigen Verhaltens bei Affen bekannt: Zwei Jahre lang beobachteten Forscher zwei benachbarte Bonobo-Gruppen im Kongo. Die Tiere trafen in der Zeit fast 100-mal aufeinander – mal für eine Stunde, mal zogen sie wochenlang gemeinsam umher. Dabei zeigte sich: Auch mit nicht verwandten Artgenossen kooperierten die Affen regelmäßig. Sie wählten Fremde beim Lausen oder halfen ihnen bei Konflikten. In beiden Familienverbänden agierten aber nicht alle, sondern nur einzelne Bonobos besonders integrativ – sogar wenn sie davon nicht profitierten.

Für Evolutionsforschende ist diese Erkenntnis wegweisend: Um das menschliche Sozialverhalten zu erklären, hatten sie bislang vor allem Schimpansen beobachtet. Diese verhalten sich Fremden gegenüber jedoch in aller Regel feindlich und aggressiv. Auch Menschen reagieren oft ähnlich. Unsere Toleranz hingegen könnten wir vom selben Vorfahren geerbt haben wie die Bonobos.

284 | Reisen **RATTEN** in **GEDANKEN?**

Wenn Menschen sich einen Ort vorstellen, aktivieren sie spezifische neuronale Muster in ihrem Hippocampus. Das ist die Schaltzentrale im Gehirn, die unter anderem für die räumliche Erinnerung zuständig ist. Doch wie ist das bei Ratten? Die Forscher entwickelten ein Brain-Machine-Interface (BMI), ein System, das eine direkte Verbindung zwischen der Gehirnaktivität und einem externen Gerät schaffen kann. Für ihr Ratten-Experiment sollte dieses System die neuronalen Aktivitäten im Hippocampus der Versuchstiere messen und gleichzeitig eine Verbindung zu ihrer Position in einer 360-Grad-Virtual-Reality-Arena herstellen. In der Mitte der virtuellen Arena befand sich eine Kugel, auf der die Ratten wie auf einem Laufband umherliefen. Ihre Bewegungen wurden auf den 360-Grad-Bildschirm übertragen, während das BMI die Hippocampus-Aktivitäten aufzeichnete. Die Tiere blickten dabei in winzige Bildschirme und sahen die VR-Arena als eine Art Tunnel, durch den sie sich bewegten. Zuvor waren sie trainiert worden, in ihrer virtuellen Welt zu bestimmten geometrischen Formen zu navigieren. Erreichten sie ihr Ziel, bekamen sie eine Belohnung. Um zu testen, ob die Ratten sich Orte vorstellen konnten, schalteten die Forscher schließlich das Laufband ab. Nun mussten die Tiere, um ihre Belohnung zu erhalten, das spezifische Hippocampus-Aktivitätsmuster, das ihr Zielort auslöste, mithilfe ihrer Vorstellungskraft selbst reproduzieren. Das taten sie erfolgreich. Ein Neurowissenschaftler spricht von einem »starken Beleg, dass Ratten ihre Vorstellungskraft nutzen«.

285 | Wie **SCHÜTZEN** Eisvögel das **GEHIRN** bei ihren **STURZFLÜGEN** ins Wasser?

Wenn Eisvögel jagen, schießen sie senkrecht in die Tiefe und durchbrechen die Wasseroberfläche Kopf voran, in einem Tempo von annähernd 40 Kilometern pro Stunde. Da wären als Folge eine Gehirnerschütterung zu erwarten oder noch Schlimmeres. Doch einige Arten der recht großen Eisvogelfamilie ernähren sich auch an Land von Insekten, Reptilien und anderen Vögeln. So konnte sich eine Erklärung in den Genen finden lassen, warum den Eisvögeln bei ihren Kamikazeflügen nichts zustößt. Ein Forschungsteam aus den USA sequenzierte die DNA von 30 Eisvogelarten, um sie miteinander zu vergleichen. Und tatsächlich fanden sich bei den Sturzflugvögeln Genveränderungen. Vor allem eine Mutation im sogenannten MAPT-Gen war auffällig. Dieses Gen codiert ein Protein namens Tau, das Zellen stabilisiert. Es wird vermutet, dass die Gehirne der tauchenden Eisvögel durch das Tau-Protein geschützt werden. Dabei hat es wohl eine spezielle Form ausgebildet, die Gehirnerschütterungen verhindert.

286 | Woher weiß man, wie viele BÄUME stehen?

Man könnte glauben, dass das Bäumezählen heutzutage Satelliten erledigen würden. Die Fernerkundung ist für diesen Zweck aber noch zu ungenau. Damit die Regierung weiß, wie viele Bäume in Deutschland stehen, schreiten daher tatsächlich Jahr für Jahr Fachleute (meist Forstwissenschaftler) aus verschiedenen Behörden durch die Wälder. Alle acht Kilometer, manchmal auch alle vier Kilometer zählen und vermessen die Trupps die Bäume. Sie messen den Umfang in Brusthöhe und zählen die Bäume und Arten in einem festgelegten Radius um den Messpunkt. Die Daten aus allen Bundesländern, zuletzt waren es 75 000 Messungen, führt der Bund dann etwa alle zehn Jahre zu einer Bundeswaldinventur zusammen. Das Ergebnis ist eine Schätzung: Demnach sollen hierzulande etwa 90 Milliarden Bäume gedeihen – also etwas mehr als 1000 auf jeden Einwohner.

287 | Wie viel WOLLE kann einem SCHAF wachsen?

Bis zu fünf Kilo Wolle haben Schafe nach einem Jahr auf den Rippen, und wenn sie nicht geschoren werden, wird es entsprechend mehr. Das ist für die Schafe lebensgefährlich: Es drohen Bewegungseinschränkungen, Infektionen durch Parasiten, Hitzestau. Anders als ihre wilden Vorfahren, die ihre Winterwolle im Frühjahr verlieren, müssen die gezüchteten Hausschafe regelmäßig ein- bis zweimal jährlich zur Schur. Besonders viel und feine Wolle liefern Merinoschafe.

Auch der Rekordhalter des dicksten Wollvlieses war ein Merinoschaf, Name: Chris. Chris wurde 2015 im australischen Landschaftsschutzgebiet Mulligans Flat aufgespürt. Das Tier konnte sich kaum noch auf den Beinen halten: Sein Wollkleid wog unglaubliche 41 Kilo. Zur Schur wurde der amtierende Schafschur-Meister herbeigerufen, der mit einem Schaf normalerweise in drei Minuten fertig ist. Beim sedierten Chris dauerte die Prozedur 42 Minuten, vier Helfer wurden benötigt. Der Wollberg hätte für 80 Pullover gereicht – wenn er nicht so verfilzt gewesen wäre. Für pullovertaugliche Wolle ist es unabdingbar, dass die Schafe regelmäßig geschoren werden. Australischen Schafscherern war es daher während des Zweiten Weltkriegs sogar verboten, sich freiwillig als Soldaten zu melden.

288 | Was haben **BLUMENKOHL, BROKKOLI** und **WIRSING** gemeinsam?

Viele Gemüse, die wir kennen, stammen alle vom selben Kohl ab, dem Ur-Kohl sozusagen. Der hat sich über die Jahrtausende in viele Richtungen entwickelt, oft hat auch der Mensch durch Kreuzung nachgeholfen. Der Blumenkohl zum Beispiel wurde aus den Blüten des Wildkohls geschaffen: Was wir essen, sind eigentlich die Blütensprossen. Würden wir ihn nicht ernten, würde der Blumenkohl irgendwann Blüten hervorbringen, die gelb sind wie die des Ur-Kohls. Der Brokkoli hingegen wurde aus den Blütenknospen und dem Stiel des Ur-Kohls gezüchtet. Der Wirsing wiederum stammt aus den Endknospen des Wildkohls. Und auch der Kohlrabi stammt vom Ur-Kohl ab. Für ihn wurde extra dessen Stiel dicker gezüchtet. Insgesamt gehören zur Gattung Kohl rund 40 Pflanzenarten, darunter sogar der Raps mit seinen schönen gelben Blüten.

289 | Wie wirken sich ENTHORNUNGEN auf das SOZIALLEBEN von Nashörnern aus?

Nashörner werden weiterhin in großer Zahl gewildert. Daher kommt in vielen Schutzgebieten eine radikale Maßnahme zum Einsatz: das Entfernen der Hörner. Doch die Methode ist umstritten, weil das Horn nachwächst. Die Tiere müssen also immer wieder betäubt und enthornt werden. Außerdem töten Wilderer die Tiere selbst wegen des verbliebenen Stumpfes.

Nun hat sich außerdem gezeigt: Die Praxis hat einen negativen Einfluss auf das Sozialverhalten der Nashörner. Das ergab die Analyse einer 15-jährigen kontinuierlichen Überwachung von knapp 370 Tieren in zehn Reservaten Südafrikas. Der Arbeit liegen die Daten von rund 25 000 Nashorn-Sichtungen zugrunde. Enthornte Spitzmaulnashörner bewegen sich in deutlich kleineren Streifgebieten als ihre unbehandelten Artgenossen. Teilweise schrumpften die Reviere um fast 50 Prozent. Spitzmaulnashörner leben überwiegend als Einzelgänger. Streifen sie in kleineren Gebieten umher, treffen sie seltener auf Artgenossen, weil die Reviere sich weniger überlappen. Damit verringert sich auch die Chance, einen geeigneten Fortpflanzungspartner zu finden. Dagegen dehnten die Nashörner, die ihre Hörner behalten hatten, ihre Streifgebiete aus – ein für Nashörner typisches Verhalten. Es wird vermutet, dass die enthornten Tiere, vor allem die männlichen, sich wehrloser fühlen und den Kontakt mit Artgenossen verstärkt meiden.

290 | Wo ist der ERDBODEN am FRUCHTBARSTEN?

Dazu muss man sich die Bodenbeschaffenheit ansehen. Besonders fruchtbar ist die sogenannte Schwarzerde: mit dicker dunkelbrauner Schicht, die gut Wasser speichern kann, weil sie weder zu lehmig noch zu sandig ist, dazu humusreich und kalkhaltig – ein Eins-a-Ackerboden. Schwarzerde wird auch »Tschernosem« genannt. Durch das satte Humus-Nährstoffangebot herrscht im Boden ein reges Treiben von Kleinstlebewesen. Sie garantieren ein unablässiges Durchmischen und Auflockern – und damit eine gedeihliche Atmosphäre fürs Pflanzenwachstum. »Bioturbation« lautet der Fachbegriff dafür.

Rund ein Viertel aller kostbaren Schwarzerdeböden weltweit befindet sich in der Ukraine. Vor dem Krieg hat das Land zuletzt 70 Millionen Tonnen Getreide exportiert. Die ukrainischen Schwarzerdeflächen sind Teil eines Gürtels, der sich über Russland und Kasachstan bis nach China sowie, in Richtung Westen, über die Donauebene und die ungarische Puszta erstreckt. Auch Nordamerika hat seine Kornkammer: Die »Great Plains« ziehen sich östlich der Rocky Mountains durch den Mittleren Westen der USA. Die fruchtbaren Weiten rund um den Globus sind allerdings auch besonders gefährdet: Die industriell optimierte Landwirtschaft macht die Böden anfällig für Erosion und Wassermangel.

291 | Was hatten BIENEN zuerst: das GIFT oder den STACHEL?

Um herauszufinden, wer zuerst da war, Henne oder Ei, müssen Forscher oft weit in die Vergangenheit zurückgehen. Bienen gehören zur großen Tiergruppe der Hautflügler. Ihr Gift ist eine Mixtur aus Peptiden und Proteinen. Bei der Analyse dieser Mischung wurden insgesamt zwölf Sets von Peptiden und Proteinen entdeckt. Sie kamen am häufigsten in den untersuchten Bienengiften vor, bildeten also so etwas wie eine gemeinsame Zutat. Dann suchten die Forscher im Genom von verschiedenen Hautflüglerarten – darunter zum Beispiel die Rote Feuerameise oder die Violette Holzbiene – nach den Genen dieser zwölf Protein- und Peptid-Sets. Und tatsächlich teilten viele der untersuchten Hautflügler zahlreiche dieser Giftgene miteinander, es gab praktisch ein kollektives Erbe. Das bedeutet, dass die Hautflügler mit großer Wahrscheinlichkeit als gesamte Gruppe giftig sind. Was den Schluss nahelegt, dass schon der gemeinsame Vorfahr dieser Gruppe das Gift oder zumindest Bestandteile daraus besessen hat – vor mehr als 280 Millionen Jahren. Der Stachel hingegen entwickelte sich erst später.

292 | Wissen STADTVÖGEL, dass angeleinte HUNDE harmlos sind?

Die amselgroßen, auffällig schwarz-weiß gemusterten Drosselstelzen leben häufig in australischen Parks und treffen oft auf Hunde. Genau das machte sich ein Forschungsteam aus Melbourne zunutze: Es ließ einen Hundehalter mit seinem kleinen Chihuahua in fünf verschiedenen Parks auf Stelzenmonarchen zugehen. Das eine Mal war der Hund an der Leine, das andere Mal nicht. Doch stets blieb er dicht bei seinem Menschen. Näherte sich der angeleinte Hund, flogen von zehn getesteten Stelzenmonarchen nur drei auf. Kam der Hund frei laufend des Wegs, erhoben sich acht Vögel in die Luft, zwei rannten davon. Von ihm schien eine größere Bedrohung auszugehen, obwohl er sich nicht anders verhielt, als wenn ihn eine Leine gesichert hätte. Möglicherweise haben die Vögel gelernt, sich vor frei laufenden Hunden mehr in Acht zu nehmen, weil die unberechenbarer sind.

293 | Welcher PINGUIN macht TAUSENDE von NICKERCHEN pro Tag?

Alle Tiere schlafen auf die eine oder andere Weise, selbst bei Bakterien sind schlummerähnliche Zustände bekannt. Schlaf ist lebensnotwendig, zugleich aber lebensgefährlich: Nie ist ein Wesen schutzloser, als wenn es vor sich hin döst. Wer also in einer gefahrvollen Umgebung lebt, braucht eine Schlafstrategie. Die Zügelpinguine in der Antarktis nutzen eine äußerst raffinierte Methode. Sie schlafen in kleinsten Häppchen, meist nur vier Sekunden am Stück. Danach checken sie ihre Umgebung – und nicken erneut ein. So kommen die Tiere auf rund 10 000 winzigste Schlafeinheiten und trotzdem pro Tag auf elf bis zwölf Stunden Schlafenszeit.

Mithilfe von Schlaftrackern, sogenannten Datenloggern, wurden die Gehirnaktivitäten von 14 Pinguinen aufgezeichnet. Dabei zeigte sich nicht nur der Häppchenschlaf, sondern auch ein weiteres Phänomen: der unihemisphärische Schlaf. Er wird auch von von Delfinen oder Enten genutzt. Dabei schlafen die Tiere nur mit einer Gehirnhälfte, während die andere wach bleibt. Die raue Welt der Zügelpinguine ist der Grund, warum sie immer nur so kurz zum Schlafen kommen. Sie brüten in riesigen Kolonien, in denen es laut und aggressiv zugeht und wo es Raubvögel auf ihre Eier abgesehen haben. Trotzdem können sie sich dank ihres Schlafmusters so viel Ruhe verschaffen, dass sie erfolgreich ihren Nachwuchs großziehen.

294 | Ist eine **MENSCHENSTIMME** für Tiere schrecklicher als **LÖWENGEBRÜLL?**

Um das herauszufinden, haben Forscher sich ein skurriles Naturexperiment einfallen lassen. Sie platzierten Lautsprechersysteme an Wasserlöchern im südafrikanischen Kruger-Nationalpark. Während der Trockenzeit löschen dort viele Tiere ihren Durst: Warzenschweine und Antilopen; Giraffen, Gnus und Zebras; Hyänen, Büffel und Wildhunde; Leoparden, Nashörner und Elefanten. Wie reagieren die Tiere, wenn Löwengebrüll aus den Boxen erklingt? Oder der Sound von Menschen, die sich in gewöhnlicher Lautstärke miteinander unterhalten? Die Forscher mussten lediglich per Kamera ermitteln, wie oft und schnell die Tiere bei den entsprechenden Geräuschen davonrannten. Das Ergebnis war eindeutig: Nichts versetzt die Tiere Afrikas so sehr in Panik wie der Klang einer Menschenstimme. Dabei flohen sie rund doppelt so häufig wie bei Löwengebrüll und verließen das Wasserloch auch mit 40 Prozent höherer Geschwindigkeit.

295 | Schadet der TIEFSEEBERGBAU den QUALLEN im freien MEER?

Das Ökosystem der Tiefsee ist nach wie vor so gut wie unerforscht – selbst über die Rückseite des Mondes wissen wir mehr. Dieser riesige unbekannte Lebensraum gerät nun zunehmend in den Fokus wirtschaftlicher Interessen. Denn auf dem Meeresgrund lagern Bodenschätze wie Manganknollen, die auch Kobalt, Kupfer, Eisen und seltene Erden enthalten. Erst seit Kurzem ist bekannt, dass die Manganknollenfelder enorm artenreich sind. Der Tiefseebergbau würde Sedimente vom Meeresboden aufsaugen und anschließend wieder ins Wasser zurückspülen. Die Folge wäre eine kilometerweite Ausbreitung von Sedimentwolken. Was das für die Tierwelt bedeuten könnte, hat ein Forschungsteam erkundet. Es sammelte 64 Helmquallen ein, die bis zu einer Meerestiefe von 4000 Metern vorkommen, und setzte sie in Versuchstanks. Einige der Tiere wurden mit Sedimentwolken konfrontiert, mit Schwebstoffen also, die auf ihren gallertartigen Körpern haften blieben. Um diese wieder loszuwerden, produzierten die Quallen übermäßig viel Schleim – ein Indikator für Stress. Denn die Schleimproduktion raubt den Tieren enorm viel Energie, ist aber unerlässlich, um die empfindlichen Körper intakt zu halten. Wegen des Energieverlusts könnten die Tiere auf lange Sicht sogar verhungern. Gallertartige Lebewesen machen einen großen Teil der Tierwelt in der Tiefsee aus. Der Stress der Helmquallen wäre womöglich auch ihr Stress.

296 | Wie viel CO_2 nehmen die MEERE auf?

Zwölf Gigatonnen: So viel Kohlendioxid können die Weltmeere laut dem Weltklimabericht von 2024 pro Jahr aufnehmen – zusätzlich zu den darin ohnehin schon gespeicherten rund 38 000 Tonnen Kohlenstoff. Eine Gigatonne entspricht einer Milliarde Tonnen. Der Weltausstoß von CO_2 pro Jahr beträgt allerdings rund 38 Gigatonnen. Und auch wenn die Vegetation auf den Landflächen davon noch einige Gigatonnen zusätzlich bindet: Ein guter

Teil der menschlichen Emissionen bleibt in der Atmosphäre. Doch nun meldet ein Forschungsteam: Die Fähigkeit der Ozeane zur weiteren Aufnahme von CO_2 wurde offenbar erheblich unterschätzt. Tatsächlich hätten die Meere das Potenzial, bis zu 15 Gigatonnen des Klimagases im Jahr aufzunehmen. Der entscheidende Faktor dabei ist Plankton: Die Mikroorganismen nehmen an der Meeresoberfläche das Kohlendioxid als Nährstoff auf – und verstoffwechseln es durch Fotosynthese zu organischem Material. Sterben sie, so sinkt dieses kohlenstoffhaltige Material als sogenannter mariner Schnee auf den Meeresboden, wo er verbleibt oder anderen Lebewesen als Nahrung dient. Doch die neue Erkenntnis löst nicht unser unmittelbares Klimaproblem, denn die Aufnahme von CO_2 aus der Luft und seine Speicherung im Meer ist ein Prozess, der Jahrtausende dauert.

297 | Gibt es NACHKOMMEN aus FUCHS und HUND?

Zunächst klang es nach einer sensationellen Meldung: »Mischling aus Fuchs und Hund entdeckt«. Biologisch ist das jedoch ein Ding der Unmöglichkeit, Fuchs und Hund liegen genetisch zu weit voneinander entfernt. Sie können keine Nachkommen miteinander zeugen. Wie also war es zu der Meldung gekommen? Es ging um ein streunendes Weibchen, das man in der brasilianischen Stadt Vacaria aufgegriffen hatte. Es war vor ein Auto gelaufen und kam in die Tierklinik. Dort fiel den Pflegern auf, dass es sich nicht hundeartig verhielt und auch sonst eher einem Fuchs glich. Ein Gentest brachte schließlich Gewissheit. Bei dem Tier handelte es sich in der Tat um eine Hybride, also eine Kreuzung aus zwei verschiedenen Arten. Und ja, Fuchs war auch dabei. Allerdings ein Pampasfuchs. Das ist eine Art, die in Südamerika vorkommt, aber nicht zu den Echten Füchsen gehört, den Vulpini, sondern zu den Echten Hunden, den Canini. Und deswegen ist es auch keine Sensation, wenn er sich mit einem Haushund paart. Angehörige der Echten Hunde können sich untereinander fortpflanzen, so wie Hund und Schakal oder Hund und Wolf.

298 | Wie schützen HONIGBIENEN ihre NESTER vor HORNISSEN?

Die Östliche Honigbiene, die in Asien vorkommt, erlebt manchmal regelrechte Terrorattacken: Dann greifen Riesenhornissen mit Dutzenden Kriegerinnen an, töten innerhalb kürzester Zeit Tausende Bienen, besetzen die Stöcke und schleppen die Brut fort. Doch die Östlichen Honigbienen wenden dagegen eine erfolgreiche Strategie an. Sie sammeln mithilfe ihrer Mundwerkzeuge den Kot größerer Tiere und befestigen ihn in Klumpen vor den Eingängen zu ihren Stöcken. Darunter sind Schweine- und Hühnermist oder Fladen von Wasserbüffeln und Kühen. Dabei nahm die Sammeltätigkeit deutlich zu, wenn die Forscher die Stockeingänge der Bienen mit Geruchsspuren von Riesenhornissen benetzten. Auch nach einer Hornissenattacke schwärmten die Honigbienen vermehrt zu den Kothaufen aus. Die Angreifer zeigten sich beeindruckt von der Abwehrmaßnahme und griffen seltener an. Warum das funktioniert, ist noch offen. Womöglich schreckt Riesenhornissen der Geruch ab – oder die Fäkalien überdecken den Eigengeruch der Bienen.

299 | Haben sich HUNDE selbst ZU HAUSTIEREN gemacht?

Seit rund 30 000 Jahren leben Hunde mit Menschen zusammen. Wie genau sie dabei von Wölfen zu Gefährten wurden, ist nicht völlig geklärt. Entnahm der Mensch einst Wolfsrudeln sanftere Tiere, um sie an seine Nähe zu gewöhnen, und züchtete dann Jungtiere als Jagdhelfer? Oder suchten Wölfe von sich aus die Nähe des Menschen, etwa in der Hoffnung auf Nahrungsabfälle, und wurden dabei mit der Zeit zutraulicher?

Kritiker der letzten These wenden ein, dass es zu lange gedauert hätte, bis die Evolution Abfall suchende Wölfe ohne gezielte Zucht zu umgänglichen Hunden geformt hätte. Mathematiker haben aber genau diese Entwicklung in Modellsimulationen über 15 000 Jahre hinweg nachgerechnet. Ihr Ergebnis: In 37 Prozent der Simulationsläufe entwickelte sich in diesem Zeitraum eine von Wölfen unterschiedene Population früher Hunde. Paarten sich Abfall suchende Wölfe in der Simulation bevorzugt mit anderen Abfallsuchern, bildeten sich sogar in 74 Prozent der Durchläufe zahme Hunde heraus – und das innerhalb von nur 8000 Jahren.

Ob sich Ähnliches einst tatsächlich zwischen Wolf und Mensch abspielte, kann die Studie nicht beantworten. Aber sie zeigt, dass sich beide zumindest lange genug kannten, um aus dem Raubtier auch ohne Zucht den Gefährten entstehen zu lassen.

300 | Können RENTIERE schlafen und ZUGLEICH fressen?

Wie schaffen es Rentiere, sich in den kurzen nordischen Sommern genügend Fettreserven anzufressen, wo sie doch so viel ruhen? Die Tiere schlafen rund ums Jahr mehr als sechs Stunden pro Tag. Die Antwort: Sie bringen Schlafen und Fressen miteinander in Einklang. Rentiere sind Wiederkäuer, das heißt, sie würgen immer wieder Nahrung hoch und kauen sie noch einmal durch. Dabei fallen sie in einen schlafähnlichen Zustand. Vier Rene wurden in einem Stall verkabelt und ihre Hirnströme mittels EEG gemessen, an je einem Tag pro Jahreszeit: an den Tag-und-Nacht-Gleichen im Frühjahr und Herbst sowie zur Wintersonnenwende und an Mittsommer. Dabei zeigte sich, dass die Gehirnwellen der Rene, während sie wiederkäuten, langsamer wurden und den Mustern von Non-REM-Schlafphasen glichen. Und: Je mehr sie wiederkäuten, desto ausgeruhter verhielten sie sich. Und desto weniger Zeit brachten sie mit reinem Schlaf zu, während dem sie sonst nichts taten. So bringen Rentiere es offenbar fertig, während des Sommers nahezu rund um die Uhr zu fressen und trotzdem genügend Zeit zum Schlafen zu finden.

301 | Welcher **FISCH** kann **ZÄHLEN**?

Wen wundert es: der lustige Clownfisch! Aber die orangefarbenen Ocellaris-Clownfische sind leider gar nicht so lustig. Wenn sie sich bedroht fühlen, gehören sie zu den aggressivsten Tieren auf unserem Planeten. Nemo und seine Freunde mögen es vor allem nicht, wenn fremde Fische ihrer eigenen Art in ihr Territorium eindringen. Aber wie können sie so gut zwischen Freund und Feind unterscheiden? Hängt es mit der charakteristischen Streifung zusammen? Immerhin gibt es nicht nur fast 30 Arten von Clownfischen mit zwischen null und drei Streifen, sondern auch andere ähnlich gemusterte Fische.

Die Ocellaris-Clownfische erkennen ihre eigene Art, indem sie die weißen Streifen zählen. Forscher zogen einen Schwarm dieser Tiere isoliert auf, sodass er keiner anderen Fischart begegnete. Dann setzten sie »fremde Fische« in das Becken, die aus Harz waren und entweder null, einen, zwei oder drei Streifen aufwiesen. Das Ergebnis: Die Clownfische griffen die Köder mit drei Streifen zehnmal häufiger an als die ungestreiften, attackierten sie auch öfter als die Exemplare mit nur einem oder zwei Streifen. Das kann bedeuten: Nemo und Konsorten können zählen. Wahrscheinlich nur bis drei. Aber immerhin!

302 | Welches ist das **KLEINSTE** Wirbeltier der **WELT**?

Auf zwei bewaldeten Berggruppen im Süden Brasiliens wohnt die Flohkröte, Brachycephalus pulex. Erst im Jahr 2011 wurde sie von Forschenden beschrieben, es ist eigentlich eine Froschart. Das Besondere: Selbst die erwachsenen Tiere sind sehr klein. Ausgewachsene Männchen sind durchschnittlich nur etwas über sieben Millimeter lang – so groß wie eine Erbse – und damit sogar etwas kleiner als die Weibchen der Art. Und das heißt leider: Die Männchen von Paedophryne amauensis, einer Froschart aus Papua-Neuguinea, müssen nun ganz stark sein, denn bislang galten sie als das kleinste Wirbeltier der Welt. Im Rahmen einer Forschungsarbeit wurde die Körperlänge von 46 Flohkröten akribisch gemessen: Die kleinste bekannte war 6,45 Millimeter lang. Doch gewöhnen sollte sich die Flohkröte an ihren Platz auf dem Thron nicht. Denn die Suche nach dem winzigsten Wirbeltier der Welt geht weiter.

303 | Können HAIFLOSSEN nachwachsen?

Es ist bekannt, dass Haie eine herausragende Wundheilung besitzen. Doch dass eine Rückenflosse nahezu vollständig nachwachsen kann, ist außergewöhnlich. Es handelte sich um ein Seidenhai, der im Sommer 2022 zu Forschungszwecken besendert worden war. Kurze Zeit später sah ein Unterwasserfotograf diesen Hai mit einer stark verstümmelten Rückenflosse. Dem Tier war der Peilsender mit roher Gewalt entfernt worden, vermutlich von einem Angler. Da das Haiangeln vor Florida verboten ist, hatte jemand das Tier möglicherweise am Haken, riss den Sender ab und warf es wieder ins Meer zurück. Nur ein knappes Jahr später, im Juni 2023, fotografierten mehrere Taucher ein Seidenhaimännchen mit einer merkwürdig geformten Rückenflosse vor Florida. Die Forscherin konnte den verstümmelten Hai vom Vorjahr anhand dessen Kennzeichnungsnummer identifizieren. Die ursprüngliche Flossengröße war zu 87 Prozent wiederhergestellt. Der vernarbte Bereich um die verheilte Wunde ist heller gefärbt als die umgebende Haut, sodass sich das Flossenwachstum gut nachvollziehen lässt.

304 | Wo bekommt man LEUCHT-PETUNIEN?

Wenn es im Dunkeln leuchtet, denken wir an Kunstlicht. Dabei gibt es jede Menge »Bio-Lampen«: Manche Quallen, Kalmare, Fische und Schnecken besitzen Leuchtorgane – vor allem solche, die in der ewig schwarzen Tiefsee beheimatet sind. Und Glühwürmchen finden durch ihr Leuchten paarungswillige Artgenossen.

Pflanzen und Landwirbeltiere dagegen besitzen diese praktische Biolumineszenz leider nicht. Doch die moderne Biotechnologie hat da ein bisschen nachgeholfen: Schon 2020 ist es gelungen, Biolumineszenzgene aus tropischen Pilzen fest ins Genom von Tabakpflanzen einzubauen. Diese Pflanzen können dann den natürlichen Leuchtstoff Luciferin selbst herstellen – und dazu passend auch das nötige »Anknips-Enzym« Luciferase. Luciferase lässt Luciferin mit Sauerstoff reagieren, Energie wird frei, und schon leuchtet die ganze Pflanze im Dunkeln! Seither hat sich beim Thema Leucht-Pflanze viel getan. Hübsche weiße Petunien gibt es, die tausendmal so stark leuchten wie die Prototypen. Seit 2024 sind sie auf dem amerikanischen

Markt. Leucht-Rosen und -Chrysanthemen sollen das magisch-futuristische Blumensortiment alsbald ergänzen. In Europa sind die Pflanzen derzeit noch nicht erhältlich.

305 | LABORMÄUSE oder frei lebende – macht das für TIERVERSUCHE einen UNTERSCHIED?

Forscher bemühen sich seit Jahrzehnten, Labormäuse von Keimen fernzuhalten, um Untersuchungsergebnisse nicht zu verfälschen. Doch seit einiger Zeit regen sich Zweifel. Denn viele an Mäusen erfolgreich getestete Entwicklungen von Medikamenten scheitern, wenn sie am Menschen getestet werden. Könnte die Haltung von Labormäusen eine Rolle spielen? Dass die Tiere eine verkümmerte Körperabwehr haben, liegt nahe. Wissenschaftler fanden bei frei lebenden Mäusen jede Menge Abwehrzellen, sogenannte Gedächtnis-T-Zellen. Sie bilden sich, sobald das Immunsystem mit einem Erreger konfrontiert wird, und schützen den Organismus vor weiteren Infektionen. Bei Labormäusen hingeben gab es weniger oder gar keine T-Zellen. Ihre Immunabwehr glich der von menschlichen Säuglingen, nicht von Erwachsenen. Das änderte sich, als das Team die Labortiere in Kontakt mit den »schmutzigen« Mäusen brachte. Nach einigen Wochen Wohngemeinschaft hatte sich das Abwehrsystem der Labormäuse angeglichen und ähnelte nun eher dem von erwachsenen Menschen. Ob Tests mit solchen Mäusen nun auch zu besseren Übertragungsraten bei Studienergebnissen führen, bleibt abzuwarten.

306 | Wie WINZIG ist ein »MICRO-SCHWEIN«?

Mehr als 700 Schweinerassen gibt es weltweit, und rund zwei Dutzend sind speziell auf geringe Körpergröße hin gezüchtet, darunter die traditionellen Vietnamesischen Hängebauchschweine. Zwar gehören sie zu den Zwergen im Schweinekosmos, wiegen aber immer noch rund 60 bis 70 Kilogramm. Keine eingetragene Schweinerasse, dafür aber besonders klein und putzig sind die Juliana-Schweinchen. Fleischgewordene Glücksbringer, könnte man sagen, denn sie sind schweinchenrosa mit schwarzen Punkten. Sie wiegen auch mal unter 30 Kilo. Aber: Selbst die kleinsten Mini-Schweine können überraschend groß werden. Die süßen »Piggie«-Fotos im Internet zeigen deshalb vor allem Ferkelchen. Erst mit vier, fünf Jahren ist Kollege Quiek ausgewachsen, reicht locker bis zum Knie und kann bis zu 100 Kilo schwer werden. Bei vielen Haltern kühlt die Liebe zum Kuschelschwein bereits nach wenigen Monaten ab – wenn nämlich aus dem süßen Ferkelchen ein intelligenter Draufgänger geworden ist, der frustriert und unterfordert das Mobiliar malträtiert. Aber selbstverständlich kann ein Leben mit Schwein an der Seite auch ganz wunderbar sein: George Clooney etwa hat viele glückliche Jahre mit Hängebauchschwein Max verbracht.

307 | Warum werden STEINBÖCKE neuerdings NACHTAKTIV?

Es gibt nicht viele Strategien, sich auf eine Umwelt einzustellen, die immer wärmer wird. Wer im Tal lebt, kann in höhere Regionen ausweichen. Doch Tiere, die schon in Gipfelnähe zu Hause sind, müssen sich etwas anderes einfallen lassen – so wie die Steinböcke. Hitzestress scheint ihnen enorm zuzusetzen, sonst würden sie nicht ein vergleichsweise riskantes Vorgehen wählen, um der Wärme zu entkommen: Sie suchen ihr Futter nachts – obwohl sie im Dunkeln weniger geschützt und trittsicher sind und weniger Futter finden.

Ein Forschungsteam analysierte den Datensatz von 47 besenderten Steinböcken aus dem Schweizer Nationalpark, wo zum Studienzeitraum keine Wölfe lebten, und aus dem italienischen Nationalpark Gran Paradiso, in dem es ein kleineres Wolfsrudel gibt. Und in beiden Gebieten verlegten die Steinböcke ihre Futtersuche nach einem heißen Tag in die kühlere Nacht. Im Wolfsgebiet Gran Paradiso sogar noch stärker als in der raubtierfreien Region – erstaunlicherweise, denn die tagaktiven Böcke brauchen gute Sicht, um Raubtiere frühzeitig zu entdecken. Am aktivsten waren sie daher in mondhellen Nächten. Die Ergebnisse deuten darauf hin, dass diese Tiere vom Klimawandel besonders betroffen sind.

308 | Welches BEUTELTIER verspeist seine PARTNER?

Rein äußerlich ist sie von einer Maus kaum zu unterscheiden. Doch die australische Breitfuß-Beutelmaus ist keine Angehörige der Mäusefamilie, sondern ein Beuteltier. Und als solches pflegt sie ein paar gewöhnungsbedürftige Traditionen.

Die Männchen der Art sterben allesamt vor ihrem ersten Geburtstag an Erschöpfung. Das liegt an der ausgiebigen Paarungszeit, die ein bis drei Wochen anhält. In dieser Phase vereinigen sich die Weibchen bis zu 14 Stunden lang mit den Männchen. Nebenbei müssen die Männchen noch blutige Rivalenkämpfe bestreiten, denn jedes männliche Tier will so viele Weibchen wie nur möglich befruchten. Diesem ganzen Stress ist das Immunsystem der Beutelmausmännchen einfach nicht gewachsen, es kollabiert. Und damit halbiert sich die gesamte Population direkt nach der Paarungszeit.

Die zurückgebliebenen Weibchen lassen einen nahrhaften Happen nicht verkommen: Sie fressen ihre toten Partner. Biologisch ist das sinnvoll, denn der Kannibalismus stellt schnelle Energie bereit. Breitfuß-Beutelmäuse sind Fleischfresser, müssen ihre Nahrung also jagen. Ein gerade verstorbenes Männchen indes ernährt seine Familie noch nach seinem Ableben – oder sogar die Familie einer anderen Art. Und damit zu der dritten denkwürdigen Tradition dieser Raubbeutler: Teilen sie sich ihren Lebensraum mit einer weiteren Breitfuß-Beutelmausspezies, deren Paarungszeit früher beginnt, profitieren sie auch von den Kadavern der Nachbarn. Die werden nämlich artübergreifend verzehrt.

309 | Behandeln AMEISEN verwundete ARTGENOSSEN mit ANTIBIOTIKA?

Die Völker der afrikanischen Matabele-Ameisen leben gefährlich: Sie ernähren sich von Termiten, wehrhaften Insekten mit kräftigen Beißwerkzeugen. Wenn die Matabele-Ameisen ausrücken, um Beute zu machen, sind Verletzungen also an der Tagesordnung. Infizieren sich solche Wunden, ist das

Todesrisiko für die Tiere enorm hoch. Aber: Diese Ameisen haben einen hochgradig wirksamen Medikamentenkoffer. Zum einen können sie erkennen, wann sich eine Wunde infiziert und sie helfend eingreifen müssen. Zum anderen verfügen sie über ein körpereigenes Antibiotikum, das sie in der sogenannten Metapleuraldrüse am Brustkorb herstellen. Gibt es einen medizinischen Notfall, dann entnimmt eine Sanitäterin von ihrer Brustdrüse das Sekret und trägt es auf die Wunde der Artgenossin auf. Die Heilwirkung muss verblüffend sein. So verringert sich laut Forschungen die Sterblichkeit behandelter Ameisen um rund 90 Prozent. Mit viel Glück fördern weitere Analysen des Sekrets antimikrobielle Substanzen zutage, die auch Menschen helfen könnten im Kampf gegen resistente Erreger.

310 | Warum haben **BIRKEN** eine **WEISSE RINDE**?

Birken zählen zu den besonders frostbeständigen Bäumen. Die Natur hat sie dafür extra ausgerüstet: Ihre Rinde enthält Betulin, eine kreideartige, weiße und wasserabweisende Substanz. Vor allem im Winter, wenn die Sonne im Norden sehr tief steht, schützt die weiße Schicht die Bäume davor, sich aufzuheizen. Denn sie reflektiert das Sonnenlicht, das in der kalten Jahreszeit direkt auf die Stämme fällt. Starke Temperaturschwankungen können Bäumen zusetzen: Das Wasser im Holz gefriert bereits bei minus zwei Grad Celsius und taut tagsüber dann wieder auf. Wiederholt sich dieser Vorgang, können Rinde und Holz beschädigt und anfällig für Bakterien und Pilze werden. Den natürlichen Schutz der Birken hat sich der Mensch zunutze gemacht: Mancherorts werden vor dem Winter die Stämme von Straßen- oder Obstbäumen weiß gekalkt, um ihr Aufheizen zu verhindern.

311 | Wie WEIT wandern WÖLFE?

Anfang März 2024 wurde ein neuer Rekord gemeldet: die längste je für einen Wolf nachgewiesene Wanderstrecke – 1190 Kilometer quer durch Europa. Der Nachweis gelang durch den Erbgutvergleich von Haarproben. Sie zeigten, dass in Nordspanien dasselbe Tier mit der Bezeichnung GW1909m auftauchte, das rund drei Jahre zuvor als Jungtier in Niedersachsen bei Nordhorn sein Rudel verlassen und zwischenzeitlich auch in Südfrankreich Haare verloren hatte.

Die 1190 Kilometer sind Luftlinie, tatsächlich auf seinen Pfoten gewandert ist GW1909m eine noch viel längere Strecke. Diese kennt man allerdings nicht genau, da der Wolf nicht besendert war. Das war bei »Alan« im Jahr 2009 anders: Er trug einen Sender und wanderte binnen nur rund zwei Monaten von Norddeutschland bis nach Weißrussland – 1550 Kilometer Weg, gut 800 Kilometer Luftlinie. Junge männliche Wölfe im Alter von einem bis drei Jahren verlassen das Rudel, in dem sie geboren wurden, und suchen sich ein neues Revier und eine Partnerin, um ein eigenes Rudel zu gründen. Da die Reviere der Wolfsrudel sehr groß sind – zwischen 50 und 375 Quadratkilometern –, müssen die Tiere dafür sehr weit laufen.

312 | Können HAUSTIERE Erdbeben VORHERSAGEN?

Seit vielen Jahren schon arbeiten Wissenschaftler an dieser Frage, um womöglich ein zuverlässiges Frühwarnsystem zu entwickeln, das es bisher für Erdbeben und Vulkanausbrüche immer noch nicht gibt. So konnte beispielsweise mit besenderten Schafen und Ziegen am Ätna nachgewiesen werden, dass die Tiere bereits vier bis sechs Stunden vor einem Ausbruch rund um den Berg ein typisches Fluchtverhalten zeigen. Nun wollen die Forscher auch Haustiere testen: Dafür arbeiten sie mit dem GPS-Tierortungsunternehmen Tractive zusammen, dessen Tracker bereits Millionen Hunde- und Katzenhalter weltweit nutzen. Die Frage ist: Lassen sich in den Daten typische Bewegungsmuster finden und per Algorithmus erkennen, die auf ein kollektives Fluchtverhalten hindeuten, das durch ein herannahendes Erdbeben ausgelöst wird? Im Unterschied zu einem individuellen Erschrecken würde sich das Muster bei allen Tieren einer Region zeigen. Erste Tests in Italien sind vielversprechend.

313 | Was machen MEERESFÖRSTER?

Viele Aufgaben, die Förster im Wald übernehmen, dienen auch der Wissenschaft. Nun wird diese Idee auf die Ostsee ausgedehnt: Zehn Fischer wurden in einem Pilotprojekt zu Sea-Rangern ausgebildet. Das Land Mecklenburg-Vorpommern reagiert so auf den sinkenden Fischbestand in der Ostsee, der die Arbeit von Fischern gefährdet. Um ihnen dennoch eine Zukunftsperspektive zu bieten, unterstützt ein Zusammenschluss aus Politik, Wissenschaft und Wirtschaft diese neue Zusatzausbildung: Die Ostseefischer werden darin zu geprüften Fachwirten für Fischerei und Meeresumwelt. Mit dieser Qualifikation können sie Aufgaben in der Forschung, im Umwelt-Monitoring oder im Tourismus übernehmen. Sie helfen, die Wasserqualität der Ostsee zu überwachen oder Fischbestände zu stabilisieren. An Land sind die neu ausgebildeten Fischer außerdem kulturelle Botschafter: Sie informieren Touristen und Schüler über ihre jahrhundertealte Zunft und die Bedeutung des Küsten- und Meeresschutzes.

314 | Lässt sich GENOME EDITING in Pflanzen NACHWEISEN?

Pflanzen, die durch biologische Werkzeuge wie zum Beispiel Proteine verändert wurden, gelten als gentechnisch verändert und sind daher in der Europäischen Union nicht zugelassen. Allerdings könnten sie illegal mit Importen aus anderen Ländern hierherkommen. Für diesen Fall brauchen die Kontrolleure Tests. Doch der Nachweis von Genome Editing gelingt nicht immer. Das Ganze steht und fällt mit der Auskunftsfreudigkeit der Hersteller im Ausland. Schicken diese freiwillig Saatgut an die deutsche Arbeitsgruppe und verraten, wo im Erbgut sie eingegriffen haben, haben die Behörden rasch einen Test zur Hand. Verweigert ein Unternehmen jedoch die Kooperation und ist der Eingriff ins Genom so minimal, dass er auch in der Natur bei Wind und Wetter hätte passieren können, haben die Experten kaum eine Chance.

315 | Warum WACHSEN nicht allen Tieren KÖRPERTEILE nach?

Wie praktisch: Verliert ein Axolotl – dieser lustig aussehende Schwanzlurch – ein Bein, wächst ganz einfach ein neues nach. Auch einige Salamanderarten, Schnecken und Zebrafische verfügen über diese Fähigkeit. Dumm nur, dass das bei den meisten anderen Tierarten nicht funktioniert. Warum ist das so? Forscher haben das anhand von bestimmten Plattwürmern untersucht, wahren Meistern der Regeneration von Körperteilen: Zerschneidet man einen in mehrere Teile, wächst aus jedem Teil ein eigener neuer Wurm. Allerdings schafft das nicht jede Plattwurmart. Darum haben die Wissenschaftler 36 Arten untersucht. Die Tiere wurden enthauptet, um zu beobachten, ob sie einen Kopf nachbilden. Heraus kam: Es sind jene Arten, die sich ungeschlechtlich fortpflanzen, die auch Körperteile gut nachbilden können. Die anderen Arten pflanzen sich sexuell fort. Vermutlich hat sich die Regenerationsfähigkeit der Plattwürmer zum Zweck der ungeschlechtlichen Fortpflanzung durch Teilung entwickelt. Die erstaunliche Gabe der Regeneration ist demnach ein positiver Nebeneffekt.

316 | Warum ZERBEISSEN Marder AUTOKABEL?

Was bloß schmeckt Mardern so gut am Gummi von Autokabeln? Das fragen sich Autobesitzer, die Opfer der gefräßigen kleinen Raubtiere geworden sind. Und warum lassen sie die an- oder abgebissenen Teile häufig einfach im Motorraum liegen? Knabbern sie vielleicht nur aus lauter Spaß an den Kabeln herum? Weder noch. Das Gummi interessiert die Vierbeiner überhaupt nicht. Wenn sie sich unter der Motorhaube austoben, verteidigen sie nur ihr Revier. Motorräume von Autos dienen Mardern als Unterschlupf. Wittern sie darin den Geruch eines fremden Artgenossen, macht sie das aggressiv. Besonders wütend beißen sie meist im Juni und im Juli um sich. Denn dann ist ihre Paarungszeit, und fremde Eindringlinge werden auch zu Konkurrenten bei der Partnersuche. Es gibt jede Menge vermeintliche Hausmittelchen, die die

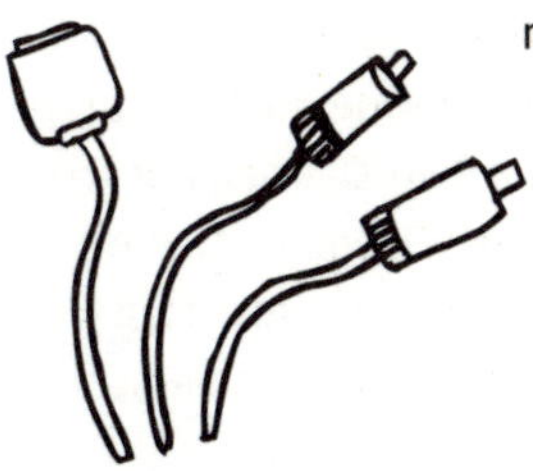

Tiere abschrecken sollen, wie Knoblauch oder Toilettensteine. Wirkliche Abhilfe schafft all das jedoch nicht. Besser fährt, wer eine Drahtmatte unters Auto legt, die die Marder davon abhält, überhaupt hineinzuklettern.

317 | Kommunizieren **MEISEN** mit **GESTEN**?

Japanmeisen nisten gerne in Bruthöhlen wie hohlen Baumstümpfen mit kleiner Einflugschneise. Sowohl das Männchen als auch das Weibchen kümmern sich um den hungrigen Nachwuchs und schwärmen aus, um Körner, Larven oder Beeren einzusammeln. Landen beide Meiseneltern nun gleichzeitig vor der Bruthöhle, könnte es zu Rempeleien kommen. Um das zu vermeiden, flattert eines der Elterntiere schnell mit den Flügeln und signalisiert: »Bitte schön, nach dir!« Besonders die Weibchen bestechen durch höfliches Verhalten. Sie zeigten den schnellen Flügelschlag allerdings nur, wenn die Männchen auch tatsächlich zusahen. Selbst wenn sie einen Flügelschlag früher dran waren, ließen sie den Männern den Vorflug, um die Küken zu versorgen. Die Fähigkeit, Körperbewegungen wie Achselzucken oder Daumenzucken für Botschaften zu nutzen, wurde lange nur Menschen und allenfalls noch Menschenaffen zugetraut. Forschungen zeigten, dass auch Papageien oder Hunde Gesten als Kommunikationsmittel nutzen. Und nun eben auch Meisen.

318 | Eignen sich **AMEISEN** als **HAUSTIERE**?

Es gibt immer mehr Fans von privaten Ameisenkolonien. Zwar lässt sich zu den Tieren keine persönliche Beziehung wie etwa zu Hund oder Katze aufbauen. Dafür ist aber im Formikarium, wie sich das Ameisen-Terrarium nennt, immer etwas los: Die nimmermüden Tiere sind faszinierende Beobachtungsobjekte. Trotzdem können Anfänger einiges falsch machen. Das beginnt schon beim Einkauf. Weltweit gibt es mindestens 15 000 verschiedene Arten, nicht alle sind harmlos. Durch den boomenden Onlinehandel mit den Ameisen wurden in einem 15-Jahres-Zeitraum 520 Spezies in die ganze Welt verschickt, davon waren 57 potenziell invasiv – das heißt bedrohlich für die Ökosysteme, in die diese Ameisen neu verbracht wurden. Gerade invasive Arten werden gerne angeboten, weil sie so robust sind. In jedem Fall braucht das Formikarium einen effektiven Ausbruchsschutz. Eine junge Kolonie der genügsamen Schwarzen Wegameise Lasius niger, bestehend aus Königin und knapp zwei Dutzend Arbeiterinnnen, ist für etwa zehn Euro zu haben. Bei guter Pflege entwickelt sich daraus ein Staat von Tausenden Tieren. Damit die Ameisen stets ausreichend Auslauf haben, wird am Formikarium zuweilen noch ein Anbau fällig.

319 | Warum **FLIEGEN** Insekten **INS LICHT?**

Dieses Bild kennt man aus Sommernächten: Straßenlaternen, in deren Lichtkegeln es von Faltern nur so wimmelt. Die Tiere werden vom Licht angezogen, so lautete die gängige Erklärung. Sie würden sich am Mond orientieren und das künstliche Leuchten mit ihm verwechseln. Oder: Insekten würden immer in Richtung Licht fliegen, weil es sie in einer dunklen Umgebung nach draußen leitet. Eine neue Hypothese besagt: Insekten verfügen über einen Reflex, der sie dazu zwingt, ihren Rücken immer nach der hellsten verfügbaren Lichtquelle auszurichten. Auf diese Weise entstehen die typischen Flugmuster: tänzelnde Bewegungen mit dem Rücken zum Licht, die Beine ausgestreckt. Unter natürlichen Bedingungen sorgt der Reflex dafür, dass Insekten selbst bei unberechenbaren Winden ihre Flugbahn halten können. Insekten suchen demnach also nicht nach Licht, sondern werden von ihm regelrecht eingefangen – mit gefährlichen Folgen. Sie kommen den Lampen zu nahe und verbrennen womöglich. Insektenfreundlicher ist warmweißes Licht mit einem hohen Anteil an rotem, langwelligem Licht. Davon werden weniger Insekten angezogen.

320 | Welche TIERE halten SOMMERSCHLAF?

Wenn der Herbst einkehrt, bereiten sich viele Tiere auf ihren Winterschlaf vor. Es gibt allerdings auch Arten, die im Sommer schlafen. Manche Frosch- und Krötenarten wie zum Beispiel der Schmuckhornfrosch oder der Afrikanische Ochsenfrosch schalten bei Hitze auf cool und verkriechen sich in der Erde. Ihr Darm schrumpft während dieser Sommerruhe um fast die Hälfte, so sparen die Tiere Energie. Setzt die Regenzeit ein, nimmt das Volumen ihres Verdauungsorgans wieder zu. Dieses Phänomen war zuvor nur von sogenannten Sitz-und-Warte-Schlangen wie der Todesotter bekannt. Sie kann mit geschrumpftem Darm eine beutelose Zeit wochenlang überstehen. Auch eine Fischart beherrscht Tricks zum Überleben in mageren Zeiten: Der Afrikanische Lungenfisch lebt häufig in Gewässern, die mitunter monatelang trockenfallen. Die Tiere graben sich dann im Schlamm ein und schützen sich in einem Kokon aus Schleim. Ein Pfropf in dieser Hülle lässt genug Luft zum Atmen für ihre Lungen ein. Die Fische fahren ihren Stoffwechsel in dieser Zeit so weit herunter, dass die körpereigenen Reserven ausreichen, um sich zu ernähren. Gibt es wieder ausreichend Wasser in ihrem Lebensraum, wachen die Tiere auf und kehren – stark abgemagert – zurück zu ihrem normalen Alltag.

321 | Sind WEISSE HÜHNEREIER besser für die UMWELT als BRAUNE?

Die Farbe des Eis sagt weder etwas über die Haltungsform des Huhns noch über seine Ernährung aus. Sondern lediglich über die Farbe seiner Ohrscheibe: Ist sie weiß, legt das Huhn weiße Eier (und hat in der Regel ein weißes Gefieder); ist sie rot, legt es braune Eier (und hat in der Regel ein braunes Gefieder). Bei den Inhaltsstoffen der Eier gibt es keinerlei Unterschied. Ökologisch sind weiße Eier leicht im Vorteil: Weiße Hühner sind einfacher zu halten und mobiler als braune. Sie leben und legen länger. Sie sind leichter und kleiner, haben bei gleicher Herdengröße mehr Platz im Stall, legen Eier vorwiegend in den Größen M und L, aber nur selten in XL, was das Legen weniger

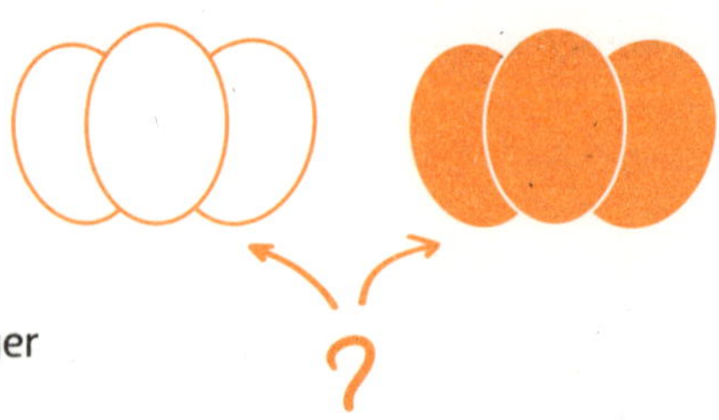

anstrengend macht und die Hühner robuster. »Braunei-Hühner« legen 380 Eier in 82 Lebenswochen, »Weißei-Hühner« rund 500 Eier in 100 Wochen. Wirtschaftlicher Vorteil für die Betriebe: Durch die längere Haltungsdauer steht der Stall zwischen den Herden seltener leer, und es müssen über längere Zeiträume betrachtet weniger Tiere für die gleiche Zahl an Eiern eingesetzt werden. Und: Die Weißen kommen mit 120 Gramm Futter am Tag aus, die Braunen benötigen gut 15 Gramm mehr. Umgerechnet auf ein Ei muss also weniger Getreide angebaut und transportiert werden.

322 | Behandeln ORANG-UTANS ihre WUNDEN mit MEDIZIN?

Nicht nur Menschen, auch Orang-Utans wissen Heilpflanzen zu schätzen. Das Orang-Utan-Männchen »Raku« lebt in der Wildnis von Sumatra. Womit er sich herumplagte: eine große Wunde unter dem Auge, mehrere Zentimeter groß, vermutlich schmerzhaft und wohl durch Rangeleien mit männlichen Artgenossen entstanden. Drei Tage nach der Verwundung riss Raku Blätter einer Liane namens »Akar Kuning« ab, kaute darauf herum und trug den austretenden Saft auf seine Wunde auf. Anschließend bedeckte er die Wunde mit zerkauten Blättern der Liane – ein Pflanzen-Pflaster also. Ebendiese Pflanze kennen auch die Einheimischen, und sie enthält entzündungshemmende und antibakterielle Wirkstoffe. Die Forscher sind unsicher, ob Raku zufällig auf die schmerzlindernde Wirkung der Liane stieß oder das Verhalten von anderen Artgenossen lernte.

Auch Schimpansen nutzen Medizin: So entdeckte Jane Goodall in den 1960er-Jahren im Kot von Schimpansen unverdaute Blätter mit antiparasitärer Wirkung. Und in Gabun beobachteten Forscher Schimpansen dabei, wie sie Insekten fingen, zerdrückten und auf Wunden auftrugen. Die Forscher vermuteten, dass die Tiere entzündungshemmende oder antiseptische Substanzen enthalten. Bemerkenswert: Sie verarzteten damit auch ihre Artgenossen.

323 | SÄUGEN auch AMPHIBIEN ihre JUNGEN?

Säugetierweibchen haben Brüste oder Zitzen, an denen sich der Nachwuchs labt. Jetzt beobachteten Forscher erstmals die Milchversorgung bei eierlegenden Amphibien – und auch nach der Geburt. Die Ringelwühle ist ein wurmartiger Schleichlurch aus Südamerika. Das Weibchen legt Eier, aus denen dann die jungen Ringelwühlen schlüpfen und im Nest aufwachsen. Bekannt war schon vorher, dass der Ringelwühlen-Nachwuchs an Hautfetzen der Mutter snackte. Doch die Mutter teilt mehr als ihre Haut. Aus ihrer Kloake am hinteren Ende ihres Körpers sondert sie eine Flüssigkeit ab, die sie in speziellen Drüsen im Körperinneren produziert und die von den jungen Ringelwühlen verzehrt wird. Der Ausfluss ist ein kohlenhydrat- und fettreiches Sekret, ähnlich der Muttermilch von Säugetieren und noch reicher an Fettsäuren als die Milch von Kühen. Spannend ist auch das Bettelverhalten der jungen Ringelwühlen: Sie stupsen ihre Mutter an und erzeugen dabei hohe Töne – ganz so, als schrien sie: »Mehr Milch, bitte.« Nach rund zwei Monaten ist Schluss. Die Ringelwühlen-Mutter scheint ausgesaugt und hat rund 30 Prozent ihres Körpergewichts verloren.

324 | Warum macht dieser WINZIGE FISCH so einen KRACH?

Das lauteste Geräusch in der Tierwelt macht der Pistolenkrebs, auch »Knallkrebs« genannt. Er erzeugt bei der Jagd Wasserblasen, die mit einem Knall bersten – bis zu 200 Dezibel laut. Dazu produziert er einen heißen Wasserstrahl, sodass das Opfer der Garnele zur leichten Beute wird.

Doch ein gerade einmal einen Zentimeter messendes Fischlein kann ebenfalls extrem laute Töne produzieren: 140 Dezibel, so laut wie ein Gewehrschuss. Das Fischlein namens Danionella cerebrum ist durchsichtig. Mit einer Hochgeschwindigkeitskamera und Scans eines Mikro-Computertomografen ließ sich verfolgen, wie es mit einem trommelschlägerartigen, nur 250 Mikrometer langen Knorpel auf seine Schwimmblase schlägt. Zuvor baut es enormen Druck auf, indem es den Knorpel zusammen mit der fünften Rippe mit zwei Muskeln spannt, sodass er beim Schlag die 200-fache Erdbeschleunigung erreicht. Und das kann der Fisch offenbar sehr schnell wiederholen: 60 bis 120 solche Schläge pro Sekunde – ein wahrer Trommelwirbel. Der Mensch außerhalb des Aquariums kann die lauten Töne kaum wahrnehmen. Sehr wohl aber andere Tiere im Wasser. Der Fisch nutzt seine Trommelschläge, um sich über weite Entfernungen und auch bei trübem Wasser mit Artgenossen zu verständigen.

325 | Sind **ELSTERN** wirklich **DIEBISCH?**

Der Mensch hat seit jeher eine komplizierte Beziehung zur Familie der Rabenvögel, der auch die Elster, wissenschaftlich Pica pica, angehört. Kein Wunder, dass man ihr auch eine sprichwörtlich gewordene »Diebeslust« anhängte. Britische Forscher gingen dem in einem Experiment nach. Dabei zeigte sich, dass die Vögel dem Glitzerkram nicht nur widerstanden, sondern den unbekannten Objekten gegenüber sogar ausgesprochen misstrauisch waren und den Kontakt vermieden. Die Forscher legten an acht Orten Metallschrauben, Ringe und Fetzen von Alufolie aus, die Hälfte glänzend, die andere Hälfte matt dunkelblau bemalt. In 30 Zentimeter Entfernung häuften sie einige Nüsse an. In 64 Tests ignorierten die wilden Elstern das Glitzerzeug genauso wie die matten Objekte, nur zweimal pickte eine Elster einen Silberring auf – und ließ ihn wieder fallen. Tests mit zahmen Elstern ergaben das gleiche Bild. Die Vorstellung von der »diebischen Elster« erklären sich die Forscher mit Einzelfällen, in denen die Neugier der Vögel übermächtig gewesen sei. Entsprechende Beobachtungen seien dann einfach generalisiert worden.

326 | Verstehen **HUNDE**, für welche **GEGENSTÄNDE** Worte stehen?

So mancher Hundehalter kennt es: Scheinbar versteht der Vierbeiner, wovon der Zweibeiner gerade spricht. Um das zu erforschen, ging eine Neurobiologin neue Wege. Wurden Hunde bisher gebeten, bestimmte Objekte zu holen, nachdem sie deren Namen gehört hatten, zeichnete die Forscherin nun bei 18 Tieren ein EEG auf, also die Hirnströme, während sie das Wort hörten und das Objekt gezeigt bekamen. Die Hunde sollten die Dinge nur anschauen. Manchmal nannte die Forscherin auch bewusst ein anderes Objekt, als die Hunde vor sich sahen. Die Auswertung ergab, dass die Hirnströme der Hunde bei den passenden Objekten ein völlig anderes Muster zeigten als bei den unpassenden. Dies gilt als Beleg dafür, dass die Hunde nicht nur mit erlerntem Verhalten auf ein bestimmtes Kommando reagieren, sondern ein Objekt tatsächlich mit dem entsprechenden Begriff assoziieren und entsprechend verwirrt sind, wenn Wort und Bild nicht zusammenpassen. Die neuronalen Muster waren auch bei allen Hunden gleich – egal, wie viele Wörter für Objekte sie zuvor gelernt hatten. Das deutet darauf hin, dass diese Fähigkeit, Gegenstände zu erkennen, im Allgemeinen bei Hunden vorhanden ist und nicht nur bei außergewöhnlich talentierten Individuen, die viele Objekte beim Namen kennen.

327 | Warum sind die **HÖRNER** von **TIEREN** so **UNTERSCHIEDLICH?**

Manche haben kleine, manche sehr große, mal sind sie gewunden, mal gerade, bei einigen zeigen sie steil nach oben, bei anderen zur Seite: Die Hörner von Tieren weisen unterschiedlichste Formen und Größen auf. Dabei bestehen sie meist aus dem gleichen Material: aus Keratin. Direkt am Schädel sitzen durchblutete Zapfen aus Knochen, aus denen dann meist hohle Hörner von abgestorbenen und dadurch verhornten Hautzellen wachsen.

Aus der gleichen Substanz bestehen unsere Haare, Finger- und Fußnägel, ebenso die Hörner der Nashörner. Nicht allerdings die Geweihe von Hirschen, die sind Knochenauswüchse, die alljährlich abgeworfen und wieder neu aufgebaut werden. Hörner dagegen wachsen ein Leben lang. Und während Hörner oft von männlichen wie auch von weiblichen Tieren getragen werden, sind Geweihe meist den männlichen vorbehalten. Dabei dienen beide Revierkämpfen: Der Gegner wird damit gerammt. Oder das Gehörn soll so viel Eindruck schinden, dass die Konkurrenten auch ohne Kampf Reißaus nehmen und die Damen Interesse zeigen. Vor allem aber dienen Hörner der Wärmeregulation, insbesondere für das empfindliche Gehirn. Kühe mit Hörnern haben eine kühlere Stirn. In kälteren Regionen der Erde haben Rinder daher kürzere, mehr nach innen gebogene Hörner mit dicker Keratinschicht. In den Tropen dagegen sind die Hörner oft groß und ausladend geformt: So bieten sie mehr Oberfläche, über die sie überschüssige Wärme abtransportieren können.

328 | Erhöht Bio-Landwirtschaft den Pestizideinsatz auf benachbarten Feldern?

Das eigene Biofeld frei von Pestiziden zu halten, ist nicht einfach, wenn rundherum konventionell bestellte Äcker liegen, von denen möglicherweise solche Pestizide oder Samen auf den eigenen Acker herüberwehen. Eine neue Studie mit Daten von 14 000 Feldern in Kalifornien zeigt nun, dass auch umgekehrt die Nachbarschaft von Bioäckern für konventionell arbeitende Bauern zum Problem werden kann: Konventionelle Bauern, welche in Kalifornien noch fast 95 Prozent der Anbaufläche ausmachen, erhöhen den Pestizideinsatz, wenn Biofelder in der Nähe liegen. Zehn Prozent mehr Bioacker in der Nachbarschaft bedeuteten 0,3 Prozent mehr Pestizideinsatz. Das liege daran, dass Insektenschädlinge von den biologisch bewirtschafteten Feldern auf die konventionellen Felder überspringen. Allerdings ergab die Studie auch, dass auf Biofeldern, die von weiteren Biofeldern umgeben sind, der Einsatz von biologischen Schädlingsbekämpfungsmitteln niedriger ist: Pro zehn Prozent mehr Bioacker in der Umgebung sinkt der Einsatz um drei Prozent. Das wiederum begründe sich damit, dass größere Gebiete rein biologischen Anbaus ein stabiles Vorkommen vorteilhafter Insekten begünstigen und Schädlinge so in der Minderzahl bleiben.

Die Schlussfolgerung: Es wäre von Vorteil, ökologische Flächen zu bündeln, sodass die jeweiligen Anbauarten stärker unter sich bleiben und das Überspringen von Schädlingen eingedämmt wird.

329 | Warum ist die **KOKOSNUSS** keine **NUSS**?

Nüsse sind sogenannte Schließfrüchte, bei denen alle drei Schichten der Fruchtwand miteinander verwachsen und verholzt sind. Außerdem öffnen sie sich nicht von selbst wie Hülsenfrüchte. Letzteres ist auch bei Kokosnüssen so. Doch ihre Schichten sind nicht alle verholzt: Die harte, mit Fasern besetzte braune Schale, die wir von der Kokosnuss kennen, ist botanisch gesehen im Grunde nur die innerste der drei Schichten der Schale, das Endokarp. Es umschließt das weiße Fruchtfleisch und den zentralen Hohlraum mit dem Kokoswasser. Diese bilden gemeinsam das Endosperm, also den Fruchtkörper, in den der Samen eingebettet ist. Bei der Ernte ist die braune Kokosnuss aber noch von einer hellen, faserig-luftigen mittleren Schicht, dem Mesokarp, umgeben. Und das Ganze ist umhüllt von einer grünen, ledrigen Außenhaut, dem Exokarp. Damit gehört die Kokosnuss botanisch betrachtet eigentlich zu den Steinfrüchten, zu denen auch Kirsche, Pfirsich und Olive zählen. Dort befindet sie sich in bester Gesellschaft anderer vermeintlicher Nüsse wie der Pekannuss oder der Pistazie. Echte Nüsse dagegen sind etwa die Macadamia- und die Erdnuss, aber auch Eicheln und Bucheckern.

330 | Wie haben sich **TIERE** im **LOCKDOWN** verhalten?

Es gab einen Tag im Jahr 2020, da waren 4,4 Milliarden Menschen – mehr als die Hälfte der Weltbevölkerung – wegen Covid-19 im Lockdown. Dafür kamen sich die Tiere näher. Pumas wagten sich in die Vororte von Santiago de Chile, Goldschakale streiften durch Tel Aviv, und Delfine tauchten im Hafen von Triest auf. Hierzulande profitierten vom Lockdown vor allem Rehe, Füchse und Wildschweine. Sie drangen ungestört in die Innenstädte vor, plünderten Mülltonnen und versteckten sich in Gärten. Waren das nur Einzelfälle, oder änderte das Verhalten der Tiere sich generell? Ein Forschungsteam verglich Bewegungsdaten von mehr als 2300 Tieren aus 43 Arten, etwa Elefanten, Giraffen, Bären und

Hirsche vom März 2019 und 2020. Das Ergebnis: Säugetiere hielten sich näher an sonst befahrenen Straßen auf und legten weitere Strecken zurück, vergrößerten also ihren Radius und erkundeten neue Gebiete. In einigen Gegenden mit weniger strengen Corona-Auflagen zog es viele Menschen in die Natur – dort legten Säugetiere kürzere Strecken zurück als im Vorjahr. Wilde Tiere reagieren also sofort auf Änderungen unseres Verhaltens. Wenn Menschen ihr Verhalten mit dem Wohl der Tiere im Blick ändern würden, könnte sich das positiv auswirken.

331 | Wie wichtig ist SCHIMPANSEN-MÜTTERN das SPIEL mit dem KIND?

Spielen ist für junge Schimpansen essenziell: Es stärkt ihre motorischen und ihre sozialen Fähigkeiten. Forscher beobachteten das Verhalten von Schimpansen in freier Wildbahn: War reichlich Futter vorhanden, trat bei den Tieren ein Spielverhalten in 97 Prozent der Beobachtungstage auf. Bei Futterknappheit waren es dagegen nur 38 Prozent. Allein bei Müttern mit Jungtieren blieb das Spielverhalten durchgehend: Sie beschäftigten sich weiter mit ihren Jungen, kitzelten sie und spielten Fangen – und gaben den Kleinen dadurch die Möglichkeit, sich trotz der kargen Zeiten normal zu entwickeln.

Wie wichtig das Spielen und das Aufwachsen mit der Mutter für die Sozialkompetenz der jungen Schimpansen ist, erforschten andere Wissenschaftler in einer Aufzuchtstation in Sambia. Sowohl von der Mutter aufgezogene Jungtiere als auch Waisen spielten gern. Allerdings waren die Waisen dabei ruppiger und aggressiver. Sie schienen das Verhalten in der Gruppe schwieriger koordinieren zu können, während die von der Mutter aufgezogenen Schimpansen das soziale Verhalten vermutlich von ihrer Mutter erlernten.

332 | Welcher KÄFER trägt den DICHTESTEN PELZ?

Ob Marienkäfer, Mistkäfer oder Hirschkäfer: Meist tragen Insekten recht kahle Außenskelette, obwohl etwa Maikäfer auch haarige Partien am Körper haben. Doch das ist nichts gegen eine neu beschriebene Art aus Australien.

Dort entdeckte ein Insektenforscher den vielleicht behaartesten Käfer der Welt: Excastra albopilosa. Er fand das Tier auf einem Zeltplatz – und hielt es zunächst für die Hinterlassenschaft eines Vogels. Erst bei näherer Betrachtung entpuppte sich der Fleck als schwarz-roter Bockkäfer, dem unzählige feine Härchen ein ungewöhnliches weißes Kleid verleihen. Wozu dem rund zehn Millimeter langen Tier die weiße Pelzfarbe dient, ist noch unklar. Jedenfalls ist Excastra albopilosa laut seinem Entdecker der »außergewöhnlichste und flauschigste Bockkäfer«, den er je gesehen habe.

333 | Hat die **SPRACHE** von **POTTWALEN** eine Art **ALPHABET**?

Es gibt neue Erkenntnisse über die Sprache der Pottwale. Bekannt war, dass sich die Meeressäuger per Klicklauten verständigen. Bislang 21 sogenannte Codas – charakteristische Klick-Abfolgen von jeweils weniger als zwei Sekunden Länge – konnten bisher identifiziert werden. Auf diese Weise tauschen die Meeressäuger Informationen aus oder koordinieren Jagden. Nun haben Forscher Audioaufnahmen von rund 60 Pottwalen in der Ostkaribik mithilfe künstlicher Intelligenz analysiert. Die KI konnte Muster erkennen, die zuvor unentdeckt geblieben waren. Demnach bleibt es nicht bei 21 verschiedenen Lautäußerungen: Die Wale nutzen verschiedenste Variationen und Kombinationen der Codas, um offenbar komplexe Dinge auszudrücken. Bei den Codas handelt es sich also um eine Art Buchstaben oder Silben, die erst im Zusammenhang verschiedene Bedeutungen ergeben. Und dies, so die Forscherin, ähnele stark der menschlichen Sprache. Die Meeressäuger haben also der Studie zufolge womöglich auch eine Art eigenes Alphabet – gewissermaßen das »pottwalische Alphabet«.

334 | Welche **BÄUME** brauchen **FEUER**, um zu **ÜBERLEBEN**?

Mammutbäume brauchen tatsächlich Waldbrände, um ihr Überleben zu sichern. Auch Eukalyptus in Australien oder Kiefern in Südeuropa sind auf Feuer angewiesen. Denn Brände sorgen dafür, dass sich die Böden verjüngen und durch die Asche wieder mit Nährstoffen anreichern. Die alte Vegetation wird beseitigt, die Sonne gelangt wieder bis in die untersten Waldschichten, und so können neue Pflanzen sprießen. Großen Bäumen macht ein normaler, überschaubarer Waldbrand nicht allzu viel aus. Stattdessen lässt erst die Hitze der Flammen die Samen aus ihren Kapseln springen, um neue Bäume sprießen zu lassen. Brände und die dadurch entstehende große Hitze sind also gar Teil ihrer Anpassung an die Umwelt mit natürlich verursachten Bränden.

Brennt es allerdings allzu häufig oder zu intensiv, kommen dadurch in der Regel auch große Bäume zu Schaden, und die betroffene Region kann nicht so schnell von neuen Pflanzen und Tieren wiederbesiedelt werden. Deshalb sehen Naturschützer es kritisch, dass inzwischen immer häufiger Waldbrände entstehen, die der Mensch verursacht.

335 | KANN man BIBER essen?

An Europas größtem Nagetier scheiden sich die Geister: Mancher Landwirt würde sie am liebsten vertreiben, denn sie setzen durch ihre Dämme an Bachläufen mitunter Felder und Wiesen unter Wasser. Naturschützer wiederum kämpfen um jeden Biberbau. Denn wo Castor fiber, so sein zoologischer Name, zu Hause ist, breiten sich seltene Amphibien, Vögel und Libellen wieder aus.

Einst wurden die Tiere gejagt – auch wegen ihres Fleischs. Um dieses auch in der Fastenzeit genießen zu können, erklärten Mönche im Mittelalter die Biber sogar kurzerhand zu Fischen. Heute stehen die Tiere unter strengem Artenschutz. Mittlerweile leben in Deutschland wieder rund 40 000 Exemplare. Nur wenn sie allzu viel Schaden anrichten, dürfen sie mit einer Sondergenehmigung getötet werden. Biberfleisch findet sich jedoch weder in Metzgertheken noch auf Speisekarten. Die Jäger dürfen ihre Beute nur im privaten Rahmen zubereiten, der Handel mit dem Fleisch ist nicht erlaubt. Und wie schmecken Biberbraten, -gulasch oder -buletten? Leute, die es wissen, schwärmen vom zarten, aromatischen Fleisch der Gras- und Kräuterfresser, das dem von Rehen ähnele.

336 | Woran **ERKENNT** man eine **WILDKATZE?**

Die Europäische Wildkatze sieht niedlich aus – und einer Hauskatze zum Verwechseln ähnlich. Besonders die Jungen sind von kleinen »Stubentigern« kaum zu unterscheiden, da sie ein noch stärker getigertes Fell haben und möglicherweise so zutraulich wirken, als wollten sie gestreichelt werden. Rund 100-mal pro Jahr passiert es, dass so ein Tierchen von Ahnungslosen am Waldrand aufgegabelt und nach Hause mitgenommen wird. Dabei ist das Muttertier meistens einfach nur auf Mäusejagd.

Die ausgewachsenen Tiere haben einen buschigen Schwanz mit zwei bis drei Streifenringen und eine verwaschene Tigerzeichnung. Sie wirken durch ihr längeres Fell größer und schwerer als Hauskatzen. Weiteres sichtbares Indiz: Von der Stirn ziehen sich dunkle Streifen zwischen den Ohren bis in den Nacken. Und die dunkle Rückenlinie endet bereits an der Schwanzwurzel, während sie bei getigerten Hauskatzen meist den ganzen Schwanz ziert.

Deutschlandweit gibt es etwa 8000 Wildkatzen, deren natürlicher Lebensraum Laubwälder sind, wo sie sich tagsüber scheu in Baumhöhlen verstecken. Sie stehen weiterhin auf der Roten Liste bedrohter Tierarten. Wer eine gesunde Wildkatze aus dem Wald mitnimmt, macht sich strafbar.

337 | Ist die **ARBEIT** mit **WERKZEUGEN** bei Ottern **FRAUENSACHE?**

Otter nutzen Werkzeuge wie Steine als Amboss oder Hammer, um ihre Beute aufzuknacken. So können sie auch Beutetiere mit harter Schale öffnen. Nun beobachteten Forscher vor der Küste von Kalifornien das Fressverhalten von rund 200 Ottern und begutachteten außerdem die Gebisse. Dafür wurden einige der Tiere für kurze Zeit gefangen genommen, zusätzlich wurden natürlich verstorbene Otter untersucht. Das Ergebnis: Die Zähne der Otter, welche vermehrt Werkzeuge nutzten, hatten weniger Abnutzungserscheinungen. Neben der größeren Auswahl an Nahrungsmitteln schont das Aufknacken der Beute die Zähne. Diese wiederum sind für die Tiere überlebenswichtig. Besonders Otterweibchen griffen vermehrt zu Werkzeugen. Sie haben weniger Kraft in den Kiefern als die Männchen. Zudem reisen sie meist weniger weit als die Männchen und müssen daher auch mit weniger gut zu öffnenden Beutetieren aus der nahen Umgebung vorlieb nehmen, wie Krabben oder Muscheln. Auch ist das effiziente und energiesparende Fressen für die Weibchen besonders wichtig, da sie das Aufziehen des Nachwuchses viel Energie kostet.

338 | Wer FRISST die gefürchtete AGA-KRÖTE?

Fast jedes Kind in Australien kennt die Aga-Kröte. Vor allem die Kinder von Vögeln, Mardern oder Krokodilen. Denn Aga-Kröten haben Drüsen am Kopf, die ein sehr gefährliches Gift produzieren. Die meisten Tiere, die damit in Berührung bekommen, sterben schnell an einem Herzinfarkt. Die Kröten gibt es in Australien fast überall, seit Farmer sie in den 1930er-Jahren aus Südamerika herbrachten, um mit ihnen den Zuckerrohrkäfer zu bekämpfen. Seitdem breiten sie sich unkontrolliert aus. Doch nun scheint sie das Glück verlassen zu haben, denn Ibisse haben inzwischen gelernt, die Kröten zu überlisten. Die großen Vögel haben einen langen Schnabel, mit dem sie die Kröten vorsichtig aufheben und dann so lang schütteln, bis die Amphibien vor lauter Stress ihr Gift absondern. Dann bringen die Ibisse die Kröten zu einem Bach, um das Gift abzuwaschen – und das Essen ist fertig!

339 | Wonach richtet sich die FLÜGELSCHLAGFREQUENZ von TIEREN?

Verblüffend einfach: Sie entspricht ziemlich genau der Quadratwurzel aus Körpermasse geteilt durch die Flügelfläche. Aber das Erstaunliche: Das gilt auch für schwimmende Tiere und ihren Flossenschlag. 414 Tierarten wurden dafür analysiert, darunter 176 Insekten-, 212 Vogel- und 25 Fledermausarten. Trotz der sehr verschiedenen Flugtechniken, Körper- und Flügelformen ließ sich die Frequenz des Flatterns auf diese Formel herunterbrechen. Sie wurde auch auf schwimmende Meerestiere wie Pinguine und Buckelwale angewendet. Dort gilt die gleiche Gesetzmäßigkeit, wobei man die Unterschiede in Dichte und Auftrieb zwischen Luft und Wasser einberechnen muss. Abweichungen von der Regel gibt es bei Fischen mit Schwimmblase oder anderen Schwimmhilfen und in der Luft bei sehr kleinen Insekten, bei denen sich die Trägheit der Luft stärker auswirkt.

340 | Können TIERE erröten wie MENSCHEN?

Charles Darwin hielt Erröten für »die merkwürdigste und zugleich menschlichste aller Ausdrucksformen« – und damit für ein wichtiges Unterscheidungsmerkmal zwischen Mensch und Affe. Und tatsächlich verweist das Erröten auf komplexe emotionale Vorgänge wie Scham, es könnte ein farbiges »Sorry«-Signal an die Mitmenschen sein. Ein Zeichen, dass die Gruppenregeln in Fleisch und Blut übergegangen sind und Verstöße bereut werden. Es hätte somit einen Auslöser von existenzieller Tragweite: die Angst, sozial verurteilt und aus der Gruppe ausgeschlossen zu werden.

Vergleichbare Empfindlichkeiten wurden in den vergangenen Jahren auch in der Vogelwelt beobachtet. So kam eine Untersuchung zu dem Ergebnis, dass Aras deutlich erröten, sobald sie im Mittelpunkt stehen und viel Aufmerksamkeit vonseiten des Pflegepersonals genießen. Sobald sich die Tierpfleger abwenden, verschwindet die Röte wieder. Die großen Papageien gelten als emotional und clever. Aber auch andere Vogelarten zeigten vergleichbare Reflexe: Geier bekommen einen roten Kopf beim Balzen oder Streiten, und neuerdings weiß man auch von Hühnern, dass ihnen Ärger und Aufregung im Gesicht anzusehen sind. Wurden sie etwa eingefangen, dann verfärbte sich ihr Gesicht zu einem Scharlachrot. Entspannte Hühner sind dagegen eher blass um den Schnabel.

341 | Welches TIER kann sein BLUT verstecken?

Ein Wald voller Fressfeinde, die bei Licht unterwegs sind, wie soll man da als winziges nachtaktives Tier tagsüber seine Ruhe finden? Die süd- und mittelamerikanischen Glasfrösche nutzen eine bislang unbekannte, faszinierende Tarnstrategie. Zunächst besitzen sie eine durchscheinende Bauchseite, was bei landlebenden Wirbeltieren kaum vorkommt. Dadurch können die Frösche, die kleiner sind als eine Briefmarke, optisch mit der Unterseite von Blättern verschmelzen, ihrer bevorzugten Schlafstatt. Doch bevor der Glasfrosch sich ganz dem Tagschlaf hingibt, versteckt er sein Blut, denn das würde sonst in verräterischem Rot durch seine Adern fließen. Das Tier entzieht seinem Organismus sein eigenes Blut und verstaut es in der Leber wie in einem Vorratsschrank. Die wiederum ist von einem Gewebesack umhüllt, der das Molekül Guanin enthält und einfallendes Licht reflektiert. Auf diese Weise wird der rote Blutfarbstoff in der Leber nicht sichtbar. Wenn es wieder Zeit wird aufzuwachen, pumpen die Frösche ihre Blutzellen wieder in den Blutkreislauf zurück. Wie die die Glasfrösche diese Tarnung allerdings überleben können, ist derzeit noch ein Rätsel.

342 | Welches **LEBEWESEN** hat das **LÄNGSTE GENOM?**

Das Genom des Menschen zählt beeindruckende 3,2 Milliarden Basenpaare. Entfaltet wäre der DNA-Strang zwei Meter lang, jedoch ist er im winzigen Zellkern jeder unserer Körperzellen zusammengeknäuelt. Aber im Vergleich mit so manch anderem Lebewesen sind 3,2 Milliarden Basenpaare wenig. Die Gefleckte Schnarrschrecke hält mit 21 Milliarden unter den Insekten den Rekord, unter allen Tieren steht bislang der Äthiopische Lungenfisch mit 129 Milliarden Basenpaaren an der Spitze.

Doch Pflanzen können offenbar noch mehr: Biologen haben bei der Analyse des kleinen, unscheinbaren Farns mit dem Namen Tmesipteris oblanceolata festgestellt, dass er über 160 Milliarden Basenpaare verfügt, die auf 416 Chromosomen verteilt sind (der Mensch hat nur 46). Sein DNA-Strang wäre ausgebreitet über 100 Meter lang. Der Vorteil eines solchen Rekordgenoms könnte sein, dass die Pflanzen flexibler auf Umweltänderungen reagieren können. Der Nachteil: Der Farn muss größere Zellkerne ausbilden, um alles unterzubringen, und er braucht mehr Zeit und Ressourcen, um die Gene bei der Zellteilung zu kopieren. Auch deshalb wachsen Pflanzen mit großem Genom eher langsam und brauchen mehr Nährstoffe.

343 | Welches **INSEKT** krallt sich am **STÄRKSTEN** an seinem **WIRT** fest?

Seehundläuse leben auf ihren Wirten – Seehunden und Robben – unter widrigen Bedingungen wie Temperatur- und Druckschwankungen, hohem Salzgehalt im Wasser und Sauerstoffmangel. Außerdem sind die Wirtstiere mit bis zu 20 Kilometer pro Stunde im Meer unterwegs. Ein Abfallen der Laus würde ihren Tod bedeuten. Forscher entdeckten an den sechs Krallen des nur rund zwei Millimeter großen Tiers Strukturen, die Karabinerhaken ähneln. Außerdem polsterartige Flächen an der Innenseite der Krallen. Schließt die Seehundlaus die Kralle um das Haar ihres Wirtstieres, erhöhen diese Flächen die Reibung und verhindern ein Abrutschen – gut für das Festklammern unter Wasser. Um die Kraft der Seehundlaus zu messen, wurden die Tiere an einem Messgerät befestigt und unter Wasser auf einem Seehundfell platziert. Erst als die Forscher mit einer Kraft an den Läusen zogen, die dem 18 000-Fachen ihres Körpergewichts entspricht, lösten sich die Tiere vom Fell. Damit sind Seehundläuse Rekordhalter unter den Insekten.

344 | Geben ELEFANTEN einander NAMEN?

Elefanten trompeten – zumindest kennen wir das so von ihnen. Wichtiger für ihr Sozialleben sind aber jene sehr tiefen, für das menschliche Ohr teils unhörbaren Brummtöne, die sie mit ihren Stimmlippen erzeugen. Ein Forscherteam analysierte 470 solcher Rufe von mehr als 100 Elefanten, die an 117 andere Elefanten gerichtet waren, zum Beispiel bei Begrüßungen zwischen Tieren oder aus Mutter-Kind-Interaktionen. Situationen also, in denen die Verwendung von Namen naheliegen könnte. Tatsächlich waren die an ein einzelnes Tier gerichteten Laute eines Rufers untereinander ähnlicher als Laute, die an verschiedene Empfänger gerichtet waren. Die Wissenschaftler versuchten dann, bestimmte Bestandteile der Rufe an einzelne Tiere als mögliche »Namen« zu identifizieren. Anschließend testeten sie ihre Hypothese, indem sie 17 Elefanten einige der Tonaufnahmen vorspielten. Tatsächlich reagierten die Tiere stärker auf jene Rufe, die ihre »Namen« enthielten. Die Tonaufnahme allein, folgern die Forscher, habe für die Tiere also ausgereicht, um zu wissen, ob die Rufe an sie gerichtet waren oder nicht. Einen handfesten Beweis für die Verwendung von Namen bei Elefanten liefern die Ergebnisse noch nicht – dafür ist unter anderem die Zahl der untersuchten Rufe zu gering. Doch es wird weiter geforscht.

345 | Wie **ALT** können **TERMITENHÜGEL** sein?

Die älteste bekannte Siedlung des Menschen ist die neolithische Anlage Çatalhöyük in der heutigen Türkei. Sie war bereits vor rund 11 500 Jahren bewohnt – ist es heute jedoch nicht mehr. Als älteste noch heute bewohnte Siedlung gilt Jericho im Westjordanland, das vor etwa 10 000 Jahren gegründet wurde.

Das ist aber nichts im Vergleich zu den ältesten immer noch bewohnten Siedlungen der Termiten. Radiokarbondatierungen an Termitenhügeln im westlichen Südafrika haben ergeben, dass sie teilweise vor knapp 34 000 Jahren erbaut wurden – also zu einer Zeit, als noch Säbelzahntiger und Wollmammuts umherstreiften. Termitenhügel sind so etwas wie menschliche Apartmentkomplexe, sie werden durchgehend immer wieder von neuen Völkern bewohnt. Die größten und ältesten Exemplare der aus Erde und zerkauten Pflanzen bestehenden Hügel, die großteils unterirdisch verlaufen, haben Durchmesser von an die 30 Meter und beherbergen Millionen von Termiten.

In der Savanne von Caatinga in Brasilien sind rund 200 Millionen Termitenbauten auf einer Fläche so groß wie Großbritannien verteilt. Sie spielen auch eine Rolle für den Klimaschutz: Die winzigen Insekten sammeln jede Menge kohlenstoffhaltiges Material und verbauen es in ihren Hügeln, sodass der Kohlenstoff gebunden bleibt, anstatt durch Verrotten als Kohlendioxid in die Umgebungsluft zu entweichen. Und dem Boden tut das als eine Art Dünger auch gut.

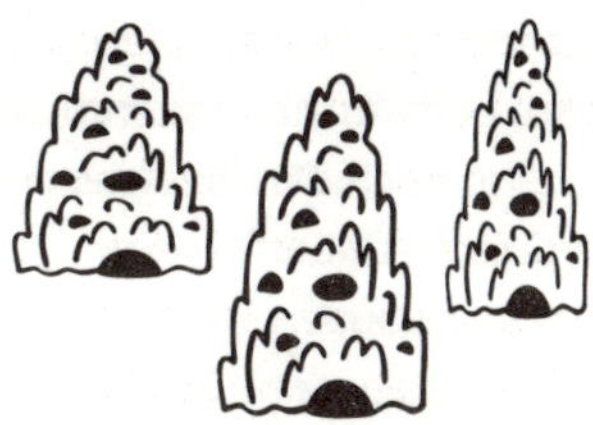

346 | Werden **HEUSCHRECKEN** aggressiv, weil sie **ANGST** haben?

Heuschreckenplagen gelten seit je als Geißel der Menschheit, und daran hat sich auch im Hightech-Zeitalter nichts geändert. Aber: Normalerweise leben Wanderheuschrecken als genügsame Einzelgänger und ziehen auch nicht umher. Doch in Zeiten, in denen sie sich stark vermehren, kommt es durch Berührungen und Hormonausschüttungen zu einer drastischen Verhaltensänderung: Aus den zirpenden Eremiten werden gierige Aggressoren, die riesige Schwärme bilden und große Strecken zurücklegen. Dahinter steckt vor allem die nackte Angst, von den eigenen Artgenossen verspeist zu werden. Denn die räumliche Enge verwandelt die Wanderheuschrecken in Kannibalen, die voreinander flüchten. Bewegungssimulationen haben gezeigt, dass die Individuen eben durch das Schwärmen exakt jenen Abstand voneinander einhalten, der ihr Überleben sichert. Ein Duftstoff sorgt dafür, dass die Abstände eingehalten werden. Ohne den Duft würden sich die Heuschrecken hemmungslos kannibalistisch verhalten.

347 | Rettet ein JAGDSTOPP Europas TURTELTAUBEN?

Zugvögel zu schützen, ist komplex. Denn dazu müssen alle Länder mitwirken, in denen die Tiere brüten und überwintern, aber auch jene, wo sie durchziehen und Rast machen. Meistens gilt der Verlust von Lebensräumen durch Landwirtschaft und Klimawandel für den Bestandsrückgang als entscheidend. Gefahren durch Windenergieanlagen, Hochspannungsleitungen oder Lichtverschmutzung kommen hinzu.

Und doch: Das Beispiel der Turteltaube zeigt, dass schon vergleichsweise simple Maßnahmen den Vögeln wieder auf die Flügel helfen können. Anders als Stadttauben, die sich an ein sesshaftes Leben gewöhnt haben, sind die deutlich kleineren Turteltauben Langstreckenzieher. Jedes Jahr fliegen sie von ihren Brutgebieten in Mitteleuropa über das Mittelmeer zum Überwintern bis nach Nordafrika. Seit 1980 gibt es einen Bestandsrückgang von fast 90 Prozent, in Deutschland brüteten nur noch zwischen 12 500 und 22 000 Paare. Ein Grund für den Rückgang ist die Jagd: Jedes Jahr sterben in den zehn EU-Ländern, in denen sie gejagt werden dürfen, mehr als 1,5 Millionen Tauben durch Schrotflinten. Vor einigen Jahren schlug daher eine Wissenschaftskommission Alarm. Infolgedessen akzeptierten Frankreich, Spanien und Portugal, durch die die Populationen Westeuropas ziehen, ab 2021 einen vorübergehenden Jagdstopp. Und siehe da: Binnen nur zwei Brutperioden haben sich die Bestände deutlich erholt. Dass dies am Jagdverbot liegt, zeigt sich nicht zuletzt daran, dass die Bestände der im östlichen Europa lebenden und ziehenden Populationen weiterhin gesunken sind. Denn in Ländern wie Italien, Malta, Zypern und Libanon geht die Jagd weiter.

348 | Welcher **FISCH** nutzt **STRAFEN** in der **ERZIEHUNG**?

Andere durch Bestrafung zu mehr Kooperation zu bewegen, ist kein rein menschliches Verhalten. Erdmännchen beispielsweise bekommen von dominanten Artgenossen schon mal die Meinung gegeigt oder werden gar gebissen, wenn sie sich nicht angemessen am Wachdienst oder an der Jungenaufzucht beteiligen.

Japanische Forscher haben nun auch eine Fischart entdeckt, bei der Strafen zur Förderung der überlebenswichtigen Kooperation üblich sind: die im afrikanischen Tanganjikasee heimische Buntbarschart Neolamprologus savoryi. Die kaum zehn Zentimeter langen Fischchen brüten gemeinschaftlich und helfen einander dabei. Die untergeordneten Mitglieder der Gruppe passen auf, verteidigen die Brutstätte und halten sie instand, während die dominanten Tiere das Brutgeschäft erledigen. Und wenn Helferfische aus der Reihe tanzen, werden sie von den dominanten Artgenossen attackiert – auch wenn es sich dabei um den Nachwuchs handelt. Eigene Kinder werden also nicht etwa verschont, sondern müssen auch mit anpacken. Tatsächlich war nach den Attacken bei den betroffenen Faulenzern ein erhöhtes Engagement für die Dienste an der Gemeinschaft festzustellen. Und von vornherein fleißige Helfer wurden nicht attackiert.

349 | Hat ein **HURRIKAN** Affen in der **KARIBIK** friedlicher gemacht?

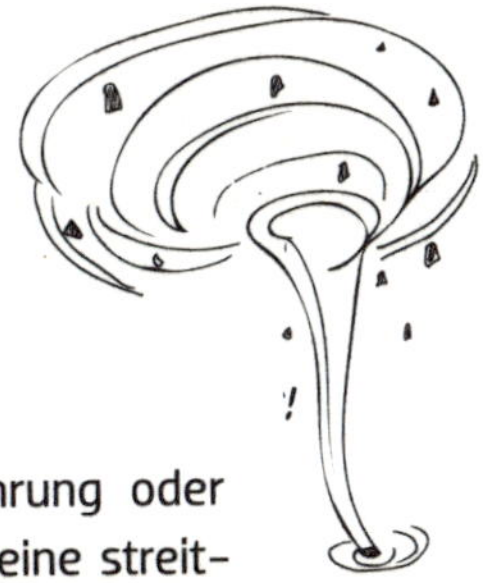

Rhesusaffen zoffen sich gern: um Weibchen, Nahrung oder Schatten. So tummelte sich auch auf Cayo Santiago eine streitlustige Population. Bis ein Hurrikan 2017 über die kleine Insel im Karibischen Meer fegte – und das Sozialverhalten der Affen veränderte. Bislang war es üblich, dass dominante Männchen die Schattenplätze für sich beanspruchten und aggressiv verteidigten. Doch der Wirbelsturm zerstörte rund die Hälfte der Vegetation und dezimierte den schattenspendenden Baumbestand. Ein Forschungsteam, das schon seit rund zehn Jahren das Sozialverhalten Affen dort erfasst, stellte fest: Tolerantere Affen, die sich einen Schattenplatz teilen, haben seit dem Sturm ein rund 42 Prozent niedrigeres

Sterberisiko als die streitlustigen Artgenossen. Sich einen Schattenplatz zu teilen, ist ein Überlebensvorteil. Den Forschern zufolge hatte vor dem Hurrikan tolerantes Verhalten keinen Einfluss auf das Sterberisiko. Zudem verbrachten die Affen nun auch vor der großen Mittagshitze mehr Zeit miteinander. Ob das friedliebende Verhalten allerdings bleibt, wenn die Baumkronen wieder wachsen und viel Schatten spenden, ist ungewiss.

350 | Ist die **ZEITUMSTELLUNG TÖDLICH** für viele **TIERE**?

Rehe, Hasen, Bussarde – viele Wildtiere werden zu Opfern im Straßenverkehr. Vor allem an den Tagen nach der Zeitumstellung im Frühjahr und Herbst steigen die Unfallzahlen, insbesondere im Frühjahr zwischen sechs und sieben Uhr. Der Berufsverkehr verschiebt sich dann um eine Stunde, und die Autos stören die Tiere in ihrer Routine, die sich oft nach der Dämmerungszeit richtet. Wie viele Tiere pro Jahr genau zu Schaden kommen, ist unklar, da die Polizei Wildunfälle meist nur als Verkehrsunfälle mit Sachschaden erfasst. Der Deutsche Jagdverband meldet jährlich 250 000 Unfälle allein mit großen Säugetieren wie Rehen oder Wildschweinen. Die Dunkelziffer sei aber fünfmal so hoch. Wahrscheinlich stirbt alle 90 Sekunden ein Wildtier auf deutschen Straßen. Die hohe Unfallrate führt auch dazu, dass seltene und schützenswerte Tierarten wie etwa Luchse sich in Deutschland nicht ausbreiten können, weil Jungtiere oft vor ihrer Geschlechtsreife überfahren werden. Zu den zuverlässigsten Maßnahmen, um das zu verhindern, gehören dem Deutschen Jagdverband zufolge Tempolimits oder langsames Fahren.

351 | Speichern **WÄLDER** mehr **KLIMAGASE** als bislang bekannt?

Wälder gelten als sogenannte CO_2-Senken. Über die Blätter oder die Nadeln nehmen die Bäume Kohlendioxid aus der Luft auf, speichern den Kohlenstoff und atmen Sauerstoff wieder aus. In Deutschlands Wäldern zum Beispiel sind rund 4,3 Milliarden Tonnen CO_2 gebunden. Und sie können der Atmosphä-

re jedes Jahr zusätzlich rund 52 Millionen Tonnen entziehen. Aber CO_2 ist nicht das einzige Treibhausgas. Methan zum Beispiel ist sogar rund 30-mal klimawirksamer als Kohlendioxid. Auch da können Wälder helfen: Denn nicht nur im Boden leben Bakterien, die Methan aus der Luft aufnehmen, um es zu verstoffwechseln. Sondern auch in der Baumrinde und den äußeren Holzschichten. Forscher haben das Methanspeichervermögen von Wäldern auf der ganzen Welt analysiert und die Gesamtfläche der dazu weltweit verfügbaren Baumrinden ermittelt. Ergebnis: Insgesamt bedecken alle Baumrinden zusammen in etwa eine genauso große Fläche wie die gesamte Landoberfläche der Erde. Und darin wohnen gleich mehrere Bakterienarten, die Methan binden. Die Waldmikroben nehmen insgesamt pro Jahr zwischen 25 und 50 Millionen Tonnen Methan aus der Luft auf – mindestens genauso viel wie die Bodenbakterien. Auf der Klimakonferenz 2021 in Glasgow hat die Weltgemeinschaft beschlossen, die globalen Methanemissionen bis 2030 um 30 Prozent zu senken. Die Ergebnisse deuten darauf hin, dass Wälder wichtige Beiträge zum Erreichen dieses Ziels leisten.

352 | Woher **STAMMT** der **APFEL**?

Die Urform unseres Apfels stammt aus Zentralasien. Vom südlichen Kasachstan über Kirgisistan, Tadschikistan bis nach Xinjiang in China kommt der Wildapfel »Malus sieversii« vor. Gewissermaßen das Kerngehäuse der Apfelgenese stellt die Region um die kasachische Stadt Almaty dar. Bis 1993 hieß sie Alma-Ata, was so viel wie »Vater der Äpfel« bedeutet. Am einstigen wilden Apfelwald Alma-Atas führten große Handelsrouten zwischen Ost und West entlang, und so verbreiteten sich die anpassungsfähigen Äpfel schließlich über den gesamten Erdball. So gut wie alle heutigen Speiseäpfel werden »Malus domestica« zugeordnet, jener Linie, die direkt vom Asiatischen Wildapfel abstammt. Wobei der in seiner ursprünglichen Form noch überhaupt kein Genuss war: klein, hart und viel zu sauer. Erst die Veredelung durch geschickte Auswahl und Zucht führte zu den großen, süßen bis säuerlichen Exemplaren von heute. Der Asiatische Wildapfel steht mittlerweile auf der Roten Liste in der Kategorie »gefährdet«. Allein in den letzten 30 Jahren wurden mehr als 70 Prozent seines natürlichen Lebensraums zerstört.

353 | Können NILPFERDE fliegen?

Ja – zumindest für sehr kurze Zeit. Forscher in London analysierten die Bewegungsabläufe der Tiere bei Landgängen mittels Videoaufnahmen von Nilpferden aus dem Zoo in Yorkshire sowie Online-Videomaterial. Dafür stellten sie 169 Bewegungszyklen von insgesamt 32 Tieren zusammen. Dabei stach heraus, dass Nilpferde sich besonders in einer Gangart fortbewegen: dem Trab. Beim Traben schwingen sich die diagonalen Beinpaare gleichzeitig nach vorne, und für eine kurze Zeit hat keines der Beine Bodenhaftung. Die Nilpferde schweben also in der Luft – für rund 0,3 Sekunden. Für die Forscher war das beeindruckend, denn vornehmlich zu traben sei für Landtiere ungewöhnlich. Die meisten würden mehrere Gangarten einlegen. So wechseln Nashörner bei schnellerem Tempo auch ins Galoppieren. Elefanten haben nie alle vier Füße in der Luft, traben also nicht.

354 | Welches TIER trägt mit EISEN beschichtete ZÄHNE?

Komodowarane sind nicht nur mit bis zu drei Metern Länge und über 80 Kilogramm Gewicht die größten Echsen des Planeten, deren Bisse noch dazu hochgiftig sind. Sie greifen zudem eisenbewehrt an – mit Zähnen, deren Oberfläche mit Eisen gehärtet ist. Das trägt dazu bei, dass die gezackten Hauer länger scharf bleiben und halten. Zudem schützt es die Zähne womöglich vor den eigenen aggressiven Verdauungssäften. Aufgefallen war Forscher eine orangefarbene Pigmentierung entlang der Zahnkronen der Tiere, die sie nun mit Röntgenbildern als eisenhaltigen Überzug identifizierten. Sie fanden ähnliche Beschichtungen bei anderen Waranen, Krokodilen und Alligatoren. Auch von Bibern, Spitzmäusen und einigen Fischarten weiß man, dass ihre Zähne Eisen enthalten. Doch bei Reptilien war das bislang unbekannt, und bei keiner Tierart ist der Gehalt so groß wie beim Komodowaran. Die Erkenntnis könne womöglich in der menschlichen Zahnmedizin helfen und zu neuen Strategien zur Regeneration des Zahnschmelzes führen.

355 | Wie viel SCHLAF brauchen TIERE?

Schlaf ist überlebensnotwendig: nicht nur für Säugetiere, sondern auch für Vögel, Reptilien und Insekten. Sogar Quallen sind merklich gerädert, wenn man ihre Nachtruhe stört – und das ohne Gehirn. Doch während manche Tiere locker drei Viertel ihres Lebens verschlafen (wie Igel und Fledermäuse), gönnen sich andere nur wenige Stündchen. Elefanten etwa sind mit nur zwei Stunden, die sie noch nicht einmal durchschlafen, echte Wenigschläfer.

Größere Tiere brauchen tendenziell weniger Schlaf. Das hängt vor allem mit der Stoffwechselrate zusammen: Sie ist bei kleineren Tieren eher hoch. Maus und Co. schlafen viele Stunden pro Tag und werden nicht besonders alt. Größere Tiere haben dagegen einen weniger intensiven Stoffwechsel, eine höhere Lebenserwartung und dabei ein geringeres Schlafbedürfnis. Auch Umwelteinflüsse wirken sich auf die Schlafdauer aus: Ein Zoo-Elefant zum Beispiel schläft doppelt so viel wie sein wild lebender Artgenosse.

Neu entdeckt und außergewöhnlich faszinierend ist das Schlafmuster der See-Elefanten: Die bis zu dreieinhalb Tonnen schweren Riesenrobben sind sozusagen die Zugvögel unter den Meeressäugern, mit monatelangen Schwimmphasen ohne Landgang. Das Problem: Ausgerechnet auf dem offenen Meer, wo die Erschöpfung droht, lauern mit Orca und Weißem Hai die einzigen Fressfeinde. Deshalb gönnt sich der See-Elefant einen ganz besonderen Powernap: Er schwimmt fünf Minuten abwärts, wird dabei immer müder, bis er in rund 200 Metern Tiefe vollends in den Schlaf gleitet. Schlafend trudelt das mächtige Tier immer weiter Richtung Meeresgrund, wobei sein Körper im Tiefschlaf eine große, gleichmäßige Spirale beschreibt. Fünf Minuten geht das so, ein für die Studie verkabelter See-Elefant tauchte im Schlummer sogar 377 Meter tief. Aber dann ist es auch wieder höchste Zeit zum Aufwachen, Auftauchen und Luftholen.

356 | Können LÄUSE die PEST übertragen?

Bislang war man davon ausgegangen, dass Ratten und ihre Flöhe den Pesterreger übertrugen. Doch: Auch die kleine Kleiderlaus spielte dabei eine große Rolle. Um Infektionen über Kleiderläuse zu simulieren, wurden Pesterreger mit einem Fluoreszenzfarbstoff markiert und mit menschlichem Blut gemischt. Das infizierte Blut saugten die Parasiten durch eine hautähnliche Membran auf. Danach starben zwischen 33 und 46 Prozent von ihnen, die übrigen aber entwickelten eine Infektion und konnten somit die Pestbakterien übertragen. Waren sehr viele Bakterien im Blut enthalten, sammelten diese sich nicht nur im Darm der Laus. Auch in Drüsen am Kopf fanden sich die Erreger. Aus diesen Drüsen sondern die Tiere ein Sekret auf ihre Mundwerkzeuge ab. Und jene Parasiten mit den infizierten Drüsen übertrugen die Erreger besonders gut auf den Menschen. Das alles bedeutet nicht, dass Ratten mit ihren Flöhen bei der Ausbreitung des Schwarzen Todes keine Rolle spielten. Die Läuse bildeten lediglich einen weiteren wichtigen Ansteckungsweg.

357 | Durchleben auch PFLANZEN eine Art PUBERTÄT?

Nein, eine heranwachsende Eiche bekommt keine Akne, und ein junger Brokkoli unterliegt keinerlei Stimmungsschwankungen. Allerdings konnten Forscher jüngst genetische Veränderungen bei Pflanzen identifizieren, die für eine der Pubertät ähnliche Entwicklungsphase verantwortlich sind: In dieser Zeit, die jedoch nur zwei bis drei Tage dauert, verlangsamen Pflanzen das Blätterwachstum und nutzen die Nährstoffe verstärkt zur Ausbildung ihrer Fortpflanzungsorgane wie den Blütenknospen. Die genauen Vorgänge wiesen Wissenschaftler bei der Ackerschmalwand nach, einer Pflanzenart aus der Familie der Kreuzblütler, die eng mit Kohl und Brokkoli verwandt ist. Die Aktivität bestimmter Gene ließ erkennen, wann genau eine Pflanze in die Pubertät kommt. Jedoch setzt die Phase bei den Teenie-Pflanzen nicht bei allen Individuen zur selben Zeit ein. Die Erkenntnisse könnten Landwirten zukünftig helfen, den besten Erntezeitpunkt zu erkennen – dann, wenn die Pflanzen einen besonders hohen Nährwert haben. Doch die Umsetzung in die Praxis ist schwierig: Die Analyse der Genaktivität kann bislang nur im Labor erfolgen.

358 | Warum **KLEBEN** Spinnen **NICHT** im eigenen **NETZ** fest?

Für Insekten ist das Spinnennetz eine Klebefalle, die Spinne selbst bleibt jedoch nicht darin hängen. Um kein Opfer ihrer eigenen Konstruktion zu werden, ist sie dreifach abgesichert. Die erste Schutzmaßnahme: Das dünne und elastische Netz besteht nicht nur aus klebrigen Fäden, sondern auch aus nicht klebrigen. Diese führen von der Mitte des Netzes wie die Speichen eines Fahrrads geradlinig nach außen, weshalb sie Speichenfäden genannt werden. Meist betritt die Spinne, die ihr Netz gut kennt, nur solche Fäden. Falls ihr das einmal misslingt, bewahrt sie ein zweiter Schutz vor dem Festkleben: Der Kontakt zum Netz erfolgt über winzige Härchen auf ihren acht Beinen, so gibt es nur eine kleine Berührungsfläche. Und, Schutzmaßnahme Nummer drei: Die Härchen sind mit einer öligen Substanz benetzt, die den Klebstoff der Fäden abweist. Der Faden, mit dem die Spinne ihr Netz webt, sitzt nicht wie eine aufgerollte Garnrolle in ihrem Hinterleib. Hier drinnen entstehen zunächst in verschiedenen Spinndrüsen aus Proteinen bestehende Flüssigkeiten für die klebrigen und nicht klebrigen Fäden. Erst wenn so eine Flüssigkeit über die Spinnwarze ausgeschieden wird, verfestigt sich der Faden durch den Kontakt mit der Luft.

359 | Welcher **VOGEL** fliegt am **LIEBSTEN** im **HURRIKAN**?

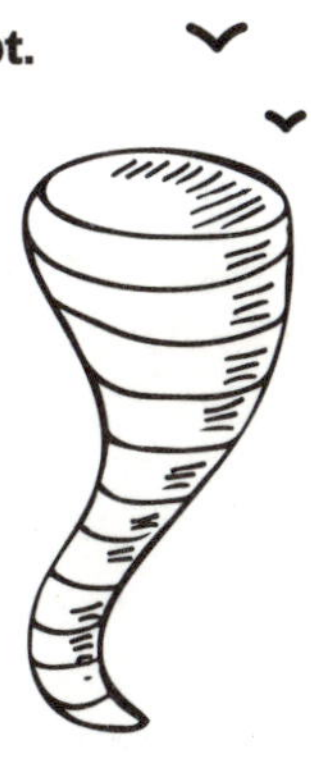

Unwetter und Stürme sind bei den meisten Vögeln wenig beliebt. Kleine Arten suchen dann Schutz in Höhlen oder Gebäudenischen, Wasservögel verstecken sich im Schilf oder in Buchten, und Zugvögel unterbrechen ihre Wanderungen. Der im Atlantik heimische Desertas-Sturmvogel aber folgt sogar Stürmen durch den Ozean. Wissenschaftler verglichen die Routen der oft wochenlangen und Tausende Kilometer weiten Nahrungsflüge der Vögel mit Wetterdaten: Offenbar begleiteten die Tiere teils über Tage hinweg gezielt den Weg schwerer Tropenstürme. Dabei suchten sie Zonen mit bis zu acht Meter hohen Wellen und Windgeschwindigkeiten von mehr als 100 Kilometern pro Stunde auf.

Vermutlich verschafft ihnen das Verhalten Vorteile bei der Jagd nach Kleinfischen, Krustentieren und Tintenfischen. Denn Hurrikane führen auf dem Meer zu einer starken Umwälzung der oberen Wasserschichten, bei der auch in größerer Tiefe heimische Meeresbewohner bis an die Oberfläche gespült werden können. Am Ende, berichtete das Team, seien alle beobachteten Vögel unverletzt von ihren stürmischen Abenteuern zurückgekehrt. Und zwar alle an denselben Ort: Die etwa taubengroßen Desertas-Sturmvögel leben ausschließlich in einer einzigen, einige Hundert Tiere umfassenden Brutkolonie auf der zu Portugal gehörenden Insel Bugio nahe Madeira.

360 | Wie kommen HAIE auf KOKAIN?

Als Ökotoxikologen im Frühsommer 2024 Scharfnasenhaie sezierten, die vor der Küste Rio de Janeiros gelebt hatten, fanden sie in Lebern und Muskeln extrem hohe Konzentrationen von Kokain. Die Droge gelangt nahe der Metropole immer wieder ins Meer: durch Ausscheidungen von Abhängigen, durch Abwässer illegaler Drogenlabore oder durch zur See fahrende Schmuggler, die es verlieren oder – wegen der nahenden Küstenwache – wegwerfen.

Da es wasserlöslich ist, verteilt sich das Kokain im Meer. Die Haie nehmen es entweder direkt auf oder fressen andere Tiere, die es im Körper haben. Was im speziellen Fall die ungewöhnlich hohen Kokainwerte ausgelöst hat, bleibt unklar. Den Ökotoxikologen geht es um die Frage, was das Kokain mit den Tieren macht. Anders formuliert: Werden Haie high? Die untersuchten Tiere waren junge erwachsene Scharfnasenhaie, jeweils einen guten halben Meter lang und etwa ein Kilo schwer. Die Mengen der Droge könnten durchaus Wirkung auf sie gehabt haben. Zumal 2023 vor Floridas Küste Haie beobachtet wurden, die mutmaßlich unter Drogeneinfluss merkwürdiges Verhalten zeigten: Sie schwammen wild durcheinander oder kreisten immer wieder um ein imaginäres Objekt.

Ob Haie drogenabhängig werden können und ob ihre Organe Schaden nehmen, sollen weitere Untersuchungen zeigen. Eine Studie von 2023 hatte ergeben, dass zumindest andere Fische durchaus süchtig werden können: Forellen, die im Labor Crystal Meth in Konzentrationen ausgesetzt wurden, wie sie Klärwasser von Metropolen wie Rio oder Prag aufweisen, zeigten entsprechende Symptome wie Passivität und Entzugserscheinungen.

361 | Woher wissen BÄUME, dass der HERBST kommt?

Alle Jahre wieder: Wenn der Sommer vorbei ist, verfärben sich die Blätter der Laubbäume und fallen ab. Mit diesem Mechanismus – wissenschaftlich »Abszission« genannt – schützen sich die Bäume vor dem drohenden Wassermangel durch Frost, der eine Flüssigkeitsaufnahme über die Baumwurzeln verhindert. Außerdem: Mit den Blättern wird ein Baum auch übers Jahr gespeicherte Umweltgifte und Stoffwechselprodukte los.

Doch woher wissen die Bäume eigentlich, wann der Zeitpunkt für den Verlust der Blätter gekommen ist? Sie besitzen winzige Rezeptoren (Phytochrome) mit Pigmenten, die Licht absorbieren und die die empfangenen Wellenlängen als Signale an die pflanzlichen Zellen weitergeben. Die Bäume »sehen« so, dass die Tage im Herbst kürzer und die lichtarmen Nächte länger werden. Und sie registrieren auch die sinkenden Temperaturen. Wenn man einen europäischen Laubbaum in ein tropisches Land verpflanzt, in dem es keinen Herbst oder Winter gibt, passt er sich seiner neuen Umgebung allmählich an. Um sich vor Wassermangel zu schützen, wirft der Baum seine Blätter dann in den sommerlichen Dürreperioden ab, im Herbst und Winter wird er dagegen grün.

362 | Warum SOLLEN manche FRÖSCHE in die SAUNA?

Mehr als 90 Amphibienarten verschwanden in den vergangenen Jahrzehnten von der Erde, weil sie Opfer eines gefährlichen Pilzes wurden. Allein in Australien rottete er mindestens sechs Froscharten aus. Frösche, Kröten und Lurche in der freien Natur gegen Pilzinfektionen zu behandeln, ist kaum möglich. Aber ein neuer Plan einer australischen Forschergruppe könnte die Tiere retten.

Die Idee: Der gefährliche Chytridpilz fühlt sich bei höheren Temperaturen unwohl und reduziert sein Wachstum, bei 30 Grad Celsius oder wärmer stirbt er sogar. Könnte man da die wärmeliebenden Amphibien nicht einfach solch hohen Temperaturen aussetzen? Der Forscher baute mit seinem Team eine Sauna aus einfachen Steinen mit höhlenartigen Löchern. Die stellten sie in ein lichtdurchlässiges Minihaus, das sich bei Sonne erhitzt wie ein Gewächshaus – mitsamt den Höhlen und den darin befindlichen Fröschen. Aber würden die Frösche eine solche Sauna überhaupt aufsuchen? Antwort: Sie kamen. Sie liebten es, in die Saunalöcher zu kriechen und ihre Köpfe herauszustrecken, während sich ihre Körper langsam aufheizten. Als das Forscherteam nach einigen Wochen die Wärmetherapie beendete, waren die Saunafrösche deutlich gesünder und besaßen eine höhere Widerstandskraft gegen den gefürchteten Pilz. Nun hofft das australische Team, dass seine Idee in zahlreichen Ländern Nachahmer findet, um möglichst viele Amphibien zu schützen.

363 | Warum werden WALE so RIESIG?

Mit bis zu 140 Tonnen Gewicht ist der Blauwal schwerer, als es je ein Dinosaurier war. Wieso fingen die Meeressäuger vor rund 2,6 Millionen Jahren an, so riesig zu werden? Bis zu Beginn des Pleistozäns waren Wale wohl »nur« zwölf Meter lang. Dann produzierte die Vereisung der Arktis sommerliches, sehr nährstoffreiches Schmelzwasser. Darin vermehrten sich Plankton und Krill sehr stark, die Nahrungsgrundlage der Bartenwale. Das geschah jedoch nicht flächendeckend, sondern an weit voneinander entfernt liegenden Schwerpunkten.

Zudem ist das Verhältnis zwischen Stoffwechsel und Masse bei größeren Tieren besser: Sie geben aufgrund des günstigeren Verhältnisses zwischen Körpermasse und -oberfläche deutlich weniger Wärme ab als kleinere. Nur dadurch können sie sich im kalten Wasser warm halten. Diesen Vorteil können sie jedoch nur ausspielen, wenn sie auf effiziente Art ausreichend Nahrung aufnehmen – wie die Wale: Je größer ihr Maul wurde, desto besser wurde das Verhältnis zwischen Energieaufwand und Nahrungsaufnahme. Die heutigen Blauwale filtern bis zu dreieinhalb Tonnen Krill am Tag aus dem Wasser. Die Erwärmung der Meere durch den Klimawandel dürfte dazu führen, dass die Krillbestände zurückgehen. Meeresbiologen hoffen, dass die Wale dann auf andere Nahrungsquellen ausweichen.

364 | Jagen uns MÜCKEN mithilfe von INFRAROTSTRAHLUNG?

Kein Tier ist für den Menschen gefährlicher als die Stechmücke: Mehr als 725 000 Todesfälle gehen weltweit jedes Jahr auf durch Mückenstiche übertragene Krankheiten zurück. Aber für die weiblichen Mücken – denn nur sie stechen uns – geht es bei der Jagd nach einer Blutmahlzeit um Existenzielles: Sie benötigen Eiweiße aus der erbeuteten Körperflüssigkeit, um Eier legen zu können. Dafür haben sie über Jahrmillionen vielfältige Strategien entwickelt, um Opfer aufzuspüren: So können die Insekten uns sehen, hören und die Wärme und Feuchtigkeit unseres Körpers spüren. Und sie erkennen uns an dem Kohlendioxid in der Luft, die wir ausatmen. Auch bestimmte Körpergerüche ziehen Mücken an. Jetzt wurde ein weiterer Sinn nachgewiesen, den Mücken nutzen: Sie nehmen auch Infrarotstrahlung wahr. Diese langwellige elektromagnetische Strahlung lässt Beutetiere wie Menschen auch aus größerer Entfernung erkennbar aufleuchten – die Strahlung dringt sogar durch eng anliegende Kleidung hindurch. Allerdings übt die Strahlung allein keinen großen Reiz auf die Insekten aus: Die Kombination mit den anderen Faktoren aber stimuliert das Jagdverhalten der Mücken erheblich.

365 | Können auch HAUSTIERE Blut SPENDEN?

Hunde und Katzen können genau wie wir Menschen Blut spenden. Das sollten sie auch häufiger tun, weil sie Artgenossen damit im Notfall das Leben retten. Die tierischen Spender profitieren ebenfalls davon: Vor jeder Blutabnahme werden sie kostenlos untersucht und erhalten ein aktuelles Blutbild. Nach ihrer guten Tat bekommen sie normalerweise eine Stärkung. Und diese Voraussetzungen müssen vierbeinige Blutspender erfüllen: Weibchen dürfen noch nie trächtig gewesen sein. Alle Tiere sollten gesund sein, regelmäßig geimpft und entwurmt werden und keine Medikamente nehmen. Hunde müssen meist mindestens 20 Kilo wiegen und zwischen einem und neun Jahren alt sein. Dann können sie alle drei bis vier Monate Blut spenden. Katzen sollten schwerer als vier Kilo sein, höchstens acht Jahre alt und möglichst als Hauskatze leben. Dann können sie bis zu zweimal jährlich spenden. Den meisten Tieren bereitet die Blutspende kaum Stress.

1

KALIFORNIEN, USA

Unscheinbare Klimaretter

In Kalifornien gibt es ein unscheinbares grünes Kraut, das das Meer vor Übersäuerung schützt. Seegraswiesen speichern CO_2 und stabilisieren die Ozeane, wodurch sie den gesamten marinen Lebensraum vor den Folgen des Klimawandels bewahren.

2

ARKTIS/ GRÖNLAND

Methusalem der Meere

Der Grönlandhai ist ein wahres Naturwunder – dieser riesige Hai lebt nicht nur in den kalten Gewässern der Arktis, sondern kann auch bis zu 400 Jahre alt werden. Seine langsame Lebensweise macht ihn zu einem faszinierenden Überlebenskünstler.

3

ITALIEN

Unverhofft kommt oft

Wer denkt schon daran, dass ein Supermarkt in Italien der Ort für wissenschaftliche Entdeckungen sein könnte? Zwei Forscher durchforsteten getrocknete Steinpilze aus dem Regal und fanden dabei gleich drei neue Pilzarten.

4

MOSAMBIK

Zahnlose Elefanten

In Mosambik hat Wilderei dramatische Folgen für die Elefantenpopulation. Aufgrund des intensiven Elfenbeinhandels werden immer mehr Elefanten ohne Stoßzähne geboren. Das hat Auswirkungen auf die gesamte Ökologie und auf das Überleben der Tiere.

5

INDIEN

Vom Verschwinden der Totengräber

In Südafrika und Indien sind Geier nicht nur faszinierende Vögel, sondern auch unverzichtbar für das Ökosystem. Sie beseitigen Kadaver und verhindern die Ausbreitung von Krankheiten. Doch ihr dramatischer Rückgang hat fatale Folgen für die Natur.

6

TROPISCHE REGENWÄLDER

Rekordverdächtiger Blutsauger

Die Dracula-Ameise ist mit einer Geschwindigkeit von 90 Metern pro Sekunde die schnellste Jägerin im Tierreich. Ihr blitzschnelles Schließen der Kiefer übertrifft sogar die Geschwindigkeit von Geparden. Rekordverdächtig!

7

NEUGUINEA

Giftiges Federvieh

Vögel sind nicht nur schön anzusehen, sondern können auch sehr gefährlich sein. In Neuguinea gibt es Arten, die giftige Substanzen aus ihrer Nahrung aufnehmen und in ihrem Körper speichern. Diese Vögel sind nicht nur selten, sondern auch extrem faszinierend.

8

AUSTRALIEN

Tausendfüßer mit 1306 Beinen

Was hat mehr Beine, als du zählen kannst? Ein neuer Tausendfüßer, der in Australien entdeckt wurde, bricht den Rekord mit unglaublichen 1306 Beinen! Diese Entdeckung ist nicht nur ein biologisches Wunder, sondern auch ein faszinierendes Beispiel für die Vielfalt der Natur.

BILDNACHWEIS

Umschlag: KI-generiert mit Midjourney, 2025.

Alle im Innenteil verwendeten Illustrationen wurden über shutterstock bezogen. Sie stammen von 35lab, A7880S, agentgirl05, Alexander_P, AlinArt, Aluna1, Anto, S., AnyaLis, ArtMari, Artspace, artuco, arvitalyaart, Atroszko, M., AVABitter, Balitskii, A., bioraven, Blockfine, BuchAndBee, clickyusho.id, cloudWalker, Cosmopolite, Drawlab19, Elala, Elfimov, R., Ennona Gavrilova_Ellina, Ermak, O., EzzyDoodle, Fafarumba, Falcon, D., formbyte, frozenbunn, GooseFrol, Gorbatko, M., Green, R., hadkhanong, helenreveur, HennadiiH, IgorijArt, Ilya, K., Incomible, insemar.vector.art, Irish Solo, JosepPeripanes, Kalajyan, D., kanvictory, kareemov, kichikimi, Komarytska, T., Kovalov, A., Kudrili, L., Kuznetsova, D., Les Perysty, Lytvynovych, Y., Magwaza, L., maiiivecka, Maquiladora, Mashaki, MG Drachal, Miura, Morphart Creation, Moth, K., Mukhamadieva, R., nikiteev_konstantin, Nosyrevy, Orlova, I., Ostapenko, I., P030219, Piankova, N., primiaou, Prokhorovich, QualitDesign, Reuta, V., Robusta, rraya, Rvector, Sadykova, N., Saramix, schiva, Sergeeva, V., TitusJP, Vanin, A. , Vectuz, Viktoriia_P, vivisky, VudiArts, warmjuly, YouPixArt, yourMuse.

TEXTNACHWEIS

Die in diesem Buch enthaltenen Beiträge sind ursprünglich in der Zeitschrift »P.M. Schneller Schlau« erschienen und wurden für diese Ausgabe überarbeitet und aktualisiert.

Im Folgenden werden die Autoren mit den jeweiligen Ziffern ihrer Textbeiträge gelistet: Bailly, Christine de: 29, 43; 47; Berndorff, Jan: 30, 41, 42, 97, 145, 169, 179, 187, 206, 214, 229, 241, 251, 257, 267, 280, 294, 303, 312, 320, 326, 330, 338, 350, 359; Donner, Susanne: 14, 132, 158, 286, 314; Dräger, Juliane: 21; Engeln, Henning: 13, 18, 22, 53, 73, 95, 98; Flohr, Kristian: 15, 31; Fois, Minerva: 11, 34, 50, 183, 201, 263, 267; Franz, Angelika: 241; Harf, Rainer: 40, 101, 124, 153, 207, 219, 233; Heißmann, Nicole: 99; Holtschneider, Anja: 67; Jakob, Katharina: 3, 17, 45, 56, 60, 62, 71, 74; Jasner, Carsten: 26; Kauschanski, Alexander: 225; Kavelage, Tim: 16, 57, 78, 96, 100, 103, 114, 129; Kesting, Frederkik: 8, 23, 122, 149, 159, 182; Kiel, Viola: 123; Kollert, Joana: 218; Kurlemann, Rainer: 61; König, Lisa: 102; Landmann, Johannes: 9, 27, 48, 49, 59; Leitschuh, Vanessa: 350; Lich, Barbara: 70, 84, 85, 90, 278; Löll, Christiane: 65; Maiwald, Stefan: 19, 33, 52, 58, 69, 75; Metzger, Jochen: 64, 245, 294; Möller, Dieter: 7, 28, 37, 44, 63, 66; Niederstadt, Jenny: 88, 113, 126, 142, 156, 162, 163, 182, 203, 204, 219, 220, 232, 235, 241, 245, 258, 264, 281, 289, 302, 311, 319; Peters, Carszen: 155; Rassaus, Manuela: 4, 365; Redaktion: 55, 83, 92, 111, 115, 130, 131, 135, 141, 145, 153, 161, 165, 174, 184, 189, 199, 200, 205, 217, 227, 239, 247, 248, 253, 256, 268, 272, 275, 279, 287, 296, 299, 300, 304, 307, 313, 318; Ring, Caroline: 20, 319; Rudolph, Elena: 5, 24; Ruschkowski, Katharina von: 236; Röbke, Thomas: 80, 10, 25, 51, 74, 321, 325, 329, 331, 338; Saager, Nora: 35, 36; Schalamon, Stella: 208; Schuch, Anna: 72; Schulz-Reiss, Christine: 2, 256, 310, 316, 320, 322, 329; Schwabenthan, Sabine: 32, 46; Schäfer, Barbara: 6; Schönert, Ulf: 174, 176, 214, 224, 226, 249, 259; Simon, Claus Peter: 357; Stillich, Sven: 12, 258, 266, 271, 274, 288, 300; Tzschachel, Martin: 358, 361, 362; Viciano, Astrid: 355; Winter, Sabrina: 203; Witte, Sebastian: 39, 54, 68, 77, 91, 119, 120, 124, 126, 132, 134, 137, 139, 142, 146, 150, 151, 155, 162, 163, 166, 169, 171, 173, 175, 179, 183, 185, 188, 190, 191, 195, 197, 198, 201, 205, 206, 209, 212, 214, 216, 220, 222, 225, 228, 230, 233, 234, 239, 242, 245, 246, 249, 250, 253, 254, 257, 258, 259, 261, 265, 268, 271, 272, 274, 276, 278, 280, 284, 286, 289, 290, 291, 292, 294, 296, 298, 301, 303, 305, 306, 308, 309, 310, 311, 312, 314, 316, 318, 320, 321, 322, 323, 324, 325, 327, 328, 330, 331, 332, 334, 335, 336, 337, 338, 340, 341, 343, 344, 345, 347, 348, 349, 350, 352, 353, 354, 355, 356.

IMPRESSUM

Verantwortlich: Dorothea Sipilä
Lektorat: Dr. Juliane Braun
Korrektorat: Linde Wiesner
Layout und Satz: Sarah Montag, Roman Bold & Black, Köln
Umschlaggestaltung: Nina Andritzky
Repro: LUDWIG:media
Herstellung: Bettina Schippel
Printed in Poland by CGS Printing sp. O. o..

★★★★★

Sind Sie mit diesem Titel zufrieden? Dann würden wir uns über Ihre Weiterempfehlung freuen. Erzählen Sie es im Freundeskreis, berichten Sie Ihrem Buchhändler, oder bewerten Sie bei Onlinekauf. Und wenn Sie Kritik, Korrekturen, Aktualisierungen haben, freuen wir uns über Ihre Nachricht an Bruckmann Verlag, Postfach 40 02 09, D-80702 München oder per E-Mail an lektorat@verlagshaus.de

Unser komplettes Programm finden Sie unter www.bruckmann.de

In diesem Buch wird aus Gründen der besseren Lesbarkeit das generische Maskulinum verwendet. Weibliche und anderweitige Geschlechteridentitäten werden dabei ausdrücklich mitgemeint, soweit es für die Aussage erforderlich ist.

Die Deutsche Nationalbibliothek verzeichnet diese Publikation in der Deutschen Nationalbibliografie; detaillierte bibliografische Daten sind im Internet über http://dnb.d-nb.de abrufbar.

ISBN 978-3-95416-453-0